ABÉCÉDAIRE PHILOSOPHIQUE DU CIEL ÉTOILÉ

UNIVERS EN ARCHIPELS

Ouverture philosophique

Collection dirigée par Jean-Marc Lachaud et Bruno Péquignot

Une collection d'ouvrages qui se propose d'accueillir des travaux originaux sans exclusive d'écoles ou de thématiques.

Il s'agit de favoriser la confrontation de recherches et des réflexions, qu'elles soient le fait de philosophes « professionnels » ou non. On n'y confondra donc pas la philosophie avec une discipline académique ; elle est réputée être le fait de tous ceux qu'habite la passion de penser, qu'ils soient professeurs de philosophie, spécialistes des sciences humaines, sociales ou naturelles, ou… polisseurs de verres de lunettes astronomiques.

Dernières parutions

Guy-François DELAPORTE, *Commentaire de Thomas d'Aquin sur le* Traité de l'âme *d'Aristote*, 2021.

N'dré Sam BEUGRÉ, *L'éthique de l'impossible. Une étude de la justice de Derrida et Levinas*, 2021.

Issoufou Soulé MOUCHILI NJIMOM (dir.), *Savoirs scientifiques et culture philosophique, Repères historiques pour la compréhension de l'existence et la maîtrise du monde*, 2021

Auguste NSONSISSA, *Les médiations épistémologiques. Perspectives sur Edgar Morin*, 2021.

Anaclet BAMBALA MAZINA, *La résistance responsable dans le dépassement de la désobéissance civile. Repartir d'Etienne de la Boétie et de John Locke*, 2021

Marcel NGUIMBI, *Popper et l'Afrique, Applicabilité de la méthode du trial and error*, 2021

Benoît GUILLETTE, *La terreur du langage :la philosophie de Slavoj Žižek*, 2021.

Philippe FLEURY, *Fin de l'histoire, fin de la géographie*, 2021.

Pascal GAUDET, *Le fondement de la vie, la foi selon Kant*, 2021.

Lucien AYISSI, *Méditations philosophiques d'un confiné sur coronavirus. Suivies de dix méditations supplémentaires*, 2021

MICHEL SALAMON

ABÉCÉDAIRE PHILOSOPHIQUE DU CIEL ÉTOILÉ

UNIVERS EN ARCHIPELS

Préface de Philippe Merlier

Φ OUVERTURE PHILOSOPHIQUE
DÉBATS

L'HARMATTAN

Du même auteur

La Mort Interdite
Préface de Yvon Lamy,
Editions des Presses Universitaires de Limoges,
2010.

5-7, rue de l'École-Polytechnique – 75005 Paris
www.editions-harmattan.fr
ISBN : 978-2-343-23229-4
EAN : 9782343232294

Sommaire

Préface

Renouer le dialogue entre astronomie et philosophie – un dialogue interrompu depuis trois siècles en raison de la spécialisation des savoirs, rétablir l'échange entre la science astrophysique et la métaphysique, en recréant des passerelles conceptuelles entre elles : tels sont l'enjeu et l'ambition du présent ouvrage. A cette fin, les deux regards doivent opérer en commun un pas de côté. Car sans décentrer son propre regard, nul ne peut voir le soleil et la mort en face. Astronomie et philosophie ont en commun de porter au plus loin un regard décentré sur le monde ; notre temps néglige trop la fécondité de leurs échanges.

A travers les linéaments de son épistémologie de l'astronomie, on redécouvre dans *Univers en archipels* que prédire n'est pas expliquer et qu'expliquer apporte plus de questions que de réponses. Dans l'univers en effet, les mêmes causes ne produisent pas toujours les mêmes effets. Certains profitent de ce fait : prédicateurs et prophètes de l'arraisonnement de la planète sont alors épinglés par l'auteur, ainsi que tous ceux qui soumettent la cosmologie à la technoscience. Aux dichotomies classiques entre hasard et nécessité, cosmos organisé et chaos, transcendance et immanence, être divin et néant athée, la troisième voie d'un agnosticisme est préférée. Car les apories de l'astrophysique sont vertigineuses ; les galaxies elles-mêmes naissent et meurent, et nul ne sait si elles sont nées des trous noirs ou si ce sont elles qui les créent.

Michel Salamon contribue donc à renouer un dialogue de géants. Sa propre trajectoire éclaire en partie ce projet. Il a mené pendant plusieurs années une activité de vulgarisation scientifique à l'Observatoire d'Astronomie de Strasbourg, sous la direction de Agnès Acker. Sa rencontre avec Jean-Pierre Haigneré lui laisse un souvenir indéfectible ; il se rappelle ses propos : « dans l'espace, on voit beaucoup plus d'étoiles mais elles ne scintillent pas, je ne pense qu'à retourner là-haut ». Ce spationaute « a vécu la sortie du quadriparti, dit Michel Salamon ; Haigneré c'est mon Gagarine à moi ! ». Fuyant les zones à forte densité de population, qui se révèlent toujours si peu propices à l'observation du ciel étoilé, Michel Salamon choisit de s'installer dans le Limousin. Féru d'épistémologie, il enseigne la philosophie et l'histoire des sciences à l'Université de Limoges. « La mesure scientifique des astres et l'amour de la sagesse », ses deux passions l'animent ; elles irriguent le texte et se transfusent au lecteur.

La forme de l'abécédaire, bien sûr, est singulière : elle suppose des choix de l'auteur, et la lecture invite à se laisser guider sans ambages … en songeant que l'on est orienté par les étoiles. Le lecteur peut naviguer librement entre les archipels, et y trouver certaines entrées plus denses, massives ou lumineuses que d'autres, à l'image de leurs objets. Il peut aussi se laisser flotter en apesanteur, d'une lettre à l'autre, en regardant s'imprimer les hiéroglyphes du ciel dans l'espace bleu nuit : « Nuit » ne peut être que poétique.

L'auteur propose aussi la création de quelques concepts à la croisée de l'astronomie et de la philosophie ; certains philosophèmes peuvent trouver un écho singulier en astrophysique, et réciproquement des concepts physiques gagnent une teinture philosophique. Par exemple, l'apesanteur est redéfinie comme le mouvement de sortie hors du « quadriparti » heideggérien (la Terre, le ciel, les mortels et les dieux), la liberté d'accéder à l'espace infini, d'échapper à l'appartenance au lieu, comme l'a fait Gagarine en particulier, et comme cela intéressera le citoyen cosmopolitique en général. Avec aisance et pédagogie, l'auteur pratique également des allers-retours entre « culture savante » et « culture populaire », l'abécédaire alternant entre science et science-fiction. Des astrophysiciens et des auteurs de science-fiction partagent par exemple l'hypothèse du Zoo : notre planète serait une réserve pour une intelligence extraterrestre ayant instauré une « obligation de non-ingérence ». L'humanité serait observée d'en haut… Cette hypothèse, qui rappelle étrangement la surveillance du sublunaire que pouvaient ressentir les Grecs de l'Antiquité sous le regard divin des étoiles, peut paraître légère ; elle n'en pose pas moins un problème sérieux : est-ce le ciel qui nous observe ou nous qui l'observons ? L'auteur appelle « considération » le mouvement par lequel celui qui contemple le ciel étoilé est en même temps contemplé par lui : « ce qui retient notre regard suspendu dans la nuit constellée d'étoiles, c'est la manière dont les étoiles nous considèrent, c'est leur manière d'apparaître ». Il ne s'agit pas ici d'un anthropomorphisme, mais plutôt de ce que l'auteur aime appeler une « connexion » avec le ciel étoilé, que l'on peut entendre, en en réanimant le sens classique, comme une sympathie (« sum-pathos ») avec le tout, pour dire que le souci écocitoyen concerne, au-delà de la nature, l'univers, et que la responsabilité de l'homme est, au sens littéral, « cosmopolitique ».

Le savant et le profane ont en tout cas une commune passion : la contemplation du ciel étoilé, le spectacle du « théâtre » céleste. La *theoria* grecque antique, la contemplation, signifiait aussi le fait de tracer un cadre *(templum)* dans le ciel – le devin dessinait avec son bâton un rectangle invisible dans le ciel et prévoyait le passage des oiseaux. De même, dans l'histoire de l'art, le tableau du peintre découpe une fenêtre dans le réel.

Découper une fenêtre dans le ciel nocturne pour mieux le contempler et l'analyser : c'est ainsi que la théorie philosophique et la théorie astrophysique déjà se rejoignent. Réanimer ce double sens de la théorie : le calcul, la mesure et l'observation astronomiques d'une part, et le phénomène du vécu de conscience contemplatif d'autre part, est le fil conducteur qui traverse tous les thèmes de l'abécédaire.

La contemplation est à l'apparaître ce que l'observation est à l'apparition. La première recueille un mouvement qui se donne à la perception, la seconde scrute un fruit du perçu. Lorsque nous regardons la voûte céleste, « que nous est-il donné de voir ? L'univers dans son apparaître ou l'apparition de l'univers ? » nous demande l'auteur. La question du visible et de l'invisible, de ce qui est à la limite du visible (comme les quasars) et de ce qui est « invu » traverse tout l'ouvrage. Si l'analyse spectrale aide à rendre visibles les mouvements de la matière, comment rendre visible ce qui échappe à la lumière ? Qu'est-ce qui nous apparaît, sinon une lumière de ce qui n'est plus ? L'apparition est un résultat, tandis que l'apparaître est « un mouvement de transport dans ce qui, du ciel étoilé, vient à nous (…) Il y a toujours plus dans l'apparaître que dans l'apparition ». Et quel sentiment accompagne notre perception, lors de l'expérience métaphysique du sublime devant l'infini du ciel étoilé, sinon l'effroi devant l'infini ?

« Lorsqu'on dit sublime le spectacle du ciel étoilé, disait Kant, il est impossible de fonder ce jugement sur les concepts des mondes habités par des êtres doués de raison, et d'y faire intervenir l'idée que les points lumineux (…) seraient leurs soleils décrivant des cercles disposés par rapport à eux en fonction d'une finalité bien précise, mais il faut simplement considérer le ciel comme on le voit, c'est-à-dire comme une vaste voûte qui englobe tout[1].»

Le jugement esthétique du sublime est indifférent aux fins, la faculté de juger doit rester libre. Le sublime exprime une perception de l'infini qui élargit

[1] E. Kant : *Critique de la Faculté de Juger*, Analytique du sublime I, § 29, in *Œuvres philosophiques II*, dir. F. Alquié, trad. J.R. Ladmiral, M.B. de Launay, J.M. Vaysse, éd. Gallimard, La Pléiade, 1985.

l'âme, au-delà de toute sensibilité, et il est en relation avec les idées de la raison. L'univers, au sens du tout, pose un problème philosophique fondamental : si le monde est totalité, alors l'idée d'un principe extérieur ou transcendant, délimitant la totalité de ce qui est, s'avère contradictoire (un tel principe ne ferait pas partie du tout ; or le tout du monde contient tout, le monde est omnitude). L'auteur appelle un tel principe « fin du monde ». Le monde dès lors n'existe pas, il n'est rien d'autre qu'une idée de la raison, au sens kantien. Ce n'est pas une idée de l'imagination. L'énergie cosmique dépasse l'entendement et l'imagination humains.

Elle est si colossale qu'elle réinterroge le monstrueux, et ce qui produit l'effroi du sublime (les trous noirs engloutissent des étoiles tout entières). Ce n'est donc ni une idée de l'imagination, ni une idée provenant de l'expérience, mais ce qui donne une unité au divers et aux diverses connaissances de l'entendement. Le tout du monde n'est pas un objet connaissable ni une grandeur imaginable, c'est une idée, et cette idée est sublime. Jetés au monde et perdus dans l'univers, « nous ne cessons de nous émerveiller de ce qui, du ciel étoilé, de manière sublime, vient à nous ».

Les étoiles sont déjà elles-mêmes le symbole des Idées dans l'allégorie platonicienne de la caverne. Mais le prisonnier qui quitte les chaînes de ses préjugés pour devenir le libre penseur qui les contemple ne peut en saisir plus de six mille, sur des milliards de milliards ; il n'atteint pas cinq pour cent du ciel intelligible. Sidéré par le spectacle sidéral, il éprouve l'étonnement originaire de la philosophie. Mais c'est ici un « étonnement qui confine à l'effroi[2]. » Les Grecs de l'Antiquité croyaient que les étoiles les regardaient, que c'étaient les dieux qui les surveillaient. L'homme contemporain ne ressent plus le même effroi mais peut sans doute sympathiser autrement avec l'univers, dans la mesure où il partage avec lui, de manière aussi infinitésimale soit-elle, un horizon nouveau, ou en faisant de nouvelles approches de l'infinité de l'horizon – par exemple en découvrant « l'horizon des événements », ce nom donné à la zone sphérique d'influence des trous noirs. Les Idées platoniciennes et les essences mathématiques sont « ce qu'il y a de plus réel dans le réel, pourtant elles n'existent pas au sens où elles ne sont pas situées dans l'espace et le temps », elles se trouvent dans le ciel intelligible. L'Idée platonicienne du cosmos est le modèle, *l'analogon* du sensible. Saturne présente un polygone à six côtés, sa géométrie nous confond. L'univers a une beauté mathématique, et il y a là aussi une sublimité : celle de l'Idée elle-même.

---

[2] E. Kant : *id.*

Elle scintille à chaque lettre de l'abécédaire, l'auteur nous en faisant partager la contemplation. Qu'il soit ici remercié pour cet ouvrage original et passionnant, qui s'adresse en astronome aux amis de la philosophie, et en philosophe aux amis de l'astronomie.

Philippe Merlier

A tous les astronomes qui cherchent la sagesse,
et à tous les philosophes qui contemplent le ciel

Introduction

« Beaucoup de scientifiques, et en particulier des physiciens, ne s'intéressent pas assez au discours méta scientifique (...) comme si la science ne méritait pas d'être pensée finement et dans sa totalité. Les philosophes, eux, n'ont sans doute pas tous porté assez d'attention aux bouleversements de la science qui se sont produits sous leurs yeux, comme si un changement de point de vue sur la nature du réel pouvait rester sans écho dans leur discipline[3]. »

Etienne Klein.

Les thématiques présentées dans cet abécédaire tentent de réconcilier deux domaines de pensée qui, avant même l'avènement de la philosophie socratique et de l'astronomie ptolémaïque, furent pendant longtemps reliés : la mesure scientifique des astres et l'amour de la sagesse. L'une et l'autre possèdent leur propre champ conceptuel. Leurs lexiques respectifs sont généralement rigoureusement délimités. Ce souci méticuleux – qui consiste à donner à chaque notion spécifique une très grande valeur opératoire – accompagne naturellement le mouvement de spécialisation des savoirs. Mais toute personne observant régulièrement la beauté manifeste du ciel étoilé peut aujourd'hui constater et regretter que les notions utilisées par les philosophes et les astrophysiciens ne font que trop rarement référence au même champ sémantique. Cette désunion n'exprime pas nécessairement une divergence de point de vue. Elle reflète d'abord, tout simplement, un écart linguistique. Il nous semble incontestable que si les uns et les autres ne donnent plus le même sens et les mêmes sous-entendus aux mots, ils se condamnent en conséquence à ne plus vivre tout à fait dans le même monde.

Cette forme de divorce, soulignée déjà par Edmund Husserl au début du XXème siècle[4], contribue à ce sentiment, très largement partagé par nos concitoyens, que chacun a tendance à perdre une vision synthétique et globale. Husserl faisait remarquer avec justesse à quel point l'acte fondateur de notre

---

[3] E. Klein *Conversations avec le Sphinx,* Ed. Le Livre de Poche, Biblio Essai, 1994.

[4] E. Husserl, *La Crise de l'Humanité Européenne et la Philosophie*. Trad. N. Depraz . Ed. Hatier, 1997. Prononcée le 7 mai 1935 au *Kulturbund* de Vienne, cette conférence se présente explicitement comme un véritable « manifeste ».

civilisation européenne se situe chez les Grecs de l'Antiquité, avec l'apparition d'un projet tout à fait remarquable, qui consiste à se doter d'une science du monde considéré comme un tout. Non pas une science qui pourrait tout comprendre et tout étudier, mais une science dont le but consiste à établir un pont entre la physique et la métaphysique, de sorte que soit reliée la compréhension du monde des idées à la connaissance des réalités empiriques. Le projet d'une telle science est à l'origine de la philosophie grecque. A l'Âge Classique, aux XVIIème et XVIIIème siècles, un tournant radical intervient : les sciences de la vie vont inexorablement se séparer des sciences de l'esprit. Dès lors, la biologie, la physique et l'astronomie, poursuivent leurs investigations de manière autonome, ce qui permet d'accélérer le rythme des recherches et des découvertes, mais ces avancées s'effectuent en dehors de toute considération juridique, politique ou morale. Tandis que la nature tombe sous la coupe de la raison scientifique et technique, les sciences humaines, la sociologie, la psychologie, le droit mais aussi l'économie, demeurent excessivement anthropocentrées. Tout au long du XXème siècle, et tout particulièrement depuis la prise de conscience suscitée par les bombardements de *Hiroshima* et *Nagasaki,* de nombreux penseurs, des législateurs, de grands représentants de la critique sociale, ont réussi à ramener la science dans un espace de délibération démocratique. *L'astrophysique, dont les découvertes semblent évidemment déconnectées de nos problèmes intramondains, est restée beaucoup trop négligée dans ce processus.* Cela est d'autant plus regrettable que la cosmologie – cette partie de l'astronomie qui considère l'univers comme un tout – traite régulièrement de questions métaphysiques essentielles, dont les enjeux concernent toutes les dimensions de notre existence individuelle et collective. En l'occurrence, les cosmologistes comptent certainement parmi les plus grands métaphysiciens de notre époque contemporaine[5].

Évitons d'emblée une méprise. Ce travail ne cherche à aucun moment à rendre raison, d'un point de vue sémiologique, du discours et des interprétations scientifiques. Il ne s'agit pas non plus de laisser entendre

[5] Evidemment, il ne s'agit pas de dire que la cosmologie constituerait le seul domaine privilégié pour la métaphysique. L'idée même de parler de « domaine privilégié » (que ce soit l'art, la morale, la littérature, la logique, la cosmologie ou la poésie) nous semble maladroit et incongrue. L'expérience métaphysique n'advient-elle pas précisément au moment où toutes ces catégorisations sont dépassées ? La métaphysique n'est-elle pas potentiellement partout, pour autant où l'on puisse s'étonner ?

comme l'avait fait Martin Heidegger, que « la science ne pense pas[6]. » Le travail scientifique possède son domaine de légitimité, y compris son propre cadre juridique, un cadre qu'il ne cesse d'interroger et de réélaborer lui-même, en prenant appui sur ses réflexions, mais aussi sur les conceptions développées par les sciences humaines et la philosophie des sciences. L'ambition de cet ouvrage n'est pas d'effectuer une relève de ce travail. Elle repose sur deux tentatives beaucoup plus modestes.

La première consiste à établir de nouvelles passerelles conceptuelles afin d'enrichir ce dialogue si fructueux qui existe, de fait, entre l'astronomie et la philosophie. Le caractère métaphysique de la cosmologie a toujours existé. Mais les concepts qui relient les deux versants, de la philosophie et de l'astronomie, demeurent aujourd'hui en nombre très insuffisant. Cette lacune, ainsi que toutes les difficultés qui en découlent des deux côtés, se trouve accentuée par le fait que « l'univers », du moins ce que nous entendons généralement derrière ce vocable, ne correspond absolument pas à un objet dont la représentation pourrait être unifiée. Le « monde », estime Markus Gabriel, nous renvoie à un référent absent[7]. Cet abécédaire défend au contraire l'idée selon laquelle le ''monde '' existe. Mais si le ''monde'' existe, de toute évidence il nous conduit vers un référent pluriel et dispersé, incompressible et pourtant profondément *connecté*, en un mot « archipelisé ».

Un *archipel* est un ensemble d'îles partageant la même origine géologique et situées relativement proches les unes des autres. Le terme « archipel » dérive du grec ancien Αἰγαῖον Πέλαγος (*Aigaion Pelagos),* appellation désignant originellement la mer Egée. Cette mer mythique est parsemée par un très grand nombre d'îles : *Samothrace, Lemnos, Samos, Lesbos, Chios, les Cyclades, les Sporades, Salamine, Eubée, Rhodes*, etc. Si l'on parcourt l'ensemble de notre globe terrestre, le plus grand archipel connu est l'Archipel finlandais, il se trouve en mer Baltique et comprend 179 584 îles.

---

[6] « La science de son côté ne pense pas, et ne peut pas penser ; et c'est même là sa chance, je veux dire ce qui assure sa démarche propre et bien définie » M. Heidegger, *Qu'appelle-t-on penser ?* Trad. A. Becker et G. Granel Ed. des Presses Universitaires de France,1959.

[7] « Il existe plein de petits mondes, mais pas ce monde unique auquel ils appartiennent tous. Cela ne signifie absolument pas que ces nombreux petits mondes ne sont que des perspectives, des points de vue sur ce monde, cela veut dire que seuls existent ces nombreux petits mondes ; ils existent réellement, et pas uniquement dans mon imagination. C'est exactement ainsi qu'il faut comprendre mon assertion que le monde n'existe pas. Il est tout simplement faux que tout soit en relation avec tout. » M. Gabriel, *Pourquoi le Monde n'existe pas*. Trad. G. Sturm. Ed. JC. Lattès, 2014.

En géographie, la notion « d'archipel » fait référence à toutes sortes de caractéristiques communes, qui s'inscrivent dans un espace ouvert. En économie, Pierre Veltz évoque ce qu'il appelle « une économie d'archipel » : notre système d'échanges internationaux est en voie de globalisation et serait gouverné par de grandes métropoles, reliées entre elles par des moyens de transport aériens, ferroviaires, maritimes, ainsi que par les nouvelles formes de télécommunications[8]. Ces métropoles forment une gigantesque mégapole. Elles apparaissent comme un archipel d'îles isolées sur une mer. Dans le domaine spécifique de l'astronomie, le terme, à notre connaissance, n'a pas encore été utilisé[9].

Nos *univers en archipels* se présentent dans cet ouvrage sous la forme d'un *abécédaire du ciel étoilé*. Cette structure élémentaire, qui semble purement conventionnelle, obéit, malgré les apparences, à une logique démonstrative. Certes, les thématiques ne sont pas disposées dans un ordre systématique, mais elles constituent des ensembles facilement repérables. Par exemple, les chapitres concernant les lettres B, F, I et U (Big Bang / Fine tuning / Infini / Univers) renvoient tous les quatre au domaine fondamental de la cosmologie. Ils constituent, au sein de notre répertoire lexical, un *archipel,* c'est-à-dire un *univers-îles,* parmi d'autres. Les lettres A, P, W et Z (Abduction / PAN / Wow ! signal / hypothèse du Zoo) forment de la même façon, un autre grand *archipel cosmique,* relié par un fil conducteur différent : la vie extraterrestre. D'autres *univers-îles*, plus petits, ne regroupent à chaque fois que deux lettres de l'alphabet. C'est le cas pour les associations par paire, notamment pour les lettres E et O (Etoiles / Observation), D et V (sphère de Dyson / Vénus), Q et T (Quasars / Trous noirs), C et Y (Comètes / Astéroïde du Yucatan), ou bien encore J et S (Jupiter / Saturne). Certains *archipels* ont une taille intermédiaire : c'est le cas pour les chapitres concernant les lettres G, L et M (Youri Gagarine / Lune / Mars), qui renvoient tous les trois à la conquête de l'espace. Les lettres H, K et R (Hypérion / capitaine Kirk / Rayonnement cosmique) forment, pour leur part, un *univers-îles* très différent, dont chaque partie se trouve reliée par le travail de l'imaginaire. Ce dernier est loin d'être anecdotique. Tous les épistémologues savent pertinemment que le véritable moteur de la science est l'imagination, et qu'à l'origine de la philosophie grecque, le *logos* et le *mythos* ne font qu'un.

[8] P. Veltz, *Mondialisation, Villes et Territoires*. Ed. des Presses Universitaires de France, 1996.

[9] Le *Centre de Culture Scientifique et Technique de Guadeloupe* utilise l'appellation « Archipels des Sciences », sans l'appliquer spécifiquement et exclusivement à l'univers entendu comme *objet* d'étude.

Un abécédaire, cependant, n'est pas une encyclopédie. Quel que soit le choix des lettres thématiques retenues, cet ouvrage ne prétend en aucune manière présenter des définitions exhaustives. Les analyses développées ne représentent elles-mêmes qu'un infime et minuscule fragment des problèmes incompressibles qu'il faudrait normalement se risquer à exposer. Le traitement de ces questions ne saurait trouver de réponses satisfaisantes dans un ouvrage présentant une aussi faible portée. Il nous est apparu néanmoins que leur résolution pouvait être facilitée par la création de passerelles conceptuelles permettant de relier, ici et là, certains *univers-îles.* La valeur des concepts que nous avançons étant purement heuristique, nous les présentons ici uniquement sous forme de « propositions ». Comme l'ont clairement résumé des philosophes aussi différents que Ludwig Wittgenstein et Gilles Deleuze, la fonction d'un concept est de donner une « clef » permettant de déverrouiller les données d'un problème.

« Les problèmes philosophiques, disait Wittgenstein[10], peuvent être comparés à des serrures à code, qui ne peuvent être ouvertes qu'en tapant un certain mot ou nombre, si bien qu'aucune force ne peut ouvrir la porte tant que le mot n'a pas été tapé, mais qu'une fois qu'il est tapé n'importe quel enfant peut ouvrir[11]. » Cependant, l'idée selon laquelle il serait possible de déverrouiller toutes les serrures, afin d'ouvrir l'ensemble des portes permettant de relier tous les *archipels cosmiques,* nous semble chimérique, voire contre-productive.

Un abécédaire, en effet, n'est pas un dictionnaire. Un abécédaire, de manière toujours singulière, cherche une vue d'ensemble. Mais il ne prétend rien globaliser. Un dictionnaire, au contraire, doit être systémique. Il a l'obligation d'être complet. Dans un bon dictionnaire, tous les éléments définissants se doivent d'être définis quelque part. Un abécédaire obéit à une autre logique. A défaut d'être systémique, il vise ''l'élémentaire''. Il ne cherchera pas à nier l'existence d'une pensée qui ne se dit pas, mais il soutiendra, par contre, qu'une pensée confrontée à l'ineffable est forcément une pensée qui se cherche. Une pensée soit dans un état de fermentation, soit dans un état de saturation. En dehors de l'ordre synchronique proposé par les mots, toute pensée n'est qu'un chaos sans contours, sans formes, en lequel rien ne se distingue de rien, ne se détache, pour le moins, de manière stable. Ainsi, une pensée qui se cherche est le plus souvent une pensée qui n'a pas encore identifié les mots adéquats

---

[11] L. Wittgenstein, *Recherches Philosophiques*, publié à titre posthume en 1953. Trad. F. Dastur, M. Elie, J-L. Gautero, D. Janicaud, E. Rigal, Ed. Gallimard, 2014.

pour s'exprimer et qui tente, dans un océan de mystères et de paradoxes, de trouver un ancrage pour s'amarrer.

Toute la question est là : comment trouver les mots permettant de rendre compte de l'expérience de la contemplation du ciel étoilé ? Cette expérience ne cesse de nous émerveiller, elle nous transporte dans une pluralité de sensations, d'émotions et de savoirs, en réalité, incompressibles. En proposant de nouvelles passerelles, susceptibles de relier des mondes dont la phénoménologie se trouve immédiatement submergée par l'expérience de la profusion et de l'altérité, nous sommes conscients de la difficulté qui consiste à convoquer des domaines de compétences et des sensibilités foncièrement hétérogènes. Comment pourrait-il en être autrement ? L'expérience de la nuit constellée nous engage forcément vers un échange illimité. Un tel dialogue implique l'ouverture des possibles. Cela ne peut se faire qu'à la condition de réunir tous les amoureux du ciel nocturne, bien au-delà des petits îlots investis aujourd'hui par le travail des astronomes et des philosophes. Pour parvenir à cet objectif, il nous semble utile de décloisonner la « culture savante » de la « culture populaire », et il nous semble également opportun d'accorder un espace de parution, aussi maladroit soit-il, à l'écriture poétique.

Car en effet, « c'est dans les mots que nous pensons.[12] » Il n'y a pas de pensée en dehors des mots qui la disent. La contemplation du ciel étoilé n'est pas simplement décrite ou désignée par des mots ou des expressions tels que «firmament », « horizon insondable », « connexion », « constellations », « sidération partagée », « profusion », « sens indécidable ». Elle est tout entière dans les dénominations que nous utilisons, parfois sans y prendre garde. Le sens des mots est différentiel et non pas référentiel, d'où la nécessité, le cas échéant, d'introduire de nouvelles nuances dans des registres sémantiques qui ont tendance à s'hypostasier. Il en va de même pour toutes ces notions étranges, désormais couramment employées par les astronomes, telles que « le mur de Planck », « les fluctuations du vide quantique », « l'inflation », « la période de réionisation », « la matière noire », « l'énergie

[12] « C'est dans les mots que nous pensons. Nous n'avons conscience de nos pensées déterminées et réelles que lorsque nous leur donnons la forme objective, que nous nous les différencions de notre intériorité, et par suite, nous les marquons d'une forme externe, mais d'une forme qui contient aussi de caractère de l'activité interne la plus haute. (...) On croit ordinairement, il est vrai, que ce qu'il y a de plus haut, c'est l'ineffable. Mais c'est là une opinion superficielle et sans fondement ; car en réalité, l'ineffable, c'est la pensée obscure, la pensée à l'état de fermentation, et ce qui ne devient clair que lorsqu'elle trouve le mot. » J.W. Hegel, *Philosophie de l'Esprit*, l'*Encyclopédie des Sciences Philosophiques*, 1817. Trad. B. Bourgeois, Ed. Vrin 1986.

sombre », « l'accélération de l'expansion » ... En proposant d'introduire de nouveaux concepts nous ne cherchons, à aucun moment, ni à compléter ni à corriger le vocabulaire utilisé par les scientifiques. Il s'agit seulement de souligner à quel point le champ sémantique de l'astronomie fait signe vers un état superlatif de la réalité. La précision aujourd'hui stupéfiante acquise dans les différents domaines de la mesure spectrale, et de manière générale, le décryptage de nombreux paramètres cosmologiques, laissent entrevoir un monde véritablement et objectivement féerique. Le ciel étoilé, malgré son aspect en apparence calculable et mesurable, garde en réserve une ressource inépuisable de significations insaisissables. Ce caractère ineffable est parfois interprété comme un constat d'ignorance et d'impuissance. En réalité, ce caractère est une chance. Cet abécédaire voudrait célébrer l'existence de cette opportunité qui s'offre à chaque coucher du Soleil.

En l'occurrence, la contemplation du ciel étoilé suscite l'étonnement, parfois l'émerveillement. En certaines circonstances, elle peut générer un sentiment de stupeur et d'effroi. Mais, d'une manière ou d'une autre, elle nous met en quête d'un sens. L'univers nous invite à mettre toute chose dans une perspective existentielle. Son spectacle est pleinement et résolument participatif. La prise en compte d'un tel panorama constitue la deuxième finalité poursuivie dans cet ouvrage, dont la portée nous semble vitale. Notre deuxième objectif consiste à *observer la Terre d'un point de vue cosmique*. Il s'agit surtout, par un biais cosmologique, complémentaire de l'approche écologique traditionnelle, de prendre conscience de notre vulnérabilité. La planétologie comparée nous permet de caractériser dans le même élan, à la fois la singularité, mais aussi l'extrême fragilité de notre biosphère.

Ce recul, offert par l'astronomie, permet de considérer la Terre sur des échelles de temps qui se comptent en milliards et en millions d'années, au regard desquelles les civilisations humaines apparaissent comme des phénomènes contingents. L'*homo sapiens* n'existe que depuis 200 000 ans, mais il a déjà fait subir à son environnement des ravages irréparables. Ce constat excède la dimension théorique dans laquelle s'enferment parfois les philosophes et les scientifiques. Il appelle un engagement pratique, de nature juridique et politique, permettant de lutter efficacement contre le réchauffement climatique. Un cri d'alarme est actuellement adressé en direction de tous les grands décideurs financiers et économiques, ainsi qu'à nos dirigeants politiques. Mais ce constat s'adresse d'abord à tous les citoyens, car nous sommes tous directement concernés. Notre humanité prend actuellement un chemin qui risque de la conduire à l'autodestruction. Si nous continuons à polluer, avec la même intensité, notre atmosphère, nos océans, nos sols et nos sous-sols, notre planète risque, désormais à très court terme, de suffoquer. Et nous de même, à l'unisson, avec elle.

« Le ciel, grand, plein de retenue splendide,
une provision d'espace, un excès de monde.
Et nous,
trop loin pour nous laisser façonner,
trop près pour nous en détourner ... »

Rainer Maria Rilke, *Poèmes à la nuit.*

A comme Abduction

« Le monstre est le grand modèle de tous les petits écarts
ou de toutes les petites irrégularités possibles.[13] » Michel Foucault.

Le terme « abduction » est généralement utilisé, dans le vocabulaire ufologique, pour désigner les kidnappings effectués par les extraterrestres. De tels enlèvements sont appelés aussi ''Rencontres Rapprochées du Troisième et Quatrième Types'' (RR3 et RR4[14]). Ces événements décrivent généralement des êtres filiformes, de petite taille, grossièrement humanoïdes, qui présentent cependant une forme de visage plus triangulaire que circulaire, et dans lequel les yeux s'apparentent manifestement à une autre espèce animale. Pour ces êtres inquiétants venus d'un autre monde, *l'homo sapiens* est d'abord un objet d'étude. L'humanité représente une entité biologique archaïque, elle personnifie la vie encore instinctive dont on s'éloigne sans cesse par la technologie et l'altération des rapports sociaux dans les économies développées. Et si on se réfère aux témoignages bouleversants – mais il faut le reconnaître très peu crédibles – d'abduction, les extraterrestres auraient recours à notre code génétique pour renouer avec une existence émotionnelle sans laquelle ils seraient eux-mêmes menacés de disparaître. Cette similitude des destinées humaines et extraterrestres – déjà constatée dans l'imaginaire des « martiens[15] » – participe d'une scénographie largement illustrée par toutes sortes de représentations anthropomorphiques. L'extraterrestre est-il véritablement, comme on ne cesse de nous le répéter, « l'homme de demain», désincarné, déshumanisé, incapable d'avoir des émotions ?

Selon un sondage commandé par le magazine *Newsweek*, un tiers des américains est persuadé que des humains sont entrés en contact rapproché

[13] M. Foucault les Anormaux, Cours au Collège de France de 1975. Ed. Gallimard Seuil 1999

[14] Les RR1 (Rencontres Rapprochées du Premier Type) désignent toutes les observations d'OVNI effectuées à une distance jugée inférieure à 150 mètres. Les RR2 désignent des cas d'OVNI laissant des traces matérielles (un écho radar par exemple). Les RR3 des rencontres avec des extraterrestres. Les RR4 des enlèvements effectués par des extraterrestres, etc. Nous devons les trois premières classifications à l'astrophysicien Allen Hynek.

[15] Cf. M comme Mars

avec des extraterrestres. Bonne nouvelle ou fantasme collectif ? Quelles que soient les réponses, force est de constater que, pour le plus grand malheur des humains concernés, ces contacts prennent souvent la forme traumatique d'un récit d'enlèvement. Dans les années 1960, les premiers témoignages d'abduction étaient relativement individualisés. Progressivement, vers le milieu des années 1980, une forme narrative archétypale s'est progressivement installée aux États-Unis, au Canada, puis dans le monde entier. Ce modèle archétypal suit, grosso modo, la trame du récit de Betty et Barney Hill, un couple américain résidant dans le New Hampshire, ayant fait en septembre 1961, l'expérience terrifiante d'un enlèvement par des extraterrestres. De nombreux témoignages suivent une trame similaire, notamment le compte rendu de l'écrivain Withley Strieber, qui prétend avoir lui-même subi la même et terrible mésaventure[16].

Imaginez : vous avez des souvenirs très vagues relatifs à des événements perturbants. Il vous semble que ces événements coïncident avec ce qui correspond à un trou dans votre emploi du temps. Des réminiscences vous apparaissent sous formes ‘’d'images flashs‘’ dans lesquelles vous réalisez avoir été kidnappé par des individus totalement inconnus. Les images se précisent, tout se passe comme si vous aviez été soumis à un examen médical complet, parfois à un accouplement sexuel, parfois à une pose d'implant. Cette scénographie est d'autant plus incongrue que vous vous souvenez avoir été paralysé sur une table d'opération tandis qu'une voix intérieure vous ordonnait de ne pas ouvrir les yeux. Injonction on ne peut plus stupide... qui conduit inévitablement chacun, dans des circonstances identiques, à ouvrir les yeux ! Résultat : vous découvrez avec terreur la physionomie de petits êtres gris et filiformes venus manifestement d'une autre planète.

Betty et Barney Hill ont eu recours à l'hypnose pour mieux se remémorer les faits. Cette technique peut se révéler efficace pour lever de nombreuses inhibitions mais elle augmente considérablement la capacité de suggestion. L'expérience hypnotique peut être vécue subjectivement avec tant de réalisme que, même si on tente d'expliquer aux sujets qu'elle est d'abord imaginaire, son intensité prévaut sur l'explication logique. Les personnes soumises à une transe hypnotique peuvent repartir avec l'idée qu'ils ont validé leur souvenir.

De la même manière qu'il existe toute une phénoménologie de la ‘’soucoupe volante‘’, il existe également toute une phénoménologie de l'extraterrestre

[16] W. Strieber *Communion, A True Story.*, Ed. Beech Tree Books, 1987. (Traduction française non disponible.)

standard[17]. Il est tout à fait frappant de constater à quel point la physiologie de ces visiteurs d'un autre monde évoque les monstres typiques du Moyen Age, qui étaient tous, plus ou moins, des « mixtes » entre l'homme et l'animal. Mais un homme du Moyen Age, s'il devait être confronté à une expérience d'abduction, serait certainement incapable d'identifier le moindre extraterrestre, il verrait la physiologie du « petit gris » comme un avatar de Lucifer, *l'ange déchu porteur de lumière.* Dans toute la civilisation européenne, fortement imprégnée par la religion judéo-chrétienne, la naissance et la figure même de ceux que l'on a appelé jusqu'à une époque récente, des « monstres humains[18] », entretiennent un rapport plus ou moins explicite et avoué avec l'imaginaire du Diable. Du point de vue strictement scientifique, le monstre est un être vivant présentant des anomalies congénitales très importantes, qui ont un retentissement sur l'ensemble de l'organisme et qui sont par conséquent toujours visibles, de façon spectaculaire, de l'extérieur. Mais avant de faire l'objet d'une expertise savante, le monstre nous aspire immédiatement vers un espace de projection. Comme l'a souligné Michel Foucault[19] dans ses *Cours au Collège de France,* toutes les civilisations n'ont pas la même conception des ''monstres humains.'' Etant donné que nous avons affaire à des personnes humaines, l'usage immémorial du terme « monstre » est fortement disqualifiante. C'est la raison pour laquelle les « monstres humains » constituent partout une catégorie bien distincte. On ne confond pas, par exemple, un « monstre humain » et une personne handicapée[20]. Le handicap relève d'une invalidité physiologique et/ou d'une déficience intellectuelle. Un infirme déroge, par accident, aux lois de la nature. Son statut relève d'une construction sociale (comme tout un chacun, il a des droits et aussi des devoirs). Mais il ne s'oppose pas aux lois de Dieu. Le monstre, au contraire, transgresse les lois de Dieu, ce qui est très différent. Le monstre est une construction psychique. Son statut relève d'un fantasme. Aux XXème et XXIème siècles, la représentation de l'extraterrestre, voyageant dans notre ciel à bord d'une « soucoupe volante », participe de la même structure d'élaboration. Il est lui-même une construction de l'imaginaire.

---

[17] Cf. P comme .... Phénomènes aérospatiaux non identifiés

[18] L'expression « monstre humain », utilisée uniformément dans toute la littérature qui évoque des cas réels de malformations humaines, est évidemment d'une extrême violence.

[19] M. Foucault, *les Anormaux*, Cours au Collège de France de 1975. Ed. Gallimard Seuil 1999.

[20] « L'infirme a beau ne pas être conforme à la nature, il est en quelque sorte prévu par le droit. En revanche, la monstruosité est cette irrégularité naturelle, telle que, lorsqu'elle apparaît, le droit se trouve remis en question, le droit n'arrive pas à fonctionner ». M. Foucault, Ibid. *Cours du 22 Janvier 1975.*

L'extraterrestre qui procède à des opérations d'abduction est un monstre. Il transgresse l'image que l'homme se fait des anges et des dieux. Alors même que nous ne croyons plus, ni en l'existence des anges, ni en l'existence des dieux, *il transporte une immense charge d'angoisse*. De l'Antiquité jusqu'à aujourd'hui, l'expérience du monstre coïncide avec un bouleversement de nos schémas perceptifs habituels, c'est une sorte de catastrophe oculaire qui implique la stupéfaction, le non-sens momentané, rapidement suivi par la requête d'un jugement et l'appel à la condamnation. La « condamnation » ne désigne-t-elle pas précisément l'opération qui consiste à procéder à une damnation collective ? Mais alors, quel péché l'humanité contemporaine doit-elle expier ? Au tournant du milieu du XXème siècle, l'amélioration des techniques médicales permettant d'établir le diagnostic prénatal, tout particulièrement la mise au point de l'échographie, a permis de réduire considérablement le nombre de naissances d'enfants présentant des handicaps très graves. A une époque où de telles techniques n'existaient pas, et dans tous les pays où ces techniques ne sont pas disponibles, ces naissances ont suscité et suscitent un trouble profond. La survenue d'enfants présentant des malformations sévères génère, toujours et partout, une très forte émotion. Or, si les cas et la fréquence des malformations congénitales ne varient que très peu d'une société à une autre, il est intéressant de constater à quel point les interprétations et les significations symboliques – notamment religieuses – données à de telles naissances, peuvent différer selon les modes de représentations culturellement prépondérants. Les « dérivations symboliques[21] » qui accompagnent leur représentation dépendent étroitement, comme nous allons le voir, de la figure historique du sens dominant.

La prévention des naissances monstrueuses, rendue possible par le développement des méthodes de diagnostic prénatal et le recours à l'avortement thérapeutique, ont modifié le regard porté sur les « monstres humains ». Dans la mesure où les cas réels de malformations congénitales ont progressivement et heureusement vu leur fréquence considérablement diminuer, le « monstre humain » vit désormais uniquement dans notre imaginaire. Il ne trouve plus aucune forme de coïncidence avec le réel, ou très rarement. Et surtout, il y a cette prise de conscience : avec les événements dramatiques de la IIème Guerre Mondiale, cruellement marqués par la découverte des camps d'extermination et l'utilisation de la bombe atomique, *c'est l'homme lui-même qui apparaît comme le seul véritable monstre dans la nature.* La monstruosité a désormais exclusivement un sens moral.

---

[21] Sur ce concept de « dérivation symbolique », cf. M. Salamon, *La Mort Interdite*. Ed. des Presses Universitaires de Limoges, 2010.

Dans *l'Entretien Infini*, Maurice Blanchot nous suggère d'évoquer « un instant, le Sphinx comme question, l'homme comme réponse ». Lorsque l'humanité s'interroge sur elle-même, sur ses chances de surmonter l'autodestruction qui se profile à moyen terme, et elle se sent en même temps interrogé par quelque chose d'inhumain, quelque chose de monstrueux :

« L'homme, lorsqu'il s'interroge, se sent interrogé par *quelque chose d'inhumain*, et il se sent aux prises avec quelque chose qui n'interroge pas, Œdipe devant le Sphinx, c'est en première apparence l'homme devant le non-homme. Tout le travail de la question est de conduire l'homme à la reconnaissance que, devant le Sphinx, le non-homme, il est déjà devant lui-même[22]. »

La possibilité de l'autodestruction de l'humanité est la possibilité même de l'absurde. Elle renvoie à la présence monstrueuse et abyssale d'un non-sens tapi dans l'ombre, absolu et irrévocable.

Si les hommes habitent et partagent un même monde, avant même qu'on ne puisse songer à la vérité de cette habitation et de ce monde, il reste que pour habiter le cosmos – c'est une constante – les hommes ont besoin de sens. Le sens est la pierre angulaire qui nous permet d'assigner une signification et une direction à tout ce qui nous entoure et à tout ce qui nous arrive. Le sens est également le principe premier, à partir duquel se construit tout ce qui concerne les affaires humaines, la société, la morale, la religion, la philosophie, l'éducation, etc. A titre heuristique, il nous semble intéressant de distinguer, dans notre histoire, trois formes ou trois figures du sens. Nous proposons d'appeler « sens donné » la première figure historique du sens. Cette figure du sens a probablement commencé dès que l'humanité a pris conscience de l'immensité insondable du ciel. Elle a pris fin au moment de l'avènement de l'Humanisme, dans la période de la Renaissance, lorsque le modèle cosmologique hérité des Grecs a été supplanté par la révolution copernicienne.

Le « sens donné » renvoie à la présence d'un principe métaphysique par lequel la majeure partie des questions qui se posent aux hommes s'expliquerait, et à partir duquel il serait possible de déterminer les modalités de l'existence individuelle et collective. En Europe, un tel sens a été donné notamment par le cosmos grec, puis par le Dieu unique judéo-chrétien. *Dans le contexte du sens donné, le sens n'est pas à chercher ou à faire, soit il se*

[22] M. Blanchot, *L'entretien Infini,* Ed. Gallimard 1969. L'expression ''*quelque chose d'inhumain*'' est soulignée par nous-mêmes. Dans le passage cité, Blanchot commence par dire : « Evoquons un instant le Sphinx comme question, l'homme comme réponse. L'être qui questionne est nécessairement ambigu : l'ambiguïté même questionne. »

donne à contempler dans le monde (c'est la version grecque), soit il se donne à lire dans la Bible (c'est la version judéo-chrétienne).

Dans cette situation où le sens était inscrit dans un ordre supérieur aux humains, toute interprétation des « monstres humains » renvoyait généralement, si du moins on se réfère aux exemples évoqués par M. Foucault, soit à une résurgence des forces chaotiques qui menacent sourdement l'ordre immanent du monde, soit à une faute et à l'action transcendantale du Mal. Dans toute la tradition judéo-chrétienne, l'homme occupe une position centrale. Il a été créé « à l'image de Dieu ». Quant aux extraterrestres, ils ne sont quasiment jamais évoqués. S'ils étaient amenés à trouver une place dans la création, leur existence passerait, de toute manière, au second plan.

Nous proposons d'appeler « sens produit » la deuxième figure historique du sens. Elle trouve son départ au moment où s'estompe l'ascendance de la première figure et traverse l'ensemble de l'époque moderne. Avec l'humanisme théorique de la Renaissance apparaît en effet l'idée d'une libre détermination de l'homme par lui-même, détermination par laquelle *les hommes sont appelés à prendre en charge la production du sens*. Les hommes modernes deviennent par-là même les auteurs de leur propre existence et pensent ainsi être capables de se donner des modèles spécifiques pour se former, pour s'éduquer. Dans ce contexte du « sens produit », l'éducation acquiert une nouvelle dimension : elle devient ce par quoi l'homme se fait homme. Quant aux « monstres humains », ils connaissent un « désenchantement », ils ne sont plus considérés comme des prodiges – au sens religieux du terme – mais se retrouvent exhibés, au titre de marchandises spectaculaires, dans les cirques et les foires. C'est le cas notamment pour Joseph Carey Merrick, surnommé « l'homme éléphant », dont le récit a été consigné par le docteur Frederick Treves travaillant au *Royal London Hospital*. Personne n'envisage l'hypothèse que Joseph C. Merrick puisse être un extraterrestre. Il en va de même pour toutes les personnes présentant des difformités, parfois exposées dans de sinistres « entre-sorts » qui fleurissent dans toutes les capitales européennes, ou bien encore outre-Atlantique, au Musée Barnum de New York. Au XIXème siècle, les « monstres humains » font désormais l'objet d'une nouvelle science, la ''tératologie'', pour laquelle ils ne sont plus systématiquement considérés comme étant des échecs de la nature, mais comme la démonstration que l'évolution peut inventer de nouvelles formes et de nouvelles normes. L'hypothèse extraterrestre, pour sa part, serait ici totalement anachronique.

Tandis que les philosophies issues de la conception de l'humanisme, dans le prolongement de l'idée du « sens produit », voient dans la conscience de soi un principe et un fondement pour toute expérience du monde, certains courants de la sociologie, de la linguistique, de la psychanalyse, les différents mouvements structuralistes, les neurosciences aussi, tendent à montrer que la conscience de soi ne va pas de soi, en ce sens qu'elle est traversée par une altérité, une extériorité qu'elle ne maîtrise pas. Ces différents mouvements marquent, sur le plan philosophique, la fin d'une période – celle du « sens produit » – et inaugurent une autre histoire, celle que nous proposons d'appeler « sens problématique » ou « sens indécidable ». Dans la mesure où l'être humain ne peut plus être défini comme un sujet capable de s'autodéterminer, ou comme un auteur qui se situe à la source du sens, ne faut-il pas remettre en cause l'image traditionnelle de l'homme ?

Selon Platon et Aristote, l'homme est l'*animal rationale*, l'être doué du λόγος (*logos*), c'est à dire de la raison. Mais pour Platon et Aristote, l'être humain trouve encore sa place dans un modèle cosmique qui le sublime et le dépasse. Seize siècles après la destruction du *Lycée* d'Aristote, provoquée par l'assaut des troupes romaines de Sylla, la pensée européenne reprend un nouveau souffle. Pic de la Mirandole écrit : « Si nous ne t'avons donné, Adam, ni une place déterminée, ni un aspect qui te soit propre, ni aucun don particulier, c'est afin que la place, l'aspect, les dons que toi-même aurais souhaités, tu les aies et les possèdes selon ton vœu, à ton idée[23]. » Enfin, cinq siècles plus tard, Georges Bataille fait ce constat accablant : « Auschwitz est le fait, le signe de l'homme. L'image de l'homme est, désormais, inséparable d'une chambre à gaz[24]. » Car, en effet, le camp de concentration d'*Auschwitz* est bien une création humaine ; de manière à la fois paroxystique et monstrueuse, l'histoire du « sens produit » s'est en quelque sorte brisée, interrompue, dans le nazisme et le stalinisme – ainsi que dans l'utilisation des deux bombes atomiques larguées par le gouvernement états-unien sur le Japon – laissant place à une essentielle « problématicité » du sens.

Le sens problématique est la conséquence et la suite de ce qui vient après l'échec du sens produit. *Nous proposons d'appeler sens problématique l'entrée dans une période marquée par la fin des idéologies et le caractère indécidable de l'homme lui-même, capable à la fois du meilleur et du pire.*

[23] P. de la Mirandole *De la Dignité de l'Homme*, 1485, texte traduit et commenté par Yves Hersant, Ed. de l'Eclat, 1993. Juste avant le passage cité, Pic de la Mirandole écrit cette phrase célèbre : « Révérends Pères, j'ai lu dans les textes des Arabes que le Sarrasin Abdallah, à qui l'on demandait ce qui, dans cette sorte de scène qu'est le monde, était le spectacle le plus digne d'admiration, répondit qu'il n'y avait pas de spectacle plus admirable que l'homme. »

[24] Cette phrase est citée par Georges. Didi-Huberman, dans *Images malgré tout*, Paris, Éd. de Minuit, 2003.

Dans sa libre production du sens, l'homme se révèle être capable de la plus grande humanité comme de la plus grande monstruosité.

Depuis *Auschwitz* et *Hiroshima,* non seulement il nous faut comprendre à quel point celui qui est différent demeure en même temps profondément humain, mais aussi il nous faut désormais saisir ce qu'il y a de monstrueux dans l'humanité ; par conséquent ce qu'il y a éventuellement de monstrueux en chacun de nous. Y compris chez tous ceux qui semblent tout à fait normaux. Evoquant le cas d'Adolphe Eichmann, Hannah Arendt s'interroge : « les actes étaient monstrueux, mais le responsable était tout à fait ordinaire. Il n'y avait en lui aucune trace ni de convictions idéologiques solides, ni de motivations spécifiquement malignes [...] Le problème du bien et du mal, la faculté de distinguer ce qui est bien et ce qui est mal seraient-ils en rapport avec notre faculté de penser[25] ? »

Nous avons souligné d'entrée, à quel point une similitude des destinées extraterrestres et humaines apparaît de manière flagrante dans le prototype du récit d'abduction. Tout se passe, en fait, comme si nos visiteurs extraterrestres nous présentaient une image inversée de notre propre « indécidabilité ». Comme les humains, ils sont foncièrement ambivalents. D'un côté ils nous analysent comme de vulgaires souris de laboratoire et d'un autre côté nous pressentons qu'ils sont peut-être venus nous sauver de l'autodestruction, qui nous menace de jour en jour, d'une façon de plus en plus concrète. D'une manière ou d'une autre, ils nous renvoient toujours et encore à la difficulté de renoncer à l'idée que nous serions des êtres exceptionnels dans l'univers, les seuls êtres véritablement intelligents, qui plus est capable d'autodétermination ; en d'autres termes ils nous confrontent à la difficulté inhérente à l'acceptation de notre finitude. De toute évidence, une entité, quelle qu'elle soit, terrestre ou extraterrestre, qui aurait la capacité de nous offrir une solution nous permettant d'éviter l'Apocalypse, une telle entité aurait incontestablement un pouvoir considérable. Le fait que cette entité ne soit pas humaine signifierait de surcroît la disparition d'une certaine idée de l'homme – héritée de l'Humanisme à la Renaissance et consolidée par la philosophie des Lumières – selon laquelle l'humanité serait, quoiqu'il arrive, toujours maîtresse de son destin.

[25] « Il n'était pas stupide. C'est la pure absence de pensée – ce qui n'est pas du tout la même chose que la stupidité – qui lui a permis de devenir un des plus grands criminels de son époque. Et si cela est ‚banal' et même ‚comique', si, avec la meilleure volonté du monde, on ne parvient pas à découvrir en Eichmann la moindre profondeur diabolique ou démoniaque, on ne dit pas pour autant, loin de là, que c'est ordinaire. » H. Arendt, *Eichmann à Jérusalem,* 1963. Trad. A. Guérin, révisée par M. Leibovici, Editions Folio, 2002.

B comme Big Bang

« Voir l'univers dans un grain de sable, Un ciel en une fleur des champs, Retenir l'infini dans la paume des mains, Et l'éternité dans une heure[26]. »

William Blake.

Notre représentation de l'univers est gouvernée par le modèle cosmologique standard ''ΛCDM'', appelé plus trivialement théorie du « Big Bang ». Cette conception nous offre, depuis près d'un siècle, l'opportunité de pouvoir appréhender un scénario crédible permettant de raconter l'histoire de l'univers dans sa globalité[27]. Un tel motif participe activement, à n'en pas douter, de la réussite de ce modèle. Cependant, si le modèle ''ΛCDM'' cherche à formuler une définition mathématique de l'Univers qui soit compatible avec les données de l'expérience, le « Big Bang », pour sa part, est une image. Comme toute image, son pouvoir de séduction peut nous conduire à adopter une vision exagérément simplificatrice. Tout se passe comme si l'astrophysique contemporaine pouvait effectivement espérer arraisonner une entité qui la dépasse et qui l'englobe de toutes parts. Beaucoup d'astronomes montent au créneau pour délivrer, au monde ébahi, les principes de ce nouveau grand récit. Les plus enthousiastes entrevoient d'ores et déjà un véritable « âge d'or » de la cosmologie. Ils affirment que nous serions passés d'une cosmologie qualitative et approximative à une cosmologie livrant des données quantifiées, avec une très haute précision… Admettons. Mais que nous disent les grands relevés qui découlent de nos observations ? Si on additionne la matière noire et l'énergie sombre, à peine 5% de la réalité est identifiée.

L'expression « Big Bang » – tout comme le terme « impressionnisme » employé à l'origine au XIXème siècle, très péjorativement, par une partie réactionnaire de la critique artistique officielle – a d'abord été une appellation

---

[26] "To see the world in a grain of sand, and to see heaven in a wild flower, hold infinity in the palm of your hands, and eternity in an hour." *Auguries of Innocence.* W. Blake, Ed. Taurus Press of Willow Dene 1970, traduction très légèrement adaptée.

[27] L (L de l'alphabet grec) désigne la constante cosmologique exprimant l'effet exercé par l'énergie sombre. Les lettres CDM sont les abréviations de « Cold Dark Matter », elles font référence à une « masse manquante », uniquement détectable par l'interaction gravitationnelle, appelée « matière noire ».

sarcastique utilisée pour la première fois en 1949, par l'astrophysicien Fred Hoyle qui défendait, à cette époque, l'idée d'un Univers stationnaire[28]. Dans une émission de vulgarisation radiodiffusée[29], Hoyle fit malicieusement usage de cette image afin de discréditer une conception qui lui semblait tout à fait extravagante : l'Univers aurait commencé par une singularité initiale au sein de laquelle la totalité de la matière, répartie aujourd'hui dans des centaines de milliards de galaxies, aurait été concentrée dans un seul point, juste avant d'éclore dans une grande explosion[30] ! Hoyle connaissait parfaitement tous les enjeux, mais aussi tous les présupposés religieux qui peuvent s'immiscer dans cette représentation cosmologique. Il fut lui-même un des grands précurseurs des travaux portant sur la compréhension de la genèse des éléments physico-chimiques. Dans son exposé radiophonique de mars 1949, il fit notamment référence à Georges Lemaître, qui avait « baptisé » ce point initial : « l'atome primitif ».

C'est Lemaître, célèbre physicien et chanoine catholique, qui est en effet le grand initiateur de la théorie du « Big Bang », une théorie que beaucoup de croyants interprètent, précipitamment, comme la représentation de l'origine de l'Univers. N'est-il pas écrit, dans la Bible, que Dieu tira le monde du néant ? Lemaître reprocha à beaucoup de fidèles, y compris au Pape Pie XII lui-même, d'avoir surinterprété son modèle théorique. En vérité, précise le prêtre physicien, le « Big Bang » ne peut être considéré ni comme une origine, ni comme une création. Il ne peut ni confirmer ni invalider le *fiat lux* divin. Compte tenu de nos capacités de connaissance et de modélisation, cette théorie apparaît aux yeux de Lemaître plutôt comme une limite ultime. Le « Big Bang » est une frontière et un défi pour la connaissance scientifique, ce n'est pas un tremplin vers Dieu.

S'il faut effectivement convenir, avec Fred Hoyle, que le « Big Bang » semble défier notre bon sens, il faut également reconnaître que ce modèle

---

[28] Les conceptions de Fred Hoyle sont partagées notamment par Thomas Gold et Hermann Bondi. Ils défendent tous les trois l'idée d'un Univers immuable dans lequel s'effectue un mouvement de création continue de matière, permettant de compenser la diminution de densité moyenne d'atomes par cm^3, qui découle de l'expansion.

[29] Il s'agit d'une émission de vulgarisation scientifique, diffusée par la BBC le 28 mars 1949, intitulé « The Nature of Things ». L'expression « Big Bang », dont le triomphe planétaire fulgurant rappelle le succès, deux années auparavant, du terme « soucoupe volante », s'est imposée comme une évidence dans l'inconscient collectif du monde occidental.

[30] Une galaxie est un ensemble de plusieurs centaines de milliards d'étoiles liées gravitationnellement. A l'instar du système solaire, de nombreuses étoiles sont accompagnées par un cortège planétaire. Une partie de notre galaxie se voit à l'œil nu : c'est la *Voie Lactée*. Entre 100 et 200 milliards de galaxies sont actuellement recensées dans l'univers observable.

théorique possède, malgré tout, de nombreux arguments solides à faire valoir. Selon l'épistémologue Karl Popper[31], ce qui distingue une activité scientifique de toute autre activité rationnelle est le fait qu'une théorie constituée par la science est réfutable. Une théorie potentiellement irréfutable n'est pas scientifique. Cela signifie qu'il est toujours possible de présenter les énoncés scientifiques sous une forme telle qu'ils puissent être soumis à des expériences permettant de les tester. S'ils passent ces tests avec succès, il faut poursuivre ce processus d'examen critique en recherchant des procédures de validation toujours plus sévères. Par contre, s'il n'est pas possible de constituer les hypothèses scientifiques sous cette forme, on doit leur refuser la qualité de science à laquelle elles prétendent. Le modèle cosmologique standard ''ΛCDM'', comme tout modèle théorique, présente des failles et des limites, cependant il répond bon gré mal gré aux contraintes du critère de réfutabilité[32] : ses affirmations principales peuvent être confrontées aux données de l'observation astronomique, mais aussi aux expérimentations aujourd'hui disponibles dans les domaines de la physique des hautes énergies. Certes, il convient d'interroger en amont tout le cadre paradigmatique permettant d'interpréter les données empiriques disponibles. Cette contrainte conduit, de manière évidente, à souligner l'impact heuristique extraordinaire de deux découvertes fascinantes, dont les implications sont immenses.

Première découverte. En 1912, l'astronome Vesto M. Slipher, dont le travail consistait à analyser la lumière émise par un échantillon constituée par 25 « nébuleuses spirales », avait remarqué qu'à l'exception de quelques systèmes proches – telle que la nébuleuse d'Andromède – les raies de tous les spectres étudiés étaient décalées vers le rouge, c'est-à-dire vers les plus grandes longueurs d'onde. Ce décalage vers les basses fréquences, dû à l'effet Doppler-Fizeau[33], montrait que la plupart des « nébuleuses spirales » s'éloignaient de notre point d'observation. En 1924, armé d'un télescope de 2,5 m de diamètre, Edwin Hubble démontra, une bonne fois pour toutes, une hypothèse qui avait déjà été émise par le philosophe Emmanuel Kant : les « nébuleuses spirales » se situent à l'extérieur de notre Voie Lactée, il s'agit bien d'autres galaxies. Cinq années plus tard – nous sommes en 1929 – Hubble compara les distances

[31] L'épistémologie est cette partie de la philosophie spécialisée dans l'étude des sciences. Les thèses de Karl Popper sont présentées notamment dans un ouvrage de 1934 intitulé *La Logique de la Découverte Scientifique*. Nous y ferons régulièrement référence dans notre Abécédaire.

[32] Le critère de réfutabilité est appelé aussi « critère de falsifiabilité ».

[33] Cet effet découle de la vitesse de déplacement relative entre la source et l'observateur. La lumière d'un astre qui s'éloigne se décale vers les grandes longueurs d'onde. On parle de « décalage vers le rouge » car l'œil humain perçoit dans cette couleur les plus basses fréquences.

d'un échantillon de spectres galactiques, qu'il avait réussi à analyser, en les corrélant avec les décalages vers le rouge observés par Slipher. George Lemaître, qui suivait de près tous ces travaux, affirma explicitement, dès 1927, que la vitesse d'éloignement d'une galaxie est proportionnelle à sa distance[34]. L'intégration de cette découverte aux calculs qui découlent de la théorie de la relativité générale, constitua un véritable « séisme épistémologique », dont les effets ne cessent de se ressentir aujourd'hui encore. Elle a ouvert la voie à toute notre cosmologie contemporaine.

Malheureusement, l'interprétation de la loi de Hubble-Lemaître est parfois erronée. Cette loi n'implique aucun mouvement des galaxies, elle révèle en revanche une dynamique de dilatation de l'espace-temps. Une image pédagogique permet de visualiser le mouvement cosmologique sans difficulté. Il suffit d'imaginer un ballon sur lequel sont dessinés des points régulièrement espacés. Chaque point représente une galaxie. Lorsque l'on gonfle le ballon, les points s'écartent les uns des autres. Puisque toutes les galaxies lointaines semblent fuir la Voie lactée, celle-ci pourrait apparaître comme le centre de l'Univers. Ce n'est évidemment pas le cas. La Terre est un centre d'observation, rien de plus[35]. Ainsi, d'éventuels observateurs extraterrestres, résidant dans une galaxie lointaine, verraient eux-mêmes la Voie Lactée, les Nuages de Magellan et la galaxie d'Andromède, s'éloigner de leur propre point d'observation. La dynamique mesurée par l'expansion de l'Univers n'est absolument pas corrélée à un déplacement des galaxies – celles-ci sont reliées par la gravitation, qui l'emporte d'ailleurs au niveau local – mais à un mouvement de dilatation de l'espace-temps dans sa globalité.

Si on remonte le temps, environ 13,8 milliards d'années en arrière, toutes les galaxies semblent alors venir du même point, ce qui implique que dans son passé lointain, l'Univers était extrêmement dense et donc extrêmement chaud. Pour autant, il nous faut insister sur ce motif : cette découverte cosmologique

---

[34] Par exemple, une galaxie deux fois plus éloignée qu'une autre de la Voie Lactée, s'éloigne deux fois plus vite, une galaxie trois fois plus éloignée, a une vitesse de fuite trois fois plus importante, etc… C'est la célèbre *loi de Hubble*, rebaptisée récemment *loi de Hubble-Lemaître*, publiée officiellement par E. Hubble en 1929.

[35] « Notre univers s'étend comme gonfle dans le four un pudding aux raisins, dans un espace qu'il crée lui-même […] Cela veut-il dire que nous sommes le centre du monde ? Hypothèse agréable, après toutes les déceptions essuyées depuis Copernic ! Il nous faut, pourtant, encore déchanter. Imaginons que nous mettions au four un pudding aux raisins. La pâte enfle. Tous les raisins s'éloignent les uns des autres. Observant le mouvement de ses collègues, chaque raisin notera que, plus ils sont éloignés, plus ils se déplacent rapidement. Chaque galaxie, comme chaque raisin, a l'illusion d'être le centre du monde. " H. Reeves, *Patience dans l'Azur*, 1981, Ed. du Seuil.

majeure ne nous autorise aucunement à parler d'une « origine » ou encore moins d'une « création ». Georges Lemaître en fut le premier conscient[36]. Il faut reconnaître malgré tout que le modèle cosmologique standard ''ΛCDM'' – qui découle directement de la théorie du « Big Bang » – ne manque pas de pittoresque. Sa sémantique et son scénario sont très codifiés : « singularité[37] », « mur de Planck », « inflation », « période de réionisation[38] », « accélération de l'expansion ». Ce vocabulaire correspond, pour le commun des mortels, à un imaginaire scientifique qui n'a strictement rien à envier au récit magique et éthéré d'*Alice au pays des merveilles*. Les durées infinitésimales, qui scandent les toutes premières étapes de « l'apparition » de l'Univers observable, semblent relever, pour leur part, d'une métaphysique extrêmement raffinée dans laquelle la question du temps est abyssale. L'ère de Planck s'étend en effet sur une très courte période, 10^{-43} secondes après la ''singularité initiale''. Il s'agit d'une durée infinitésimale pendant laquelle la force de gravitation ne peut être étudiée séparément des autres interactions fondamentales : force électromagnétique[39], interaction nucléaire faible[40], interaction nucléaire forte[41]. La théorie de la relativité générale d'Albert Einstein décrit parfaitement les lois de la gravitation qui régissent les grandes structures de la matière, mais elle repose sur des fondements qui sont incompatibles avec les principes qui régissent la physique quantique. Celle-ci, au contraire et de manière réciproque, décrit parfaitement le monde de l'infiniment petit, mais ne s'accorde pas bien avec le macrocosme. Quand bien même nous pourrions disposer d'une théorie unifiée, il n'est pas garanti que nous puissions la rendre conforme au critère de réfutabilité. Il est actuellement impossible de reproduire en laboratoire les températures, c'est-à-dire les niveaux de pression

---

[36] Personne n'a, a priori, la moindre idée du processus physico-chimique qui aurait « créé » le Big Bang lui-même, si du moins les mots « processus », « physico-chimique » et « créé » ont encore ici un sens. Bien entendu, quelques théories (notamment la théorie des « cordes ») sont avancées, mais, dans l'état actuel de nos connaissances, elles demeurent invérifiables.

[37] Une singularité est une zone de l'espace-temps se caractérisant notamment par un champ gravitationnel qui tend vers l'infini, quel que soit le référentiel choisi.

[38] Période hypothétique se caractérisant par l'action d'ionisation d'une partie conséquente des atomes de l'Univers observable, sous l'effet du rayonnement des étoiles de première génération, supposées très massives et donc très lumineuses.

[39] La force électromagnétique fut étudiée dès 1873 par James C. Maxwell. Il s'agit d'une interaction qui régit les structures atomiques et moléculaires. Elle rend également compte du comportement de la lumière

[40] Interaction responsable des désintégrations radioactives. Elle est directement impliquée dans la fusion de l'hydrogène en hélium qui se produit au cœur des étoiles.

[41] Cette interaction cimente les quarks ensemble dans les nucléons (protons et neutrons), elle soude également les nucléons ensemble à l'intérieur des noyaux des atomes.

et d'énergie, qui régnaient dans l'ère de Planck. Nous ne pouvons que modéliser ce qui s'est passé derrière ce « mur ». Puis, à partir de nos modélisations, imaginer et spéculer.

En l'occurrence, 10^{-35} secondes seulement après la « singularité initiale », « l'inflation » génère une dilatation phénoménale de l'espace-temps. La dimension de l'Univers double cent fois de suite. Le flux énergétique dans lequel baigne le cosmos se transforme en particules. 380 000 ans plus tard, les niveaux de températures baissent aux alentours de 10 000°, les électrons perdent suffisamment d'énergie pour pouvoir se combiner aux protons. La lumière se libère de la matière. La grande odyssée de l'Univers est en marche. Les étoiles de première génération naîtront 400 millions d'années plus tard. Mais il faut encore attendre 9,2 milliards d'années supplémentaires pour assister à la formation du système solaire, dans un des bras spiraux de notre galaxie, la ''Voie Lactée''.

La deuxième découverte, tout aussi étonnante, qui constitue le deuxième pilier du modèle cosmologique standard ''ΛCDM'', est la détection d'un rayonnement d'une température avoisinant le zéro absolu, provenant de toutes les directions de l'espace. Ce rayonnement, prédit par Georges Gamow dès 1948, correspond au signal d'un corps dont la température n'est que de 2,73° au-dessus du zéro absolu. Il témoigne d'un passé très lointain qui a vu la lumière du cosmos se libérer de la matière. Ce signal étrange, capté presque par hasard[42] en 1965 par Arno Penzias et Robert Wilson, fut interprété au départ comme un bruit parasite, généré par des fientes de pigeons, encombrant un nouveau type d'antennes radio fabriqué par les *Laboratoires Bell* dans l'État du New Jersey. Il correspond en réalité au « fond diffus cosmologique », c'est à dire à un rayonnement électromagnétique micro-ondes que nous pouvons interpréter comme le vestige archaïque et extrêmement refroidi de la toute première lumière émise par l'Univers lorsque celui-ci était encore supposé très « jeune », 380 000 ans à peine après cette singularité à laquelle, n'en déplaise à Fred Hoyle, nous avons associé la métaphore du grand commencement. Des satellites ultrasophistiqués – COBE en 1992, WMAP en 2001, puis PLANCK en 2009 – ont réalisé des cartes toujours plus précises et plus saisissantes de cette « lumière fossile » qui nous environne de toutes parts. Ces cartographies de l'univers primordial révèlent de très légères différences de températures qui correspondent à des fluctuations de densité annonçant,

[42] Penzias et Wilson cherchaient en réalité à enregistrer l'écholocalisation d'ondes radio envoyées en direction de ballons métalliques lancés par la NASA.

vraisemblablement, la fragmentation de l'Univers en super amas de galaxies. De la même manière que nous sommes capables de déduire la structure interne du Soleil, pourtant invisible, à partir de ses oscillations externes, les astrophysiciens essaient de comprendre ce qui s'est passé au moment où la matière et la lumière se sont découplées, en laissant une emprcinte indélébile dans ce fond diffus.

Parmi les conclusions les plus intéressantes qui se dégagent de l'analyse des images du ''fond diffus cosmologique'', il est intéressant de noter que la distribution de la matière à grande échelle – sous forme de « grands grumeaux cosmologiques » répartis dans une structure qui ressemble à une éponge – indique que l'univers observable est symétrique homogène et isotropique[43]. Comment des régions de l'univers qui n'ont jamais pu communiquer entre elles, car trop éloignées les unes des autres, peuvent-elles être si semblables ? Une hypothèse a été proposée par Andreï Linde et Alan Guth : « l'inflation ». Très tôt dans son histoire, 10^{-32} secondes juste après la singularité, l'Univers aurait subi une dilatation phénoménale du continuum spatio-temporel dont la cause est une mystérieuse énergie noire[44]. Point fondamental : « l'inflation » ne contredit pas la constante *c*, c'est-à-dire la vitesse de la lumière[45]. En effet, elle ne correspond pas à un signal qui se propagerait plus vite que la vitesse de la lumière. Elle s'explique, comme pour l'expansion, mais à un rythme beaucoup plus élevé, par une dilatation de l'espace-temps lui-même. Bien que nous ne puissions pas déterminer la nature précise ni l'origine exacte de la gigantesque quantité d'énergie ayant causé cette dilatation prodigieuse de l'univers observable, les cartographies du ''fond diffus'' procurent aux cosmologistes l'occasion rêvée d'édifier un nouveau *totem* : la science serait en état de pouvoir représenter l'univers dans sa totalité, comme s'il s'agissait d'un objet parmi d'autres. Cette opération n'est pas sans rappeler les processus

[43] Quelle que soit l'endroit (ou quelle que soit la translation effectuée par l'observateur), l'univers demeure identique : c'est le « principe d'homogénéité ». De même, quelle que soit la direction observée (ou quelle que soit la rotation effectuée par l'observateur), l'univers demeure identique : c'est le « principe d'isotropie ».

[44] Dans la période supposée d'inflation, l'univers a évolué sur un rythme exponentiel. Il y a environ 13,7 milliards d'années, juste après la période d'inflation, lorsque l'univers observable demeurait dominé par la lumière (chaque photon était chargé par une très haute énergie), la taille caractéristique de l'univers évoluait comme la racine carrée du temps. Lorsque la matière s'est libérée de la lumière, l'univers a évolué comme la racine 2/3 du temps.

[45] La vitesse de la lumière est égale à 299 792 458 m/s

de fétichisation, si fréquents dans la pensée magico-religieuse. Par ce truchement, le modèle cosmologique standard ''ΛCDM'' nous donne l'illusion d'esquisser une grande synthèse finale. Non pas une nouvelle forme d'historicisme – les scientifiques ne sont pas des donneurs de leçons – mais une nouvelle Odyssée. Un grand récit susceptible de tenir la clef de compréhension du devenir. Notre cosmologie est devenue, en effet, une cosmogonie détaillée censée raconter notre histoire. Bien qu'elle se garde de toute prétention normative, cette métamorphose est lourde de conséquences. Les atomes d'hydrogène, de deutérium[46] et d'hélium, qui ont été forgés aux « premiers instants », sont rudimentaires, mais ils permettent d'initier un véritable devenir en donnant naissance aux étoiles de première génération. Les étoiles convertissent, par thermo-fusion, l'hydrogène en hélium. En quittant « la séquence principale », les étoiles sont amenées à prendre « l'ascenseur thermique » et à fabriquer de nouveaux éléments physico-chimiques tels que le carbone, un élément qui favorise le développement de la vie. Celle, du moins, que nous connaissons sur Terre. Cependant, toute grande conception du ciel étoilé est confrontée, tôt ou tard, à de nombreuses observations polémiques.

Les travaux concernant la stabilité de l'amas de galaxies de Comas ont été menés dès 1933 par Fritz Zwicky. L'estimation de la vitesse relative des galaxies s'est révélée supérieure à celle qui était prévue. Cette constatation a conduit Zwicky à postuler la présence d'une « matière noire ». Trente-six années plus tard, les vitesses différentielles des mouvements de révolution des étoiles autour du centre galactique de M31 (la grande galaxie d'Andromède) ont été étudiées par Vera Rubin. Les études conduites de façon précise et systématique par Rubin la conduisent, tout au long des années 1970, à la conclusion selon laquelle les étoiles se situant dans les spirales périphériques de la galaxie sont manifestement en interaction gravitationnelle avec une matière noire invisible, répartie dans un gigantesque halo sphérique, entourant la totalité du disque galactique. Les recherches de Zwicky et de Rubin conduisent aux mêmes résultats : l'étude des interactions gravitationnelles s'établissant à l'intérieur des amas de galaxies, ainsi que l'observation du mouvement des étoiles au sein des galaxies, font apparaître une anomalie : 90% de la matière semble totalement « invisible », et ne se laisse deviner que par son interaction gravitationnelle[47]. C'est le problème intriguant de «la masse manquante», lié à l'existence d'une importante quantité de « cold dark

[46] Isotope lourd de l'hydrogène qui a un proton et un neutron dans son noyau

[47] Afin d'éviter toute confusion, précisons qu'il ne s'agit ni d'antimatière, ni, selon toute vraisemblance, de trous noirs.

matter », c'est à dire de « matière noire froide », ne laissant aucune trace visible dans le spectre électro-magnétique. De surcroît, si l'on veut expliquer la période d'inflation qui aurait permis de vaincre les densités phénoménales qui régissaient l'univers à ses « débuts », ainsi que toute la dynamique de l'expansion qui anime le mouvement de l'univers, l'application de l'équation d'Einstein décrivant l'équivalence existant entre la matière et l'énergie conduit à une deuxième conclusion qui tombe sans appel, comme un couperet: 68 à 70% de l'univers observable, tel que nous pouvons l'appréhender dans ce scénario, est constitué « d'énergie sombre[48]», environ 25 à 27% de «matière noire » et 4 à 5 % seulement de ''matière baryonique ordinaire '' (hydrogène, hélium, carbone, etc.). Conséquence : toute la matière, toutes les étoiles et toutes les galaxies que les astronomes observent avec leurs puissants instruments, sous toutes les longueurs d'ondes, ne comptent que pour environ 5% de l'univers observable !

5% seulement de l'univers observable est effectivement observé. 95% n'est pas identifié. Cette situation mérite réflexion… Elle nous invite à effectuer un pas de côté. « La vision de l'esprit, disait Platon, ne commence à être perçante que lorsque celle des yeux perd en acuité[49]. » L'ivresse qui a accompagné la précision des mesures aurait-elle altéré la compréhension profonde des phénomènes ? Nous sommes peut-être comme les disciples de Ptolémée, qui ajoutaient jadis des épicycles afin d'expliquer le mouvement rétrograde des planètes, tout en préservant, par tous les moyens possibles, un cadre géocentrique[50]. A l'instar de toute forme d'enfermement dans un dogme religieux, une doctrine politique, ou encore dans un système philosophique, l'obstination à vouloir, coûte que coûte, préserver un paradigme scientifique, constitue ce que nous proposons d'appeler « déconnexion ». *Dogmes, doctrines, systèmes et autres paradigmes nous plongent régulièrement dans*

[48] L'énergie sombre s'est répartie uniformément dans l'ensemble de l'univers observable, cela explique sa densité très faible. Elle joue le rôle d'une anti force gravitationnelle c'est-à-dire d'une force gravitationnelle répulsive permettant d'expliquer l'accélération de l'expansion de l'Univers. Mais l'existence de l'énergie sombre demeure elle-même une hypothèse qui pourrait se révéler superflue, notamment si les gravitons (particules médiatrices de l'interaction gravitationnelle) existent et possèdent une masse très faible, estimée à 10^{-23}eV (électron volt). Affaire à suivre…

[49] « Alors repris-je, représente-toi bien, en suivant notre manière de nous exprimer, qu'il existe deux souverains : l'un règne sur le genre intelligible et sur le lieu intelligible, l'autre, de son côté, règne sur l'*horatôn*, c'est-à-dire sur le visible (je ne dis pas *Ouranos*, le ciel, Platon, de peur de paraître vouloir faire un jeu de mots sophistiqué). Tu vois bien de toute façon qu'il y a là deux genres différents, le visible et l'intelligible ? » Platon *La république (509d-509e),* Trad. G. Leroux Ed. Garnier Flammarion, 2002

[50] Cf. I comme Infini

l'incapacité à comprendre et à réaliser que tous les archipels d'univers, tels qu'ils existent dans leur réalité, se révèlent toujours différents, parfois plus simples, parfois plus complexes, que les concepts ou les idées qui sont censés en rendre compte. La déconnexion a pour conséquence la fermeture des possibles.

Dans le cas du modèle paradigmatique standard ''ΛCDM'', l'éventualité d'une telle fermeture existe. Paradoxalement, ce risque s'amplifie au fur et à mesure que s'affinent de nombreuses mesures. Ainsi, l'abondance mesurée pour le lithium se révèle actuellement quatre fois plus faible que le taux prédit par notre modèle standard. De la même façon, on constate que la mesure du taux d'expansion de l'Univers (H0) varie significativement en fonction de la méthode utilisée[51]. Manifestement, si nous voulons progresser efficacement dans notre connaissance de la réalité, sans perdre pied pour autant dans l'avalanche des données empiriques qui nous parviennent par le biais de tous nos satellites et instruments d'observations, il nous faudra tôt ou tard rénover notre cadre conceptuel[52]. Forger une théorie quantique de la gravitation ne sera vraisemblablement qu'une étape permettant d'entrevoir une refonte globale de nos repères épistémologiques[53]. Cela dit, il suffit de mettre uniquement un pied dans le monde de la physique quantique, pour perdre tout rapport tangible avec notre vie quotidienne. Il en va de même avec la physique relativiste des trous noirs[54]. Ne dit-on pas souvent, dans bien des cas, que la réalité dépasse la fiction ? Pour décrypter le grand théâtre du monde, il se pourrait que l'harmonie de notre représentation de l'univers ne puisse être sauvée par l'arrivée d'un nouvel acteur, mais nécessite un décor entièrement nouveau. Ne soyons cependant pas trop sévères. Le modèle cosmologique ''ΛCDM''

---

[51] L'analyse effectuée par le satellite PLANCK, du fond diffus cosmologique, permet d'établir des relevés statistiques d'intensité, de densité, de taille et d'expansion de la matière. La valeur établie pour cette dernière se situe aux alentours de 67,4 km/s/Mpc, ce qui signifie qu'à chaque seconde, un cube d'espace d'un mégaparsec de côté s'étend de 67,4 km. La détermination de ce taux d'expansion change si l'on utilise le calibrage des distances rendu possible par des astres surnommés „chandelles standards", possédant toujours le même pic de luminosité. L'étude mené par Alan Riess sur les supernovas de type Ia, ainsi que sur des céphéides observées dans le Grand Nuage de Magellan par le télescope spatial Hubble, donne un taux d'expansion compris entre 73,5 et 75 km/s/Mpc. W. Friedmann utilise pour sa part un calibrage des distances basés sur le flash de l'hélium produit par les étoiles géantes rouges, elle annonce une valeur de H0 de 69,6 km/s/Mpc

[52] Parmi tous les domaines de recherches, la détection des neutrinos ou l'étude des ondes gravitationnelles font partie des champs d'études les plus inspirants.

[53] Actuellement, la théorie quantique des champs n'arrive pas à intégrer la théorie de la relativité générale.

[54] Cf. T comme Trou noir.

constitue, malgré tout, un cadre heuristique stimulant. Certes, d'étranges forces occultes occupent tout le devant et tout l'arrière de la scène. Les grandes dépenses d'énergie qui se manifestent dans le cosmos sous telle ou telle forme – fluctuations du vide quantique, énergie sombre et inflation, matière noire, quasars, sursauts gamma, ondes gravitationnelles… – mettent à la « question » l'ensemble de nos modèles théoriques. Elles conduisent toute la physique théorique, armée de ses équations mathématiques, sur une limite où elle se trouve confrontée à la « profusion » de l'être. *Nous proposons d'appeler profusion la dynamique cosmique qui consume et redistribue l'énergie avec abondance.* En l'état actuel de nos connaissances, la logique et, a fortiori, la signification de cette dynamique, excèdent les catégories qui structurent notre compréhension de la réalité. Elles constituent un défi permanent pour notre connaissance scientifique et notre réflexion philosophique[55].

Comme toute architecture théorique à vocation hégémonique, le modèle du « Big Bang » repose sur des conquêtes épistémologiques fondamentales. La découverte du mouvement d'expansion de l'univers et l'observation du fond diffus cosmologique constituent, comme nous l'avons vu, les deux grands murs porteurs de la théorie. D'autres données, telle l'analyse spectrale des jets relativistes bipolaires, générés par les quasars les plus lointains, permet actuellement de confirmer les prédictions des premières nucléosynthèses forgées dans l'univers primordial. Cette analyse consolide les fondements de l'édifice. Manifestement le modèle ''ΛCDM'' est cohérent. Contrairement à la théorie des cordes, la théorie du « Big Bang » est de surcroît très bien étayée par l'observation. S'appuyant sur un cadre explicatif très prometteur, notre modèle cosmologique nous permet aujourd'hui de retranscrire, dans ses grandes lignes, l'histoire de l'univers observable. Il nous enjoint cependant à prendre la mesure de la profusion, aujourd'hui irréductible, qui anime la dynamique du cosmos. *Ce faisant, il nous invite en même temps – et malgré lui – à prendre pleinement conscience de la part de mystère et de ''féérie'' qui anime notre vision du monde.* Comme tout grand paradigme scientifique, ce modèle devra veiller à continuellement interroger ses propres acquisitions. Ce n'est qu'à cette condition qu'il évitera la ''déconnexion'' et jouera le rôle de tremplin, pour une nouvelle conception. Le « Big Bang » nous permet actuellement d'entrevoir « l'Univers dans un grain de sable ». Pourra-t-il « retenir l'infini dans la paume de ses mains » ?

---

[55] Ce point est exposé plus en détail dans Q comme Quasar.

C comme Comète

« Tout Paris, en dernier lieu, était en alarmes ; il s'était persuadé qu'une comète viendrait dissoudre notre globe le 20 ou 21 de mai. »

Voltaire, *Lettre à Hamilton, 17 juin 1773.*

Connues depuis longtemps, certainement depuis toujours et peut-être même bien avant l'apparition des *homo sapiens*, de très belles comètes, parfaitement visibles à l'œil nu, ont régulièrement intrigué toutes les populations scrutant le ciel. Les voyages spectaculaires des comètes à proximité de la Terre ont toujours fortement impressionné les hommes et déclenché une multitude de légendes et de superstitions. On s'est parfois demandé si les Rois Mages avaient été guidés par une comète. Le passage de certains « astres chevelus » constitue, à n'en pas douter, un spectacle sublime, dont la charge symbolique a profondément imprégné notre inconscient collectif. Dans l'ordre du réel, la périodicité des comètes – par exemple la comète de Halley revient tous les 76 ans – est l'expression des lois immuables et anonymes qui régissent la mécanique céleste. Dans l'ordre de l'imaginaire, ce retour coïncide avec la thématique philosophique de l'éternel retour. Dans sa version païenne, ce motif prend la forme inquiétante du retour possible au chaos originel. Dans sa version chrétienne, toute périodicité cosmique préfigure symboliquement le retour du Christ sur Terre, signe de l'Apocalypse, c'est à dire de la révélation finale, qui vient à la fin des temps.

En 1997, la visite de la comète Hale-Bopp est restée gravée dans beaucoup de mémoires. Sa magnitude, particulièrement forte, la rendait parfaitement visible, même en plein cœur de Paris. A la campagne, loin de la pollution lumineuse engendrée par les villes, la présence de la comète, visible dès le crépuscule, a enchanté tout le paysage nocturne, sans pour autant comme le fait la Lune, estomper la fine lueur et le piqué des étoiles. Ce n'est pas du tout un cliché de dire que la Lune est très poétique, mais il faut reconnaître qu'elle a tendance, à partir du moment où elle dépasse la phase du demi-quartier, à occuper toute la scène nocturne. Cet effet d'oblitération ne s'est pas produit en présence de la comète. La queue de la belle visiteuse a agi au contraire à la manière d'un voile embellissant, l'observateur s'en trouvant tout étonné, tandis que la sensation globale restait douce, comme si le ''Grand Metteur en Scène'' avait lui-même pris plaisir à exposer son truquage le plus réussi. Mais, pour beaucoup d'humains cette appropriation majestueuse de la voûte céleste recèle forcément un aspect très inquiétant. Affolés par le passage de la somptueuse messagère, 39 membres de la secte de *Heaven's Gate* se sont suicidés dans l'espoir de rejoindre le Christ. Le Christ censé être embarqué dans un vaisseau spatial extraterrestre dissimulé dans la traîne de la comète. En l'occurrence, comme l'a confirmé le passage de la comète Néowise, qui fut la plus belle surprise astronomique de l'année 2020, les comètes sont resplendissantes, elles participent d'une phénoménologie de la saturation, qui peut être aussi terrifiante qu'apaisante.

Trois mille ans avant notre ère, les Chaldéens et les Babyloniens remarquèrent les courtes intrusions des comètes sur la voûte figée des étoiles. Dès l'Antiquité, les « astres chevelus » – c'est la signification du terme grec ὁ κομήτης, *o komêtês* – ont suscité chez les savants et les philosophes de nombreuses tentatives d'interprétation. Au IVème siècle avant J.C., Aristote est incapable d'expliquer clairement leur provenance, car dans le *monde supra lunaire* le seul mouvement concevable est circulaire, éternel et divin. Le terme *"supra lunaire"* signifie littéralement : « se trouvant au-dessus de l'orbite de la Lune ». Il désigne pour le Stagirite le monde des astres. Par opposition, le *monde sublunaire* désigne le monde terrestre. Selon Aristote, les comètes, tout comme les supernovas, appartiennent au monde sublunaire, ce sont des μετέωρα – « météores » – c'est à dire des phénomènes atmosphériques. Aristote raisonne à l'intérieur du paradigme astronomique qui était dominant à cette époque chez les anciens Grecs. Selon ce paradigme, le κόσμος (cosmos) est fini et immuable. Il ne peut pas se produire de modification dans le monde des astres. Le philosophe latin Sénèque émit le premier l'hypothèse d'un retour périodique des comètes. Sans a priori théorique, sans être prisonnier d'un quelconque paradigme, il se demande légitimement dans quelle région du ciel elles vagabondent et quelle est leur nature. Mais pour le commun des mortels, les comètes sont des filles spirituelles de Cassandre. Elles ont souvent été de mauvais présages, annonçant la fin du monde et suscitant, dans toute l'Europe, la verve terrifiante des « collapsologues ». La comète de 814 augure la mort de Charlemagne et celle de 837 – la future comète de Halley – envoie Louis le Débonnaire dans la tombe trois ans plus tard. La même comète, de retour en 1066, sonne la défaite et la mort d'Harold à la bataille de Hastings. Au XVIIème et XVIIIème siècles, grâce surtout aux travaux d'un disciple de Newton, Edmund Halley, les comètes perdent progressivement leur caractère surnaturel pour être rattachées à la grande famille astronomique du système solaire. Halley sera le premier à prédire le retour d'une comète qui, depuis 1758 – c'est la date annoncée de son retour – porte son patronyme.

A la fin du XVIIIème siècle, dans *La fin de toutes choses,* Emmanuel Kant rappelle de quelle manière fantasmatique des comètes, mais également « des tremblements de terre, des tempêtes, des inondations, ou des météores[56] », annoncent le chaos. En 1910, lors du nouveau passage de la comète, la peur se fonde cette fois sur des spéculations scientifiques : la queue de la comète, où ont été repérées de dangereuses vapeurs de cyanogène, doit caresser l'atmosphère terrestre et risque de l'empoisonner de ses effluves. Les comètes contiennent bien des quantités infimes de cyanogène mais évidemment les risques de dispersions atmosphériques sont totalement infondés. La contamination ne se produisit pas, mais on imputa tout de même à la comète la responsabilité des inondations qui eurent lieu en France cette année-là... D'autres comètes connaissent un destin plus tragique. Certaines finissent leur course disruptive en s'écrasant sur le Soleil ou sur une planète, d'autres se brisent, comme la comète West en 1976, qui s'est fragmentée en 4 morceaux. D'autres encore font les deux, comme ce fut le cas pour la comète Shoemaker-Lévy : elle s'est d'abord fragmentée, puis chaque morceau cométaire a ensuite percuté la haute atmosphère de Jupiter, donnant naissance à un fantastique feu d'artifice. Cette catastrophe planétaire, qui s'est produite en 1994, fut suivie de près par les astronomes. En l'espace de quelques heures, un véritable collier de nuages sombres – déclenché par une vingtaine d'impacts – se dessina autour de la planète géante. Les messages électroniques, délivrés par les observatoires, firent le tour du monde pour témoigner de la violence des impacts. Éclairs, champignons explosifs, panaches convectifs et bulles gazeuses accompagnèrent chaque désintégration des morceaux de la comète dans l'atmosphère jovienne. Si de tels impacts s'étaient produits sur Terre, l'énergie libérée par l'ensemble des collisions aurait pu être équivalente à l'explosion de 100 millions de mégatonnes de TNT[57]. Heureusement, la Terre n'a pas du tout la même force d'attraction gravitationnelle que les planètes géantes gazeuses qui jouent le rôle, en quelque sorte, de boucliers. Les noyaux cométaires proviennent généralement de zones très lointaines situées aux confins de notre système solaire, où se trouvent la ceinture de Kuiper [58] et le

[56] « Les signes annonciateurs du dernier jour sont tous du genre terrifiant. Certains les reconnaissent dans le triomphe de l'injustice, dans l'oppression des pauvres sous la débauche insolente des riches et dans la disparition générale de la loyauté et de la confiance ou encore dans les guerres sanglantes [...] Bref, dans la dissolution morale et la montée rapide de tous les vices, avec leurs cortèges de calamités, chose inconnue à ce qu'il leur semble des époques précédentes. D'autres les voient dans les changements inhabituels de la nature, comme des tremblements de terre, des tempêtes, des inondations, ou des comètes, ou des météores. » E. Kant, *La fin de toutes choses* 1794, trad. G. Sadoual et L. Barthélémy, Ed. Actes Sud, 1996.

[57] Par comparaison, la bombe Hiroshima avait libéré 13 kilotonnes de TNT.

[58] La Ceinture de Kuiper est une zone en forme d'anneau qui s'étend au-delà de l'orbite de

nuage de Oort[59]. Ces régions froides ne reçoivent qu'une petite partie de l'énergie solaire. Elles se situent, en effet, à une distance largement supérieure à celle des astéroïdes.

Les images transmises tout au long du premier semestre 2015, par la sonde Rosetta, qui a réussi à larguer à la surface de la comète Churyumov Gerasimenko un robot européen surnommé Philae, montrent une surface rocheuse tourmentée, totalement grise et noire, sans présence apparente de glace. Les noyaux cométaires contiennent généralement un conglomérat de cristaux de glaces et de poussières. L'eau est bien présente sous forme de minuscules cristaux de glace. Cependant elle est intimement enfermée dans les grains de matière. Ces derniers font finalement ressembler les comètes aux astéroïdes carbonés.

Les prouesses technologiques réalisées par Philae permettent de nuancer le modèle de Fred Whipple, décrivant les comètes comme étant des « boules de neige sale ». Tant qu'elles restent éloignées de notre astre, ces lointaines messagères, compte tenu de leurs tailles, sont très peu lumineuses, donc très difficiles à détecter. Les diamètres des noyaux cométaires varient en effet entre quelques centaines de mètres et quelques dizaines de km. Il suffit d'une légère perturbation gravitationnelle pour qu'ils décrochent de leur orbite initiale et se rapprochent du Soleil. Avec l'élévation de la température et la pression du vent solaire, les comètes passent directement d'un état solide à un état gazeux. Leur aspect se métamorphose, elles s'entourent d'une sorte de brillante atmosphère, un voile réfléchissant appelé « coma » ou « chevelure[60] », ce phénomène de

---

Neptune. On y trouve uniquement des petits corps composés de constituants volatils gelés tel que l'eau, le méthane ou l'ammoniac, qui sont autant de vestiges de la formation du système solaire. C'est donc un important réservoir de noyaux cométaires. On y rencontre également des planètes naines telles que le couple Pluton / Charon, mais aussi Makémaké et Hauméa. La Ceinture de Kuiper est plus éloignée que la Ceinture Principale d'Astéroïdes qui s'étend entre les orbites de Mars et Jupiter. Elle est également vingt fois plus étendue

[59] Le Nuage de Oort est une zone encore mal explorée, vraisemblablement constituée de noyaux cométaires, se trouvant à une distance 1000 fois plus éloignée que la Ceinture de Kuiper. Une telle distance définit la limite de l'influence gravitationnelle du Soleil.

[60] En 1986, lors du dernier retour de la comète de Halley, la sonde spatiale Giotto avait réussi à s'en approcher à moins de 600 km. Les images montraient un bloc irrégulier constitué par un conglomérat de glace, de poussières et de roches, plus sombre que prévu. En règle générale, les noyaux cométaires restent inactifs quand ils se trouvent au-delà de l'orbite de Jupiter. Ils ressemblent alors à de petits astéroïdes de glace. Mais dès qu'ils se rapprochent du Soleil, la chaleur émise par notre étoile suffit à sublimer leurs éléments volatils : la glace d'eau se transforme alors directement en vapeur dans le vide spatial. Simultanément, les poussières, essentiellement des grains de silicates, prisonnières dans la masse gelée, sont libérées. Ce

sublimation donne également naissance à une traînée majestueuse : la queue de la comète qui s'étire sur des dizaines de millions de kilomètres et illumine parfois de sa beauté le ciel terrestre, comme ce fut le cas avec le passage de la comète Hale-Bopp.

Dès le milieu du XXème siècle l'astronome hollandais Jan Hendrik Oort avança l'idée – largement vérifiée depuis – que la plupart des comètes viennent d'une zone située très au-delà de l'orbite de Pluton. En étudiant les trajectoires des comètes périodiques connues, il en déduit que ce « réservoir » se trouvait entre 10 000 et 100 000 UA[61] du Soleil avec une concentration maximum à 50 000 UA. Pour mémoire, l'orbite de Pluton se situe à 40 UA. Le « nuage de Oort » est vraisemblablement peuplé d'environ 100 milliards d'astres chevelus qui appartiennent bien au système solaire, mais qui se trouvent néanmoins à mi-chemin des étoiles les plus proches. Certaines comètes appartenant aux systèmes stellaires d'Alpha du Centaure ou de l'Etoile de Barnard, peuvent également venir nous rendre visite.

Le 30 août 2019, un astronome amateur ukrainien, Guennadi Borissov, a découvert la première comète venant d'un autre système stellaire. Toutes les comètes qui viennent du nuage de Oort[62] ont des trajectoires paraboliques. La

---

dégazage enveloppe le noyau d'une sorte « d'atmosphère poussiéreuse ». La « chevelure » peut s'étendre sur plus de 100 000 km, ce qui représente quasiment le diamètre de la planète Jupiter. En raison de la faible attraction gravitationnelle qui règne à la surface des comètes, cette atmosphère se perd très vite dans l'espace. Le vent solaire en fait une queue étendue sur des centaines de millions de km ! La queue des comètes est double. L'une, brillante, légèrement courbe, contient les grains de poussières – d'une taille comprise entre un micromètre et un centimètre – qui provoqueront ensuite les belles pluies d'étoiles filantes observées sur Terre. Tous les mois d'août, à la même période, une célèbre pluie d'étoiles filantes se produit. Cette pluie est en relation avec le passage d'une comète ayant libéré quantités de poussières dans une région du ciel empruntée tous les ans par la Terre dans sa révolution annuelle autour du Soleil. Les météorites observées au début du mois d'août semblent plus ou moins provenir du même point, la constellation de Persée, d'où l'appellation que l'on donne à cette pluie : les Perséides. La deuxième queue, rectiligne, plus difficile à observer, se compose de gaz ionisé par le rayonnement ultraviolet du Soleil. Les multiples passages de la comète de Halley et les innombrables dégazages qui s'en sont suivis ont usé le noyau. Encore quelques dizaines de milliers d'années et ce noyau aura été débarrassé de tout son matériau volatile. Il est possible également que la couche de poussières qui salit son conglomérat de roches et de glace d'eau devienne si épaisse qu'elle freinera toute activité. Dans les deux cas, la comète aura cessé de briller.

[61] Une unité astronomique (en abrégé 1UA ou 1AU si l'on se réfère à la langue anglaise gouvernant toute la nomenclature internationale) représente la distance moyenne existant entre la Terre et le Soleil, soit 150 000 000 km.

[62] Dans l'obscurité glacée du nuage de Oort, les étoiles avoisinantes exercent sur les comètes quelques perturbations gravitationnelles. Selon des estimations faites par des spécialistes, 5 à

trajectoire hyperbolique de la comète Borissov n'est pas sans rappeler l'astéroïde Oumuamua qui présente une forme atypique le faisant ressembler à un cigare. Comme la comète Borissov, l'astéroïde Oumuamua vient du ''grand ailleurs''. L'une et l'autre ont réussi à franchir les années lumières qui nous séparent des étoiles proches. Ces découvertes reviennent en quelque sorte à mettre la main sur les premiers vaisseaux spatiaux extra-solaire... de fabrication naturelle.

Les rois Mages ont-ils réellement été guidés par un astre très brillant annonciateur de la venue du *Messie* à Bethléem ? Plutôt qu'une comète, les éphémérides indiquent la présence en l'an - 6 AV.J.C. (qui correspond à la date la plus probable pour la naissance du Christ) d'une magnifique conjonction serrée réunissant Saturne, la Lune – au centre – et Jupiter. Les comètes ne portent pas vraiment de bonnes nouvelles, elles annoncent plutôt l'Apocalypse, c'est à dire la révélation qui vient, non pas au début, mais à la fin des temps. De nombreuses croyances véhiculent cette vision désastreuse des comètes, en les associant toujours davantage, aujourd'hui comme autrefois, à la thématique de la catastrophe finale. En toute logique, on ne peut parler de fin du monde que si l'on postule l'existence d'un début, c'est à dire d'une naissance. En l'occurrence, les comètes sont comme les astéroïdes, des vestiges de la formation du système solaire. Les comètes et les astéroïdes carbonés contiennent de nombreux composés organiques, dont certains constituent les briques des protéines, donc du vivant. Si la vie n'existe pas dans les astéroïdes ou à l'intérieur des comètes, par contre les briques élémentaires de la vie existent en abondance dans la plupart de ces petits corps. De surcroît, nous savons que les matériaux qui les composent, proviennent de la nébuleuse proto-solaire qui a présidé à la naissance de notre environnement spatial. *Les comètes, tout comme les astéroïdes, portent donc témoignage de notre provenance.* Dans les premiers âges de la Terre, l'atmosphère était beaucoup plus dense et plus chargée en gaz carbonique. Des comètes auraient pu alors être freinées efficacement pour arriver à la surface et ajouter les composés

---

10% d'entre elles échapperaient régulièrement au Soleil pour rejoindre une autre étoile. Parmi celles qui ont été observées au voisinage des planètes, 4% sont perturbées par l'attraction gravitationnelle des planètes géantes gazeuses et suivent le même destin les conduisant vers les espaces interstellaires. Du fait que les comètes arrivent de toutes les directions du ciel, les scientifiques estiment que le nuage de Oort existe bel et qu'il a vraisemblablement une forme sphérique enveloppant tout le système solaire. Cette forme sphérique peut s'expliquer par les perturbations d'étoiles voisines qui ont fini par homogénéiser le nuage. En revanche, les comètes qui viennent nous rendre visite sont attirées par l'attraction gravitationnelle de Jupiter, Saturne, Uranus et Neptune, les quatre planètes géantes, qui attirent sans difficultés quelques-unes des comètes du nuage de Oort, pour les faire plonger dans le système solaire interne.

organiques manquants. Nous n'avons pas aujourd'hui de preuves formelles nous disant que la vie se soit développée sur Terre après avoir été ensemencée par des matériaux cométaires, mais rien ne prouve non plus le contraire. Ces matériaux ont pu provenir des comètes, de Mars ou d'un autre corps. Si cela se vérifiait, cet antique scénario de la panspermie, dont la résonance n'a cessé de hanter l'ordre imaginaire de la science occidentale, signifierait que les comètes, bien avant que les terriens voient en elles de mauvais présages, ont été messagères de la vie.

D comme sphère de Dyson

« Notre époque est en train de passer à un état radicalement différent dans lequel il aura non seulement conquis la nature, mais se sera détaché aussi loin que possible de l'habitat naturel. Avec cette méga-technique, la minorité dominante créera une structure super-planétaire uniforme, enveloppant tout »

L. Mumford, *The Myth of the Machine*

Dans un article retentissant publié en 1960 pour la revue *Science*, intitulé « Recherches sur les sources stellaires artificielles de rayonnements infrarouges », Freeman Dyson, célèbre physicien et mathématicien d'origine anglaise, propose à la *Communauté Astronomique Internationale* de développer un programme de recherche, particulièrement original, portant sur la détection de structures d'astro-ingénierie fabriquées par d'éventuelles civilisations extraterrestres. Ces artefacts, supposés ressembler à de gigantesques coquilles architecturales construites autour de leurs étoiles mères, offriraient à ces civilisations technologiquement très avancées – si du moins on fait l'hypothèse qu'elles existent – l'opportunité de capter toute l'énergie produite dans leur environnement stellaire. Par extrapolation, de telles mégastructures techniques donneraient également la possibilité, pour ces lointains *extraterrestres faber*, de construire une énorme biosphère artificielle permettant d'élargir considérablement leur espace vital. Les lecteurs de Carl Sagan reconnaîtront certainement ici la définition que le radioastronome russe Nikolaï Kardashev donnait à ce qu'il appelait ''civilisation de type II'', c'est à dire un niveau de développement technologique « intermédiaire », permettant à une espèce de s'approprier toute l'énergie de son système stellaire. Dans l'échelle hypothétique de Kardashev, une ''civilisation de type III'' correspond au degré ultime de développement, dans lequel une civilisation parvient à un arraisonnement des ressources énergétiques de sa galaxie mère. Une ''civilisation de type I'' se caractérise, plus modestement, par une exploitation des ressources globales de sa planète d'origine. Il se trouve aujourd'hui que notre environnement terrestre connaît un tel niveau d'extraction et de transformation, que nous sommes naïvement tentés d'ériger l'humanité au statut de ''civilisation de type I''. Comment ne pas voir à quel point la Terre est en réalité soumise à un projet quasi-suicidaire d'épuisement des écosystèmes ? Là où on croit lire l'expression d'une hyper-rationalité de la science moderne, se trame en fait une irrationalité flagrante des pouvoirs économiques et politiques.

La bulle atmosphérique terrestre à l'intérieur de laquelle nous respirons constitue notre seul et unique habitat naturel. Nous n'avons pas de planète de rechange, en tous cas pas dans notre système solaire. Essayez donc de vous installer sur Mars ou sur la Lune ! En postulant qu'un jour des fusées pourrez-vous offrir un magnifique voyage interplanétaire, vous risquez d'être désagréablement surpris à l'arrivée, non pas par les paysages, mais par l'hostilité même que représente la surface désertique de ces milieux pour lesquels la vie organique est totalement inadaptée. Quant aux millions d'exoplanètes résidant dans notre bras galactique, il est actuellement impossible de savoir si l'une d'entre elles pourrait ressembler à notre environnement. Une planète possédant des caractéristiques similaires à celles de la Terre sera peut-être découverte un jour. Une telle éventualité relève du domaine du possible, mais cette conjecture ne supprime pas pour autant le problème posé par les distances. Les intervalles qui nous séparent des étoiles se comptent en années lumières[63]. Certes, la sonde solaire « Parker » atteint la vitesse prodigieuse de 300 km/s, elle est actuellement l'objet le plus rapide fabriqué par les humains. Mais une telle vélocité ne représente qu'un millième de la vitesse de la lumière. Pour nourrir l'espoir de pouvoir construire des vaisseaux spatiaux interstellaires, nous devrons attendre les prochains siècles. Le niveau de développement requis pour de telles prouesses suppose que l'humanité progresse considérablement et se hisse véritablement au niveau d'une ''civilisation de type I'', voire de ''type II''. Malheureusement, notre histoire contemporaine est scandée par des mouvements de fluctuations intenses. Il est difficile d'affirmer avec assurance l'idée d'un progrès inéluctable. Par bien des aspects, l'humanité régresse autant qu'elle progresse. *Tout se passe en effet comme si nous avions précipitamment anticipé une étape : à défaut de pouvoir mettre une sphère de Dyson autour de notre étoile mère, nous avons mis notre Terre sous une cloche de dioxyde de carbone.*

Le gaz carbonique constitue à lui seul plus des ¾ des émissions polluantes d'origine industrielle qui contribuent dangereusement à l'augmentation de l'effet de serre. Tandis que notre atmosphère se trouve gravement altérée, les

---

[63] Chemin parcouru en un an par la lumière se déplaçant dans le vide à une vitesse avoisinant 300 000 km/s. Une année lumière (1al) équivaut à environ 10 000 milliards de kilomètres.

politiques d'exploitation des sols et des sous-sols, la transformation des océans en décharges de plastiques, la déforestation, les systèmes d'extraction par fracturation hydraulique, l'utilisation massive des engrais et des pesticides contribuent à un épuisement prévisible des ressources planétaires et au déclenchement artificiel – 66 millions après le bouleversement opéré par l'astéroïde tombée dans la péninsule du Yucatán[64] – d'un nouvel épisode d'extinction de masse.

A tous les « techno-prophètes[65] » et autres zélateurs de la technique qui rêvent secrètement de reformater la Terre pour la rendre plus conforme à nos aspirations consuméristes, nous devons rétorquer de façon ferme : l'utilisation et l'orientation des capacités technologiques à des fins de profits et de rentabilités est contre-productive. A tous ceux, traders, scientifiques, hommes politiques et architectes, qui aspirent à réifier le monde, et qui, au nom de la rationalité, défendent l'idée d'une gouvernance planétaire et d'une potentialisation intégrale des espaces terrestres et océaniques, nous devons répondre sans transiger : considérer la Terre comme on considère un stock de produits exploitables est la voie directe vers l'enfer d'un monde immonde. A tous les transhumanistes fortunés qui aspirent à « l'immortalité » par l'utilisation combinée des moyens les plus sophistiqués de la génétique, des nanotechnologies, de l'intelligence artificielle et des sciences cognitives, nous devons leur rappeler ce constat : moins de trente personnes possèdent aujourd'hui à elles seules autant de richesses que la moitié la plus pauvre de l'humanité, soit 3,8 milliards d'êtres humains. Plutôt que d'accentuer toujours davantage le fossé abyssal qui sépare les conditions de vie existante entre les très riches et les très pauvres, ne conviendrait-il pas de consacrer plus d'argent aux personnes humaines vivant actuellement en dessous du seuil minimal de pauvreté, sans électricité ni accès libre à l'eau potable ? A tous les exaltés de la mondialisation qui s'enthousiasment pour la soi-disant puissance de l'humanité à l'ère de l'anthropocène, nous devons expliquer que la puissance n'est pas le pouvoir.

Il nous faut insister ici sur une différence sémantique fondamentale. « Vertu et puissance, à mes yeux, c'est tout un » explique Spinoza[66]. La *puissance* (en

---

[64] Cf. Y comme astéroïde du Yucatan

[65] « Depuis une vingtaine d'années, les romans de post humanité n'ont pas manqué sur les rayons des librairies [...] Ils brodent tous sur le même canevas de la séparation des corps et des esprits, sur le transport intact de la pense, ainsi que, pour certains d'entre eux, sur la symbiose homme-machine et sur la recomposition machinique de nos corps purifiés de la chair et de ses pulsions. » D. Lecourt, *Humains, posthumains.* Ed. des Presses Universitaires de France, 2003.

[66] *Spinoza Ethique* (1677), 4ème partie, définition 8. *Textes choisis par Ferdinand Alquié.* Editions des Presses Universitaires de France.1974

latin « potentia ») représente « l'excellence propre d'un être[67] », sa force ou sa qualité spécifique. Par exemple, la vertu d'un télescope, ce qui fait sa *puissance*, c'est la qualité qu'il possède en propre, c'est à dire sa capacité à récolter la lumière et à rendre accessible à notre vue des objets très lointains. En « propre », c'est à dire ici indépendamment de l'usage que tel ou tel homme pourra en faire : contempler la planète Saturne et ses somptueux anneaux, ou bien espionner la fenêtre à peine éclairée de sa belle voisine...

Chez l'être humain comme certainement en toute entité vivante, toute effectuation de *puissance*, c'est à dire toute libération de notre potentiel spécifique d'agir, procure de la joie. Par opposition à la *puissance*, le *pouvoir* (en latin « potestas ») représente pour sa part une force quantifiable et commensurable que l'on nous donne ou que nous conquérons de l'extérieur et non de l'intérieur. On parle, par exemple, du déséquilibre ou de l'équilibre des pouvoirs économiques, politiques, judiciaires, scientifiques, médiatiques, etc., c'est à dire des rapports de force qui se dessinent dans l'espace public. Le *pouvoir*, précise Gilles Deleuze, par comparaison à la *puissance*, a toujours quelque chose de « triste[68] ». Plutôt que d'affirmer sa singularité, c'est à dire l'affirmation de cette capacité à *agir* qu'il a en propre, le *pouvoir* ne peut que *réagir* et cherche perpétuellement à capter la *puissance* d'autrui, comme il cherche d'ailleurs à arraisonner la *puissance* du monde. Dans la mesure où le *pouvoir* tend à empêcher les effectuations de *puissance*, il est foncièrement réactif...

En l'occurrence, on définit généralement l'anthropocène comme l'affirmation de l'humanité érigée au statut de *puissance* géologique majeure. Cette définition recèle deux erreurs. *Premièrement, ce n'est pas l'humanité tout entière, mais une partie seulement de l'humanité, qui impacte fortement tous les équilibres naturels.* Parmi les plus grands pollueurs de la planète, les américains et les européens sont particulièrement concernés. Chaque individu vivant dans un pays riche participe directement ou indirectement, volontairement ou involontairement, à ce « crime du siècle[69] ». Il serait injuste

---

[67] Nous rappelons qu'en philosophie, le terme « être » se dit de « tout être » quel qu'il soit : homme, animal, plante, étoile, planète, molécule, atome, etc.

[68] G. Deleuze, *Abécédaire*, Enregistrement audio-visuel réalisé par P.-A. Boutang. Ed. Montparnasse, 1996.

[69] "Now they're planning the crime of the century. Well, what would it be ? Read all about their schemes and adventuring. It's well worth the fee. So roll up and see. As they rape the universe. How they've gone from bad to worse. Who are these men of lust, greed and glory ? Rip off the masks and let's see. But that's not right - oh no, what's the story ? Look ! *There's you and there's me* (That can't be right...)" Supertramp (groupe de rock anglo-américain), *Crime of the Century*, AM Record 1974.

d'incriminer ici les communautés humaines les plus pauvres, par exemple les civilisations qui subsistent dans le grand Nord ou bien les peuples qui vivent, de manière ancestrale, dans la grande forêt primaire amazonienne. Claude Lévi-Strauss a montré, dans *Race et Histoire,* à quel point il nous est difficile, en Occident, de reconnaître la valeur d'une civilisation non-industrialisée[70]. Comment reconnaître un progrès, comment établir la valeur d'une culture étrangère, comprise dans son altérité, lorsqu'elle ne se développe pas selon une direction proche ou similaire à la nôtre ? La distinction, qui relève apparemment d'un constat, entre les sociétés dont l'histoire serait cumulative et celles dont l'histoire serait stationnaire, l'idée vague qu'à la limite certaines sociétés traditionnelles seraient « sans histoire », témoignent principalement de l'ethnocentrisme propre à l'Occident, de son incapacité à reconnaître un progrès culturel qui n'est pas d'ordre scientifique ou technique. La diversité des phénomènes et des cultures historiques excède manifestement tout effort de totalisation de son sens dans le cadre d'une téléologie. Malheureusement, la croyance en un progrès nécessaire de la raison et de la liberté, communément répandue et théorisée par les grandes idéologies de l'Occident, a tendance à gommer la diversité des cultures en les rapportant aux différents stades d'une seule et unique histoire universelle. La disparition des cultures considérées comme « primitives » est alors d'autant plus facile à admettre.

Deuxième erreur : ce que l'on nomme « anthropocène » ne désigne pas une puissance. Ce que l'on cherche à faire entendre par cette appellation correspond en réalité au fait que les pays les plus industrialisés du monde disposent d'un potentiel technique considérable qui, depuis au moins deux siècles, fait l'objet d'une gestion beaucoup trop inféodée aux *pouvoirs* – principalement économiques et politiques. Sur le plan politique, notre modernité se traduit par une hégémonie du modèle étatique. A l'heure où nous écrivons, plus de 193 États, reconnus par l'ONU, quadrillent la planète, se délimitent réciproquement par des frontières, prétendent tout administrer, rationaliser et optimiser sur leurs territoires respectifs. Il n'y a plus de terres en friches. Partout s'affirme l'omniprésence d'un État, de son action normalisatrice, de ses lois juridiques et de ses repères idéologiques. Cependant, l'État n'est pas un invariant anthropologique. Il représente une acquisition culturelle inventée au départ par la civilisation européenne. De manière parallèle, la thématique de « l'anthropocène » n'a de sens que pour une partie de l'humanité qui prétend arraisonner l'intégralité des pouvoirs et totaliser le sens de l'histoire, tout en empêchant une autre partie de l'humanité d'effectuer sa puissance.

---

[70] C. Lévi-Strauss, *Race et Histoire.* Ed. Gallimard, 1952

« L'anthropocène » est censé décrire une nouvelle période de l'histoire de la Terre, dans laquelle l'action de l'humanité surdétermine l'évolution naturelle, impacte toute la biosphère, la géologie et le climat. Il en découle la représentation, aujourd'hui largement diffusée, d'une planète-objet que l'on pourrait reconstruire et améliorer. Il ne faut pas s'étonner si Paul Crutzen, co-inventeur avec Eugene Stoermer du terme « anthropocène », s'est déclaré favorable à une optimisation artificielle du climat par l'utilisation de projets de géo-ingénierie à grande échelle, dont le but serait de refroidir la Terre en envoyant dans notre ciel des tonnes de gaz – notamment le dioxyde de soufre – susceptible de créer un « bouclier » thermique contre le rayonnement solaire. Crutzen, pourtant prix Nobel de Chimie en 1995, semble minimiser tous les risques qu'une telle entreprise pourrait faire courir à l'ensemble des écosystèmes terrestres et océaniques. Plutôt que de réorganiser de fond en comble notre mode de vie, afin de préserver nos équilibres écologiques et d'éviter que se produise une nouvelle crise sanitaire plus grave encore à celle déclenchée par la propagation de l'épidémie du COVID, nous cherchons à reformater la Terre dans le but de produire et consommer toujours davantage. *Soumise tout entière à l'impératif économique d'objectivation et de marchandisation, la Terre-objet est amenée à être ''terraformé''*. Une telle aberration démontre de manière évidente à quel point notre « planète mère » ne vaut plus, symboliquement, comme sujet.

E comme Étoile

« Deux choses remplissent le cœur d'une admiration et d'une vénération toujours nouvelles et toujours croissantes, à mesure que la réflexion s'y attache et s'y applique : le ciel étoilé au-dessus de moi et la loi morale en moi[71]. »

Emmanuel Kant.

L'observation au télescope de la petite bouffée de cigare constituée par la nébuleuse planétaire de la Lyre, du flocon de neige généré par l'amas globulaire M13 dans la constellation d'Hercule, du petit bijou étincelant constitué par l'amas des Pléiades, des fines dentelles du Cygne[72], de la grande galaxie d'Andromède, de la surface toujours changeante de la Lune, du ballet des quatre grands satellites de Jupiter, de la lente sublimation d'une calotte polaire martienne, du faible éclat – cependant profondément océanique – de Neptune, et surtout, de la majesté de Saturne[73], provoquent chez certaines personnes particulièrement réceptives, une sorte d'état de transe, un véritable choc émotionnel durable. *D'autres personnes en revanche n'éprouvent rien.* Pour tous les amoureux du ciel étoilé, cette insensibilité peut paraître déroutante, cependant elle n'est aucunement liée ni au niveau d'instruction, ni au type d'éducation reçue, et encore moins à l'appartenance à telle ou telle culture. L'observation directe de l'univers, ne serait-ce que par sa beauté évidente, peut-elle ne pas être digne du moindre intérêt ?

En réalité, elle requiert un autre motif, un élément qui n'apparaît dans aucun télescope et qui ne se prête pas facilement à la conceptualisation. Les étoiles nous invitent, en effet, à opérer en nous une conversion, ou du moins un déplacement, vers une dimension existentielle, métaphysique, située au-delà

---

[71] « Ces deux choses, je n'ai pas besoin de les chercher et de les conjecturer simplement, comme si elles étaient enveloppées de ténèbres ou placées dans une région transcendantale en dehors de mon horizon ; je les vois devant moi, et je les rattache immédiatement à la conscience de mon existence. … » E. Kant, *Critique de la Raison Pratique, Conclusion.* Trad. F. Picavet. Ed. des Presses Universitaires de France, 8ème édition, 1983.

[72] Il s'agit d'un rémanent issu de l'explosion d'une supernova

[73] L'observation des anneaux n'est pas le seul intérêt de cette planète qui est elle-même entourée d'un cortège subtil de satellites.

du moi, au-delà aussi de l'univers considéré en tant qu'objet. Cette forme de «connexion » engage une ouverture des possibles.

Que nous est-il alors donné de voir ? Les étoiles, manifestement, sont des astres. La mesure des astres est l'astronomie. La physique des astres est l'astrophysique. L'astrophysique, notamment par le biais de tous les instruments utilisés dans de grands Observatoires, ou de sondes placées dans l'espace, récolte une quantité monumentale d'informations, qui excèdent aujourd'hui nos possibilités de traitements. L'univers observable contient plusieurs centaines de milliards de galaxies qui englobent elles-mêmes chacune en moyenne plusieurs centaines de milliards d'étoiles. Notre Voie Lactée, par exemple, recèle entre 200 et 400 milliards d'étoiles dont la plupart sont vraisemblablement accompagnées d'un cortège planétaire. Ces myriades d'étoiles ont des propriétés très variées. Certaines étoiles ont une masse qui ne dépasse pas quelques dixièmes de masse solaire[74]. L'étoile R136a1 affiche en revanche une masse équivalente à 315 fois la masse du Soleil[75]. Le volume des étoiles est lui-même très variable, certaines étoiles sont plus petites que la Terre, d'autres, par contre, ont un volume si grand qu'elles rempliraient quasiment tout l'espace occupé par le système solaire[76]. Une grande hétérogénéité règne également pour toutes sortes de caractéristiques : durée de vie, densité, luminosité, stabilité...Quant aux couleurs, elles sont déterminées par la température de surface, les étoiles les plus chaudes sont bleu métallisé, certaines sont vertes, orange, ou jaunes comme notre Soleil, les plus froides sont rouge foncé.

Dans une paire de jumelles, une lunette ou un télescope, la mesure des étoiles peut encore ménager un espace de *connexion*, à condition que la faible lumière qui provient de l'objet contemplé ne soit pas systématiquement traduite dans un signal numérique[77]. La plupart des nébuleuses galactiques

---

[74] En dessous de 0,08 masse solaire, un astre n'est pas assez massif pour amorcer dans son cœur des réactions de fusion thermonucléaires

[75] Cette étoile se trouve dans la belle nébuleuse de la Tarentule, qui se situe elle-même dans le Grand Nuage de Magellan, observable depuis l'hémisphère sud.

[76] Si on plaçait par exemple êta de la Carène pour la mettre à l'emplacement de notre Soleil, cette étoile occuperait tout le volume du système solaire jusqu'à Saturne.

[77] Les amateurs du ciel étoilé ne manquent jamais une occasion de pointer, avec leurs instruments, des systèmes d'étoiles très colorées, comme par exemple la magnifique binaire visuelle qui correspond à l'étoile Bêta du Cygne, surnommée « Albiréo ». Les deux étoiles ne sont pas en interaction gravitationnelle, elles sont en réalité séparées de 60 années-lumière. Observées depuis la Terre, elles offrent cependant un contraste de couleurs très marqué. L'une des deux composantes est une géante bleue, l'autre, beaucoup moins massive, est orange. La

sont quasiment imperceptibles, évidemment tout dépend du diamètre des optiques utilisées, mais dans bien des cas il faut se mettre en « vision décalée ». Nos yeux, en effet, ne sont pas adaptés pour voir dans la nuit. Dans l'obscurité, lorsqu'il s'agit de capter la lumière d'objets à peine visibles, ce sont les bâtonnets situés en périphérie de notre rétine qui se révèlent plus sensibles que les cônes, situés pour leur au centre de la rétine. D'où la technique de la « vision décalée » consistant à observer un objet sans le cibler. Il s'agit de regarder juste à côté de l'astre contemplé, en visant le bord du champ de l'oculaire. Et attendre. Tout comme la poésie, qui requiert l'écoute des signifiants, l'astronomie requiert une forme secrète de disponibilité. Et tout comme la philosophie, l'astronomie est une école de patience. Le regard se porte de biais pour se laisser passivement imprégner par la lumière diffuse. Tout se passe comme s'il fallait se décentrer pour sonder l'indicible.

Dans un célèbre tableau réalisé en 1533, intitulé les « Ambassadeurs », Hans Holbein représente un crâne humain, symbole de la mort, qui n'est visible que si l'observateur a l'idée de décentrer son regard pour se mettre dans une vue rasante du tableau. Cet exemple d'anamorphose montre de manière subtile à quel point il est pénible, pour les humains, de se rendre compte de leur vanité mais aussi, et surtout, à quel point il est difficile, voire impossible pour eux, d'observer la mort en face : « Ne pas nous détourner de la mort, *dit Hegel*, au contraire : la regarder fixement, bien en face, c'est le plus que nous pouvons faire » car en effet « la mort, si nous voulons nommer ainsi cette irréalité est ce qu'il y a de plus terrible et maintenir l'œuvre de la mort est ce qui demande la plus grande force[78]. »

La même appréciation peut être faite lorsque nous portons notre regard en direction de l'étoile la plus proche et la plus familière, le Soleil :

---

contemplation des constellations à travers un oculaire de grand champ donne alors l'impression, qui confine au sublime, de pouvoir regarder les étoiles à travers le hublot d'un vaisseau interstellaire. L'observation des nébuleuses est plus difficile. Des objets tels que la galaxie d'Andromède, l'amas globulaire d'Hercule ou bien la nébuleuse planétaire de la Lyre, peuvent s'avérer décevants lorsque les instruments ne sont pas utilisés dans les meilleurs conditions (ciel parfaitement dégagé, sans pollution lumineuse et sans la présence de la Lune, instruments optiques et oculaires de bonne qualité, etc.).

[78] « La beauté impuissante hait l'entendement, parce qu'il l'exige d'elle ; ce dont elle n'est pas capable. Or, la vie de l'Esprit n'est pas la vie qui s'effarouche devant la mort, et se préserve de la destruction, mais celle qui supporte la mort et se conserve en elle [...] non l'Esprit n'est cette puissance que dans la mesure où il contemple le négatif bien en face (et) séjourne près le lui. Ce séjour-prolongé est la force magique qui transpose le négatif dans l'être-donné. » G-W. Hegel, *Phénoménologie de l'Esprit*. Trad B. Bourgeois. Ed. Vrin 2005

« La source et l'essence de notre richesse, *explique Georges Bataille*, sont données dans le rayonnement du soleil, qui dispense l'énergie sans contrepartie. Le soleil donne sans jamais recevoir : les hommes en eurent le sentiment bien avant que l'astrophysique ait mesuré cette incessante prodigalité[79]. »

Il en va du Soleil comme de la mort, ce sont des réalités que nous ne pouvons pas regarder en face sans provoquer l'éblouissement[80]. Depuis plus de 4,5 milliards d'années, le Soleil nous envoie une énergie considérable et ne demande strictement rien en retour. Notre étoile-mère nous enseigne que la dynamique qui anime l'univers est fondamentalement un mouvement de *profusion* et de *consumation*[81].

Bien qu'elle ne cesse de décortiquer des données spectrales (température de surface des étoiles, magnitude[82], composition...), la science des astres n'est pas pour autant une science purement analytique, elle requiert un va et vient perpétuel entre la théorie et l'observation. L'astrophysique (avec sa lourde armature conceptuelle où se combinent physique quantique et théorie de la relativité) et l'astronomie (qui demeure fondamentalement une phénoménologie de la *connexion)* sont devenues indissociables. Astronomes et astrophysiciens sondent, avec une minutie extrême, toutes les variations du battement des étoiles. Ce travail leur permet de découvrir d'innombrables

---

[79] G. Bataille, *La Part Maudite,* Ed. de Minuit.1949

[80] Toute personne cherchant de manière persistante à vouloir fixer le soleil risque très vite l'aveuglement. Cette obsession à vouloir fixer une lumière éblouissante constitue d'ailleurs un signe psychiatrique de démence.

[81] G. Bataille appelle "consumation" toute dépense improductive effectuée en pure perte, par opposition à la consommation qui est toujours une dépense productive.

[82] L'astronome grec Hipparque, au IIème siècle AV-JC, a proposé un système de classification permettant de distinguer six groupes d'étoiles de différentes « grandeur » (de 1 à 6), en se basant uniquement sur leur magnitude apparente, telle qu'elle peut être approximativement appréciée par l'œil humain. L'invention de la lunette, du télescope puis la mise au point des différentes techniques de photométrie des étoiles ont rendu cette classification obsolète. Aujourd'hui, les astronomes utilisent une classification beaucoup plus précise, appelée échelle des magnitudes. Cette échelle de magnitude a pour étoile de référence Véga (étoile alpha de la Lyre) qui a pour magnitude 0. La magnitude apparente (m) mesure l'éclat apparent d'un astre observé depuis la Terre. Une étoile de magnitude 1 est environ 100 fois plus brillante qu'une étoile de magnitude 6. Cette échelle logarithmique a conduit à établir des magnitudes négatives pour les astres les plus brillants du ciel. Ainsi, la magnitude de Sirius est de - 1,4, celle de la Lune est de -12,5, celle du Soleil est de -26,9. Soit une différence de 25,5 magnitudes entre le Soleil et Sirius : on en déduit que l'énergie reçue du Soleil est environ 14 milliards de fois supérieure à celle reçue de Sirius. L'énergie reçue et non pas envoyée ! Le Soleil, en réalité, est beaucoup moins lumineux que Sirius.

exoplanètes. Ils analysent toutes les fréquences de la lumière des étoiles, des nébuleuses et des galaxies. Ils étudient leurs distances, leurs masses, leurs magnitudes, de quelle manière les étoiles naissent et meurent, ainsi que toutes les phases qui scandent leur existence. Astrophysiciens et astronomes nous révèlent que nous sommes nous-mêmes composés par des atomes qui ont été forgés par les astres. Notre existence est directement reliée à la vie et à la mort des étoiles. Ne serait-ce que pour cette raison, l'étude des astres constitue un spectacle résolument participatif. Comme le remarque très justement Jean Seidengart, « l'homme est *au* monde et non pas simplement *dans* le monde. L'existence humaine présuppose comme son propre fondement l'ouverture au monde, c'est-à-dire à autre chose qu'à soi. Aussi intéressée soit-elle par ce qui est *dans* le monde, cette ouverture au monde ne saurait se produire qu'en saisissant ses objets sur *fond* d'univers. Or c'est précisément ce fond d'univers qui constitue pour nous l'horizon ultime de l'être et de l'agir humains[83]. » Toute métaphysique conséquente est actuellement aimantée par la cosmologie[84]. Cette science connait depuis un siècle des développements prodigieux[85]. Désormais, la cosmologie est à la fois la plus précise et la plus métaphysique de toutes les sciences. Mais elle n'est rien, au fond, sans la *connexion.*

A l'origine, prendre la mesure des astres signifiait comprendre leurs positions respectives et étudier leurs mouvements et leurs luminosités. Mais avant tout, il s'agissait de prendre la mesure de la beauté du κόσμος (cosmos) afin de se *connecter* avec cet ordre global – la Terre et le ciel, les hommes et les dieux – dont nous faisons partie. A l'époque Antique, les anciens Grecs avaient remarqué que, parmi les astres situés dans la bande zodiacale, certains changeaient de position en se déplaçant à l'intérieur des constellations. Thalès les appela *planetes*, ce qui signifie en grec « astres errants » ou « astres vagabonds ». Pour les anciens Grecs, à l'origine, le muthos et le logos ne font qu'un. Les planètes symbolisent des dieux. Les étoiles symbolisent également des dieux, mais parfois aussi des héros, de simples mortels, en d'autres occurrences des animaux, voire des monstres. Ainsi, la contemplation du ciel étoilé a pour vertu première d'offrir une dramaturgie familière et pourtant toujours lourdement chargé de sens et d'affects. Le caractère subtil, vertical et scintillant de ce spectacle, l'acutance finement contrastée de la voûte céleste – que nous traduirons volontiers en reprenant l'expression « admirer le piqué

[83] J. Seidengart, *Dieu, L'Univers et la Sphère Infinie*, Ed. Albin Michel, 2006.
[84] La cosmologie est cette partie de l'astronomie qui étudie l'Univers en le considérant comme un tout.
[85] Cf. B comme Big Bang

des étoiles » – représente le prototype de tous les grands spectacles. Nous nous attendons au fait que Jupiter, Saturne ou Mars soient des corps physiques, mais ils nous apparaissent en même temps comme des dieux. Nous nous attendons à ce qu'une femme comme le fut Hélène de Troie soit simplement une simple *« mortelle »* avec toutes ses qualités, en l'occurrence sa beauté, et tous ses défauts – elle a déclenché à elle seule la guerre de Troie – mais elle nous apparaît comme transfigurée dans une forme quasiment divine, si on tient compte de l'éloge que lui adresse Gorgias. Nous nous attendons à ce qu'une constellation soit simplement une réunion arbitraire d'étoiles mais elle peut nous apparaître comme la jonction effective où se retrouvent la Terre et le ciel.

Dans un monde païen tout est sujet à l'apparition et à la disparition. Les métamorphoses et les transfigurations féeriques ne sont rien d'autre qu'une manière de rendre manifeste *l'apparaître* du monde. Est-elle une femme ou est-elle une déesse se demande Ulysse lorsqu'il rencontre la nymphe Nausicaa. « *Que tu sois femme ou déesse*[86] » se demande Ulysse, cela revient au même. Ulysse, tu *« ressembles aux dieux des champs du ciel »*, lui répond en pensée Nausicaa. Ce qui importe ce n'est pas de voir ce que nous croyons mais c'est d'abord de croire ce que nous voyons. Ceux qui estiment que les dieux grecs ne seraient rien d'autre qu'une projection symbolique du théâtre humain ne comprennent pas tout ce qui se joue véritablement dans la manière, pour une culture païenne, de restituer au monde son véritable espace de parution.

---

[86] Homère *Odyssée,* VI, 149

F comme Fine tuning

"Extraordinary claims require extraordinary evidence[87]."

Carl Sagan

Une des plus belles surprises que nous révèle la cosmologie découle de relevés très précis concernant la mesure des paramètres fondamentaux qui gouvernent l'histoire de la matière. Les principales constantes physiques qui régissent les propriétés de l'univers (telles que la définition de la vitesse de la lumière, l'évaluation de l'intensité des quatre interactions fondamentales, la détermination de la masse des particules élémentaires, le calcul des coefficients de matière noire et d'énergie sombre, etc.) débouchent chacune, comme par miracle, sur une valeur très précise qui s'harmonise admirablement avec les autres. Cette magnifique synergie permet ainsi de réaliser un ordre global qui se traduit de façon exemplaire par la production des conditions physico-chimiques sans lesquelles il n'y aurait ni étoiles, ni planètes, ni chimie du vivant. Manifestement, l'univers génère un très haut degré d'ordre, d'équilibre et d'harmonie. Tout se passe étrangement comme si les astrophysiciens venaient de réaliser que l'univers est véritablement « cosmique ».

Les analystes les plus froids ne manqueront pas de souligner que cette constatation, en apparence totalement mystérieuse et inexplicable, a en réalité un caractère purement tautologique, car évidemment, s'il en était autrement, si les paramètres fondamentaux qui régissent notre monde n'étaient pas ajustés entre eux, nous ne serions pas là pour en parler. Par contraste, les observateurs les plus enthousiastes interpréteront précipitamment cet ajustement subtil des paramètres – ce « fine tuning » – comme la preuve évidente de l'existence de Dieu, voire la signature, quasiment prophétique, d'un « dessein intelligent ». Tout se passe comme si les uns et les autres, analystes froids et prophètes instruits, étaient amenés à obéir aveuglément à une autorité qu'ils estiment légitime et à tirer mécaniquement toutes les conséquences de principes préalablement posés.

---

[87] « Des affirmations extraordinaires nécessitent des preuves extraordinaires ». *Cosmos 12 - Encyclopaedia Galactica*, Public Broadcasting Service, 14 décembre 1980.

Les différentes propriétés qui régissent notre univers observable sont systématiquement déterminées par des constantes physiques, des « paramètres fondamentaux » qui apparaissent irréductibles, en ce sens où ils ne semblent pas pouvoir être inféodés à une théorie unitaire permettant d'unifier la théorie de la relativité générale avec la physique quantique. Pas moins de soixante ordres de grandeur séparent la *durée de Planck*[88] (10^{-43} secondes) de l'estimation de l'âge de l'univers actuel (10^{17} secondes). Une telle différence d'échelle ne facilite guère la définition d'un quelconque principe unificateur et on comprend l'immensité du travail qu'il faudra accomplir. A défaut d'une théorie unitaire des champs, il faut s'en tenir aujourd'hui – mais comment faire autrement ? – à notre théorie standard de l'univers observable, et à son cadre paradigmatique ΛCDM qui est actuellement opératoire. Notre théorie cosmologique standard, malgré tous les défauts et les limites que nous avons déjà soulignés, possède une grande valeur heuristique. L'utilisation d'algorithmes très sophistiqués permet notamment de modéliser, sur des supers-calculateurs, la définition de l'univers qui serait produite par la variation d'une quinzaine de constantes fondamentales caractérisant notre modèle ΛCDM. Les cosmos virtuels qui en découlent sont potentiellement infinis. Cependant, toutes les versions « alternatives » de notre univers observable se révèlent stériles. Seul un ajustement très précis des paramètres, un *réglage hyper fin* dans lequel les constantes fondamentales voient un paramétrage défini à 10^{60} (0, ... 60 zéros puis 1 !) permet, dans tous les scénarios envisageables, d'assurer la stabilité de l'Univers. Trinh Xuan Thuan illustre la finesse de ce paramétrage par une image saisissante :

« La précision de ce réglage est comparable à celle dont devrait faire preuve un archer pour planter une flèche dans une cible carrée d'un centimètre de côté qui serait placée aux confins de l'univers[89]. » Tant que personne n'aura démontré que les constantes fondamentales sont vraiment indépendantes les unes des autres, il sera difficile d'interpréter ce « fine tuning », en toute bonne foi, comme l'heureuse conséquence d'un simple concours de circonstances. Les partisans du principe anthropique[90] s'engouffrent dans cet argument : l'univers ne serait pas le résultat du hasard. Si le cosmos n'est pas une réalité aléatoire, il doit intégrer le fait qu'il rend possible la présence de l'ordre nécessaire à l'émergence d'une conscience. L'existence manifeste et

[88] La durée ou ère de Planck désigne une période dans les toutes premières étapes de l'Univers observable au cours de laquelle les quatre interactions fondamentales étaient unifiées.

[89] Trinh Xuan Thuan, *Une Nuit* Ed. de l'Iconoclaste, 2017.

[90] Le mot grec ανθρωπος (anthropos) veut dire l'homme. Au sens littéral, le « principe anthropique » signifie que l'homme ferait parti des finalités de l'univers.

indiscutable d'au moins un observateur, en l'occurrence l'homme, accompagné éventuellement d'autres ''formes d'intelligences'', résidant en tel ou tel système stellaire, à des dizaines, des centaines, des milliers, des millions, voire des milliards d'années lumières de notre système solaire, doivent être pris en considération dans l'interprétation des lois et des principes qui régissent l'histoire de l'univers. Le principe anthropique affirme, dans sa version forte, que l'homme est le but d'une création divine transcendantale et/ou le projet ultime d'un dessein intelligent[91].

Dans sa version faible et nuancée, ce principe suggère l'existence d'un opérateur métaphysique – que l'on pourra se représenter sans devoir nécessairement en passer par l'idée d'un Dieu transcendant mais plutôt par la conception d'un ordre immanent – dont l'action a pour conséquence nécessaire l'émergence d'une conscience humaine et/ou extraterrestre.

La version forte de ce principe est évidemment religieuse et, si l'on tient absolument à considérer cette version comme un argument scientifique à part entière, on ne pourra manquer de souligner sa naïveté. Par contre, le caractère téléologique du principe anthropique compris dans sa version faible, n'est pas sans rappeler la conception aristotélicienne du vivant, qui était restée dominante en Occident, jusqu'à René Descartes. Selon le Stagirite, il semblait évident que l'ordre qui se manifeste dans la nature, l'adaptation de chaque espèce à son environnement, les chaînes synergiques de dépendance qui s'établissent spontanément dans tous les écosystèmes, ne sauraient résulter uniquement de causes matérielles et efficientes : «...dans toutes les œuvres de la nature, *écrit Aristote*, réside quelque merveille (...) Car dans les œuvres de la nature, ce n'est pas le hasard qui règne, mais c'est au plus haut degré la finalité[92]. » Pour le fondateur du *Lycée*, la vie réalise spontanément un projet.

[91] Nous proposons ici une interprétation qui nous semble plus judicieuse, de la différenciation, établie entre la version faible et la version forte du principe anthropique, proposée par le père de cette théorie : Brandon Carter.

[92] Aristote, *Les parties des animaux*. Trad. B. Saint-Hilaire. On se référera de préférence à l'édition bilingue disponible sur l'internet l'adresse suivante :
http://remacle.org/bloodwolf/philosophes/Aristote/partieslivre1.htm.
Ce texte peut être complété par la lecture de deux passages : Aristote, *Physique*, livre II, chapitre 3, §§ 2 à 5 et *Métaphysique*, livre V, chapitre 2, §§ 1 à 7. Pour le philosophe péripatéticien, l'étude de la nature nous conduit à constater que tout ce qui existe est la conséquence de 4 causes : 1. La cause matérielle qui répond à la question : de quoi est faite la chose ? 2. La cause formelle qui répond à la question : quelle est la « constitution » de la chose ? 3. La cause efficiente qui répond à la question : quel est le processus de fabrication de la chose ? 4. La cause finale, la plus importante, qui répond à la question : en vue de quoi est faite la chose ? Dans le langage de la biologie contemporaine, on pourrait dire en ce sens que l'affirmation du primat de la finalité signifie que les diverses fonctions des êtres vivants (notamment l'autorégulation,

La philosophie aristotélicienne est difficile à concevoir, car elle demande de ne pas recourir à la conception d'un agent ou d'un auteur conscient de la finalité qui régirait la nature. Aristote reste, de part en part, un philosophe de l'immanence. Lorsqu'il parle de ''l'âme'' du vivant, celle-ci doit se comprendre comme un principe d'animation de la matière, appelé à périr avec le corps, et absolument pas comme une âme immortelle. Le terme grec « *psychè* », traduit en latin par « *anima* », exclut les connotations spirituelles introduites par la Bible et la croyance en une âme substantielle, donc immortelle[93] – appelée en latin « *animus* ». Tout au long du Moyen Age, la tradition de la théologie rationaliste a cherché à concilier les principes métaphysiques de la philosophie aristotélicienne avec le Christianisme, ce qui impliquait de concevoir Dieu comme l'auteur transcendant de la finalité. Parmi les différents arguments qui ont été avancés en ce sens, il semblait logique de considérer que seul Dieu pouvait être à l'origine de l'ordre, de la beauté et de l'harmonie manifestes qui gouvernent la nature avec une très grande sagesse[94]. Aujourd'hui, si l'on s'en tient au scénario qui gouverne le processus de l'évolution et à l'explication mécaniste de l'harmonie qui préside à l'organisation des écosystèmes sur Terre, la théorie standard de la sélection naturelle permet de faire l'économie de tout agent transcendant. Elle évacue, de surcroît et de manière légitime, toute forme de complexité irréductible. Mais la Terre ne régit pas l'univers. En d'autres termes, la théorie de l'évolution[95] ne nous éclaire en rien au sujet des deux grandes énigmes que posent aujourd'hui la cosmologie : l'invariance des lois d'une part, l'ajustement fin des paramètres d'autre part. La version faible du principe anthropique soulève par conséquent une question redoutable, une question qui en réalité, n'a jamais vraiment cessé de se poser depuis l'avènement de la physique mathématique : la science peut-elle faire l'économie de toute métaphysique ? Étant donné que nous sommes face à ce qui ressemble bel et bien à une aporie, essayons de nous représenter ce problème en utilisant un autre registre.

---

l'auto régénération, la reproduction et l'adaptation) conditionnent : la biochimie (cause matérielle), l'anatomie et la physiologie (causes formelles), la génétique et le développement (causes efficientes). Par exemple, précise le Stagirite, « l'œil est fait pour voir ».

[93] Contrairement à Platon (qui croyait en la réincarnation) Aristote considère que toute âme, végétative, sensitive, ou encore intellective – comme c'est le cas pour l'homme – ne survit pas à la destruction de l'organisme. Au 17ème siècle, Descartes développera une vision mécaniste de l'animal.

[94] Cet argument se retrouve au 18ème siècle dans le livre IV de l'*Emile* écrit par J.-J. Rousseau : *Profession de foi du Vicaire savoyard.* Ce motif fut critiqué par E. Kant, avant d'être définitivement balayé par la publication de *De l'Origine des Espèces* de C. Darwin.

[95] La théorie standard de l'évolution établit la synthèse entre la théorie darwinienne de la sélection naturelle et les acquis de la biologie moléculaire.

Imaginons qu'un philosophe cambrioleur s'apprête à essayer d'ouvrir la serrure hypersophistiquée qui protège le secret de l'univers. Le code de sécurité de cette serrure est constitué par un numéro possédant au moins 60 chiffres devant être alignés dans le bon ordre. Évidemment, ce serait un hasard extraordinaire, et tout à fait improbable, si notre cambrioleur, béni par tous les dieux, arrivait à trouver la combinaison gagnante après seulement quatre ou cinq tentatives d'ouvertures aléatoires.

Par contre, imaginons maintenant que notre cambrioleur téméraire puisse tester simultanément des milliards de milliards de milliards de milliards... soit 10^{60} combinaisons, c'est à dire un nombre potentiellement infini de clefs. Un jour ou l'autre, il tomberait inévitablement sur l'ouverture du coffre, le hasard deviendrait nécessité et notre univers n'aurait plus rien de miraculeux. Telle est l'hypothèse qui fonde la théorie du multivers : notre univers observable ne représente qu'une infime variation dans une série infinie d'univers parallèles qui cohabitent tous dans des dimensions spatio-temporelles différentes. Chacune de ces versions de l'univers réalise une configuration particulière dans la définition des paramètres fondamentaux.

Dans une série infinie, tous les possibles se réalisent. Dieu n'a pas à se soucier, comme le pensait Leibniz, de réaliser « la meilleure suite possible des choses[96]. » Par contre, l'hypothèse du multivers débouche sur une conjecture très peu économique. Pourquoi postuler l'existence d'une infinité d'univers inobservables alors qu'un seul, en l'occurrence celui qui nous entoure, conduit finalement au même résultat ? Le principe de parcimonie, le fameux *« rasoir d'Ockham »,* nous enjoint à privilégier, à conséquences égales, la théorie la plus simple. Certes, l'idée d'un principe organisateur est loin d'être simple et élémentaire, mais, comme le remarque judicieusement Trinh Xuan Thuan, il n'est pas garanti qu'une série infinie d'univers parallèles le soit davantage[97].

---

[96] Leibniz, Essais de *Théodicée,* 1710 Ed. Garnier Flammarion 1969.

[97]« Je suis donc amené à rejeter la notion du multivers et à miser sur l'existence d'un seul univers. Comment rendre compte alors de l'extraordinaire réglage des propriétés de l'univers primordial afin de permettre l'émergence de la vie et de la conscience ? Est-ce le fruit du hasard ou de la nécessité ? L'hypothèse du hasard n'est plus permise, car, en éliminant l'hypothèse du multivers, nous ne disposons plus d'une infinité d'univers parallèles avec toutes les combinaisons possibles de constantes physiques et de conditions initiales. » T. Xuan Thuan, *Face à l'Univers* Ed. Fayard 2017

En 1796, Pierre-Simon de Laplace présentait à Napoléon[98] un nouvel ouvrage dans lequel il développait ses principes explicatifs de la genèse du système solaire. Napoléon lui fait remarquer alors la chose suivante : «Newton a parlé de Dieu dans son livre. J'ai déjà parcouru le vôtre et je n'y ai pas trouvé ce nom une seule fois. » À quoi Laplace aurait répondu : « Citoyen premier Consul, je n'ai pas eu besoin de cette hypothèse[99]. » Manifestement le monde existe, comment pouvons-nous l'expliquer ? La logique oblige à reconnaître que si le monde existe c'est qu'il est la conséquence d'un enchaînement de causes et d'effets. Selon le principe de causalité, rien n'arrive sans cause – *nihil sine causa* – et rien ne sort du néant – *nihil ex nihilo.* Dans la mesure où quelque chose se manifeste, que cette chose soit réelle ou qu'elle soit irréelle, la manifestation même de cette chose renvoie nécessairement à des causes. Si l'on admet l'idée que le Monde a un commencement, alors le principe de causalité nous impose la nécessité de concevoir une première cause – « un premier moteur » dirait Aristote – absolument inconditionné, qui ne pourrait découler d'une cause antérieure. Tel est, en résumé, le fondement d'un argument qui fut présenté, dès le Moyen Age, comme une preuve rationnelle de l'existence de Dieu. Au XVIIIème siècle, cet argument sera rendu célèbre par Emmanuel Kant. Il la surnomme : « preuve cosmologique de l'existence de Dieu[100]. » Bien que Kant soit croyant, il l'invalide sans lui faire la moindre concession[101].

---

[98] Il s'agit d'un ouvrage intitulé *L'exposition du Système du Monde*, dans lequel Laplace formule l'hypothèse, que l'on retrouve chez Kant, de la naissance simultanée du Soleil et des planètes à partir d'un même nuage de gaz et de poussières en rotation. D'autres versions de l'échange entre Laplace et Napoléon ont été rapportées, notamment : « – Votre travail est excellent mais il n'y a pas de trace de Dieu dans votre ouvrage. – Sire, je n'ai pas eu besoin de cette hypothèse. »

[99] Lorsque Laplace, à la fin du XVIIIème siècle, parle de « l'hypothèse » divine, il s'inscrit encore, mais pour mieux la récuser, à l'intérieur de la longue tradition de la théologie rationaliste. Le mystère que pose l'existence de l'univers était déjà un sujet âprement débattu, quelques siècles plus tôt, par des savants théologiens du Moyen Age, qui furent souvent des grands lecteurs admiratifs d'Aristote, et dont l'audace était de prétendre pouvoir conceptualiser l'idée de Dieu. En présentant l'idée de Dieu comme la pièce maîtresse d'un système ontologique d'explication du monde, Dieu fut mis pendant plusieurs siècles au 'service' de la science. Dans cette tradition, il n'est qu'en apparence fait allusion au Dieu des religions révélées, qui se découvre dans l'expérience de la foi et qui parle au « *cœur* ». En réalité, la logique suivie par de nombreux théologiens rationalistes consistait à prolonger les spéculations aristotéliciennes cherchant à rendre compte de l'existence du mouvement par la nécessité de penser un extrême qui soit moteur, sans être mobile. Un tel existant ne peut qu'un être éternel, substance et acte purs.

[100] E. Kant *Critique de la Raison Pure, «* De l'impossibilité d'une preuve cosmologique de l'existence de Dieu ». Trad. J. Barni, revu par P. Archambault, Ed. Garnier Flammarion.

[101] Pour le philosophe de Königsberg, toute preuve de l'existence de Dieu repose en définitive

Dès lors, si l'on postule que le Monde n'a pas de commencement et si l'on opte pour l'hypothèse du multivers (l'univers se décline dans une suite infinie de dimensions parallèles), la conjecture qui en découle nous conduit à diviniser le monde lui-même et à faire de l'absolu un champ d'immanence «interminé » dans l'espace et dans le temps. Certes, l'espace et le temps ne peuvent être conçus aujourd'hui comme ils l'étaient à l'époque d'Aristote ou à l'époque de Newton, à savoir comme des absolus et comme des conditions de possibilité donnant un cadre a priori à l'existence même de la matière. La physique des hautes énergies du XXème et XXIème siècles a beau nous expliquer qu'une particule qui n'a pas de masse n'a en quelque sorte aucune inscription possible dans le passé, ni aucune projection envisageable dans le futur. Elle a beau nous répéter que les conditions qui règnent au-delà du ''mur de Planck'' ne permettent plus de donner le moindre sens opératoire aux concepts d'espace et de temps[102], tout ceci ne change strictement rien à l'affaire : *une cosmologie conséquente ne peut faire l'économie de toute métaphysique.*

S'aventurer sur le chemin de la métaphysique demande de penser avec beaucoup d'humilité et de discernement. Ce chemin requiert la lucidité permettant d'emprunter la méthode suivie par les agnostiques, qui s'abstiennent de croire ni que le divin existe, ni qu'il n'existe pas. Il est en effet impossible d'affirmer, de manière catégorique, que Dieu existe ou qu'il n'existe pas.[103] Cependant, il nous semble tout aussi périlleux d'affirmer, avec certitude, que l'univers puisse être régi uniquement par des principes matériels ne laissant aucune place au divin[104]. Il n'est pas toujours aisé de discerner le sentiment de la présence de Dieu[105] et l'*apparaître* qui caractérise l'expérience

---

sur *« l'idée d'un être tel qu'on ne peut rien définir de plus grand »*. Définie en tant que tel, cette idée ne propose qu'une possibilité logique et rien de plus. Il nous semble cependant que dans le cas de la « preuve cosmologique », le point d'ancrage n'est pas la définition de Dieu mais simplement le constat empirique de la présence du Monde. Si le Monde a un commencement, le principe de causalité nous enjoint, comme nous l'avons vu, à supposer l'existence d'une première cause divine. Autant il nous faut reconnaître la pertinence de la critique kantienne lorsque l'argument repose sur la définition de Dieu – comme c'est le cas pour la "preuve" dite "ontologique" – autant il nous semble judicieux d'examiner la "preuve cosmologique" dans toute sa spécificité. Et éventuellement de suspendre tout jugement.

[102] Cf. B comme Big Bang

[103] Dans la mesure où il est impossible de démontrer l'existence ou la non-existence de Dieu, l'athéisme, aussi bien que le théisme, sont des croyances.

[104] Ceux qui affirment qu'ils ne croient que ce qu'ils voient sont très peu pertinents, car ils sont amenés dès lors à croire que le Soleil tourne autour de la Terre…

[105] La compréhension du terme « Dieu » est généralement surdéterminée par les diverses variantes du monothéisme. Par contre, pour des philosophes tels que Spinoza notamment,

du divin[106]. Nous considérons que *l'esprit païen demeure une forme de connexion ontologique privilégiée*. Tandis que l'existence transcendantale de Dieu se donne toujours comme un préalable – à la connaissance, à la donation du sens et finalement à l'existence elle-même – dans la rencontre des *dieux* par contre, une dimension métaphysique s'affirme dans le monde lui-même, pour tous ceux qui veulent bien lui prêter attention. Cette dimension *apparaît* avec une réelle évidence, en chaque expérience où se révèle quelque chose comme « un réglage fin des paramètres » : par exemples dans la beauté d'une femme, la peinture d'un grand maître, les harmonies subtiles d'une symphonie, ou bien entendu, toujours et encore, dans la contemplation du ciel étoilé.

« Dieu » ne représente aucune entité transcendantale.

[106] Ce point fondamental est largement développé dans O comme Observation et U comme Univers

G comme Youri Gagarine

« L'homme ne veut quitter son lieu. Il dit que la technique est périlleuse, qu'elle s'insinue dans notre rapport au monde, que les vraies civilisations sont celles au caractère stable, que le nomade est incapable d'acquisition. Qui est cet homme ? Chacun d'entre nous, dans les moments où il cède à la pesanteur. Ce même homme a subi un traumatisme le jour où Gagarine devint l'homme de l'espace. [107] »

Maurice Blanchot

Le 12 avril 1961, Youri Gagarine est le premier homme dans l'espace. Pour l'Union Soviétique avant tout, mais finalement pour le monde entier aussi, Gagarine est un héros. A l'image de tous les héros de la mythologie grecque, Gagarine a côtoyé le séjour des dieux. Le mouvement divin, qui ne connaît ni début ni arrêt, est circulaire. En première approximation, la trajectoire orbitale du vaisseau Vostok est-elle même circulaire. Comment pourrait-il en être autrement ? Le module spatial, entièrement automatisé, dans lequel est enfermé Gagarine, accomplit le tour de la Terre. Le vaisseau est propulsé depuis le cosmodrome de Baïkonour par une énorme fusée R-7, il va prendre la direction de l'Océan Pacifique, passer au-dessus des archipels de la Terre de Feu, remonter l'Océan Atlantique, puis amorcer sa rentrée atmosphérique au-dessus de l'Afrique avant de finir sa course à proximité de la Volga, sur sa terre natale en Russie. En apparence le camarade Gagarine a accompli une boucle autour de la Terre, en réalité le cosmonaute Gagarine inaugure un mouvement asymptotique, il donne à voir, à l'humanité médusée, la possibilité d'accéder à un horizon délivré de tout horizon.

Gagarine, en effet, s'est échappé de l'emprise de la Terre. Un tel exploit, inédit jusqu'à ce premier vol, conduit, comme cela est visible à l'époque, à une prolifération de discours dont le seul véritable point de convergence se trouve dans cette saturation du sens que l'on donne ordinairement aux grands récits d'aventures. Youri Gagarine est le premier homme qui a réussi à s'élever suffisamment haut dans le ciel pour se retrouver « plus haut que le ciel »

[107] M. Blanchot, *Nous avons quitté la Terre !*, rédigé pour la Revue *Il Menabo* en 1964.

lui-même. En allant plus haut que le ciel, il a réussi à se soustraire à la condition commune qui caractérise les mortels. Ne serait-ce que pour cette raison, le ''cosmonaute Gagarine'' nous l'avons déjà dit, est comme un demi-dieu ou du moins un messager du divin. « Dans la libération de la Terre, dans l'accueil du ciel, dans l'attente des divins, dans la conduite des mortels, *écrit Heidegger,* l'habitation se révèle comme le ménagement quadruple du quadriparti. [108] » Le ciel et la Terre, les mortels et les dieux forment un tout, et ne prennent sens que les uns par rapport à tous les autres. Ils définissent ensemble quelque chose qui est beaucoup plus profond que ce que l'on a coutume d'appeler notre « environnement ». Le terme « environnement », très à la mode aujourd'hui, et pourtant paradoxalement bien pâle, ne permet pas réellement de qualifier ''l'habitation'' du ''Dasein'', c'est à dire son mode d'être le plus caractéristique[109]. En s'élevant au-dessus du ciel, Gagarine a franchi les limites de notre « environnement » terrestre mais a-t-il pour autant cessé « d'habiter » la Terre ? A l'évidence oui, il a expérimenté[110] et décrit durant son vol l'état d'*apesanteur*. Mais si Gagarine a cessé d'appartenir au champ de gravité terrestre, cela implique-t-il qu'il soit sorti du domaine du « quadriparti » ?

Manifestement, Gagarine a transité une heure et quarante-huit minutes hors cadres. Sur Terre il est toujours possible de se repérer : « s'orienter, *précise Kant*, signifie, dans le sens propre du mot, d'une région donnée du monde (nous divisons l'horizon en quatre de ces régions), trouver les trois autres, surtout l'Orient. Si donc je vois le soleil au ciel, et que je sache qu'il est midi, je puis trouver le sud, l'ouest, le nord et l'est[111]. » Or en accédant à *l'espace*, Gagarine sort de tous les circuits mythologiques traditionnels, il se retrouve dans un « non-lieu » où s'amorce un mouvement de lévitation hors de tout point de références – les fameux points cardinaux – hors du temps, hors du monde. Il esquisse, explique Blanchot, un « mouvement de dislocation pure», mouvement qui n'est pas sans danger car la moindre poussée exagérée de ses

---

108 M. Heidegger, *Essais et Conférences*, Editions Gallimard 1958, trad. A. Préau.

109 Heidegger était un homme détestable, travaillé par un antisémitisme affligeant, pitoyable et finalement très peu « banal » pour un philosophe de son envergure. Car il fut très paradoxalement un philosophe. Rappelons, pour tous ceux qui ne sont pas familiers de sa pensée, que le terme « *Dasein* » signifie pour lui l'être de l'homme en tant qu'il entretient un rapport privilégié à l'être. Le « *Dasein* » - « l'être-là » - est le fait, pour l'homme, d'être fondamentalement le "là" de l'être, c'est-à-dire une ouverture et une présence à l'être.

110 Gagarine décrit l'état d'apesanteur sans commune mesure bien qu'il remarque, en même temps et paradoxalement, que cet état ne l'empêche ni de boire, manger ou de travailler normalement...

111 E. Kant, *Qu'est-ce que s'orienter dans la pensée ?* Trad. A. Philonenko, Editions Librairie Philosophique Vrin, 2002.

alors toute son attention. Il refait plusieurs fois le tour de la Terre, beaucoup plus lentement, et confirme son statut d'icône mondiale. *Le cosmonaute soviétique est devenu citoyen cosmopolitique.*

Cette deuxième étape de l'existence de Gagarine se révèle beaucoup plus difficile à maîtriser, il devient vite manifeste que les américains n'ont pas le monopole du grotesque et de l'hédonisme : Gagarine se livre régulièrement à des excès d'alcool et porte un regard plus que complaisant à ses nombreuses admiratrices[112]. Jusqu'à sa mort tragique et prématurée, en 1968, provoquée par un accident durant une séance d'entraînement dans un MIG15 UTI, Gagarine ne pourra plus se défaire de ses habitudes éthyliques et de son penchant exagéré pour les femmes. Gagarine était resté moins de deux heures dans l'espace, le temps d'effectuer une révolution. Est-ce l'état d'*apesanteur* lui-même, malgré sa brièveté, est-ce la célébrité durable qui a suivi ? Toujours est-il que Gagarine connaît à son retour un état d'exaltation et de consumation cette fois sans retour. En accédant à l'état d'*apesanteur*, tout cosmonaute, aussi vertueux et qualifié qu'il soit, n'expérimente-t-il pas quelque chose de trop grand pour lui ?

Pour s'en rendre compte il faut justement aller dans l'espace. Vue depuis l'espace, la Terre ne présente plus aucune frontière étatique. Les seules frontières visibles sont les barrières naturelles – océans, mers, fleuves, montagnes, plateaux, déserts... – il devient impossible de lui assigner un quelconque découpage idéologique. Si la condition initiale de l'humanité fut, au tout début de son histoire, le nomadisme, on ne peut que s'inquiéter du destin que la technique confère aujourd'hui à l'homme moderne. L'homme ''réactif'', plein de pesanteur, ne semble pas du tout prêt à se détacher de toute forme d'appartenance religieuse et/ou idéologique. Il est trop habitué à vivre avec le poids de la morale judéo-chrétienne qui le leste en permanence. Quant aux idéologies politiques dominantes, c'est encore pire. Le communisme et le capitalisme prétendent chacune être dépositaire du sens de l'histoire, et prendre ainsi la place qui fut si longtemps occupé en Occident par Dieu. C'est exactement la crainte que formule Friedrich Nietzsche lorsqu'il évoque la mort de Dieu :

« Où est passé Dieu ? [...] Nous l'avons tué — vous et moi ! Nous sommes tous ses assassins ! Mais comment avons-nous fait cela ? Comment pûmes-nous boire la mer jusqu'à la dernière goutte ? *Qui nous donna l'éponge pour faire disparaître tout l'horizon ?* Que fîmes-nous en détachant cette terre de

[112] Ce comportement erratique le conduit à se jeter du balcon d'un immeuble (à cette occasion il se blesse sérieusement la tête) afin de ne pas se faire surprendre par sa femme qui ne manque pas cependant de constater qu'il se trouvait en charmante compagnie.

son soleil ? Où l'emporte sa course désormais ? [...] Est-il encore un haut et un bas ? N'errons-nous pas comme à travers un néant infini ? L'espace vide ne répand-il pas son souffle sur nous ? [...] La grandeur de cet acte n'est-elle pas trop grande pour nous ? [113] »

En 1961, l'idéologie soviétique prétend supplanter Dieu. Karl Marx n'était peut-être pas cosmonaute mais il était bel et bien athée... Il est intéressant de remarquer que parmi les nombreuses phrases prononcées depuis l'espace par Gagarine, la propagande a fait en sorte, non seulement que tout paraisse parfait, mais elle lui fait également dire de fausses paroles qu'il n'a jamais proférées ; notamment la phrase emblématique : « je ne vois aucun Dieu là-haut », a été vraisemblablement écrite par le Premier Secrétaire du Parti Communiste, Nikita Khrouchtchev. En apparence Gagarine incarne l'homme du futur, la figure d'une humanité émancipée. En réalité, Gagarine comme le Zarathoustra de Nietzsche, « vient trop tôt ». Tout est fait pour l'empêcher de léviter. Il s'agit de le retenir dans la sphère terrestre en l'assignant plus que jamais aux pouvoirs politiques du lieu. L'état d'apesanteur décrit normalement la situation dans lequel se trouve un corps lorsqu'il n'est plus soumis à des forces de gravitation et/ou d'accélération. Dans le cas d'un être humain, cette suppression de la force de gravité ne peut plus être mesurée tant que l'observateur demeure dans son propre système de référence. *Nous proposons d'appeler ''apesanteur'' l'état de liberté totale et radicale qui correspond au mouvement de sortie en dehors du quadriparti que constitue la Terre, le ciel, les mortels et les dieux. Être en ''apesanteur'' c'est accéder à l'espace, c'est échapper à l'appartenance au lieu.* C'est donc retrouver la légèreté de l'enfant, être capable de s'élever « par-delà le bien et le mal », au-delà des masses, au-delà de toute idéologie, au-delà de toute morale grégaire. Contrairement à ce que voudrait nous faire croire l'Union Soviétique, Gagarine est, à n'en pas douter, plus nietzschéen que marxiste. En accédant à l'espace, Youri Gagarine découvre la véritable liberté.

[113] F. Nietzsche, *Le Gai Savoir*, aphorisme 125. Trad. A. Vialatte. Ed. Idées Gallimard, 1950.

H comme Hypérion

« Les voyageurs imaginaires dans les terres du ciel
y ont toujours transporté leurs idées terrestres ». Camille Flammarion

Si on voulait se risquer à explorer tous les motifs qui traversent de part en part la désignation complexe qui se cache derrière cette dénomination grecque "'Υπερίων''(Hypérion), « celui qui est au-dessus », il faudrait normalement prendre le temps de parcourir trois grands registres. Le premier registre se situe évidemment dans la mythologie. Selon Hésiode, Hypérion est un des nombreux Titans engendrés par les divinités primordiales qui portent les noms du Ciel (Ouranos) et de la Terre (Gaïa). Son statut est quasiment transcendantal. Tandis que la tradition développée par Evhémère le considère à l'origine comme un des nombreux mortels qui furent légitimement sacralisés après leur mort, la poésie homérique l'assimile au Soleil lui-même. Hypérion symbolise plus précisément le Soleil qui passe au zénith. D'une manière ou d'une autre Hypérion fait partie des grandes figures symboliques de la pensée grecque. Le deuxième registre est celui de la science moderne : « Hypérion » est l'appellation qui a été donnée à un des nombreux satellites de Saturne. Cette petite lune pourrait presque passer inaperçue, si elle ne se démarquait de toutes les autres par la variation chaotique de son axe de rotation, rendant aléatoire toute tentative permettant de définir son orientation dans l'espace. Enfin, dans le troisième registre, celui de la littérature de science-fiction, *Hypérion* et *la Chute d'Hypérion* sont les titres de deux ouvrages célèbres écrits par un auteur américain : Dan Simmons.

L'histoire se déroule au XXVIIIème siècle. La Terre a été entièrement détruite suite à une grave erreur commise lors d'une expérimentation sur la création d'un trou noir, mais l'humanité rescapée a essaimé dans de nombreux systèmes planétaires[114]. Parmi eux, un groupe transhumaniste, les « *extros* », s'est définitivement séparé de l'espèce humaine, tant sur le plan physiologique que sur le plan culturel. Les « extros » ont fondé une nouvelle civilisation qui

[114] La destruction de la Terre est surnommée dans le livre "grande erreur de 38"

est entrée en concurrence avec « l'Hégémonie », une confédération interstellaire qui réunit une multitude de mondes humains, dirigée depuis la grande planète administrative *Tau Ceti Central,* par la redoutable chef d'Etat Meina Gladstone. « L'Hégémonie » bénéficie du soutien ambigu des *Intelligences Artificielles* et de leurs réseaux de transport ultra sophistiqués. Mais l'intérêt majeur du livre est ailleurs.

Les principaux protagonistes du livre de Simmons sont incarnés par sept personnages : Lénar Hoyt, Fedmah Kassad, Martin Silenius, Sol Weintraub, Het Masteen, Brawne Lamia et le ''*Consul*'', tous pèlerins en route vers la planète *Hypérion,* où ils sont amenés, pour des raisons différentes, à rencontrer une entité surpuissante appelée « Gritche » – en anglais « Shrike », terme homonymique d'un oiseau bien connu, la pie-grièche, qui a la fâcheuse habitude d'empaler ses proies sur des épines. Faisant route ensemble à bord d'un vaisseau spatial, chacun est amené, après tirage au sort et à tour de rôle, à exposer les motifs qui l'amènent à faire, ou à refaire, ce voyage extrêmement périlleux. Sur la planète *Hypérion*, des artefacts étranges, vraisemblablement venus du futur, les mystérieux ''*Tombeaux du Temps*'' semblent être sur le point d'entrer en résonance avec le présent. Plusieurs légendes racontent que ces tombeaux sont susceptibles d'abriter le ''*Gritche* ''. Ces légendes racontent également que parmi les sept pèlerins qui viendront à la rencontre du ''*Gritche*'', un seul survivra et sera « l'élu ». La planète *Hypérion* devient pour toutes ces raisons un enjeu stratégique convoité à la fois par l'*Hégémonie* et la civilisation des « extros ».

Hypérion et *La Chute d'Hypérion* forment un ensemble indissociable pour lequel l'auteur donne, à l'intérieur de son propre récit, une forme poétique très aboutie : *Les Cantos d'Hypérion.* Simmons réunit ainsi dans la même œuvre les trois grands registres de « celui qui est au-dessus » et lui donne la forme d'un « space opera » où se mêlent avec brio le mythe et la poésie, la science, la littérature, mais aussi la philosophie. Sans jamais céder à la surcharge du sens, *Les Cantos d'Hypérion* se distinguent en effet, avec élégance, par un imaginaire original et foisonnant.

Les récits exposés par les sept pèlerins sont singuliers et bouleversants. En faisant alterner à tour de rôle des personnalités fortes, qui incarnent des segments très spécifiques d'un univers multiple, irréductible à une vision d'ensemble, Dan Simmons se livre à un exercice de style qui consiste, pour chaque narrateur, à adopter un type d'écriture différent, correspondant à de légères variations inspirées des différences existant entre les grands genres narratifs de la science-fiction : *space opera* , *hard science* , *cyber punk*, etc.

que 1,58 mètres, c'est une stature qui se révèle très avantageuse dans un module aussi confiné que Vostok) et son sourire ravageur. C'est – il faut le reconnaître – un beau sourire, franc et généreux, sans rien d'artificiel. Revêtu de son casque de cosmonaute, sur lequel apparaissent clairement les quatre lettres CCCP, le visage souriant et emmitouflé de Gagarine se trouve explicitement magnifié par tous les signes d'une humanité très en avance sur son époque. Le sourire de Gagarine est manifestement l'incarnation d'une idéologie rayonnante, qui reconnaît en même temps tout ce qu'elle doit à l'humilité et la modestie. Gagarine est en effet un enfant du peuple, son père est charpentier, sa mère est laitière, la famille Gagarine vivait à Klouchino, une petite localité sans eau ni électricité située dans le nord-ouest de la Russie. En 1942, l'isba natale du petit Gagarine fut cruellement dévastée par l'invasion des soldats SS. Il avait seulement huit ans lorsque sa sœur et son frère aînés furent déportés dans un camp de travail forcé en Pologne. Youri survit tant bien que mal dans un abri de fortune. Évidemment une telle enfance ne s'oublie pas, et plus que tout autre récit ou anecdote, c'est le sourire du cosmonaute Gagarine qui en porte le meilleur témoignage : en lui se trouve réunis les forces vives de la Nation et les puissances montantes de la modernité. En 1961, Gagarine est le porte-drapeau idéal. Nous sommes loin des stars attitrées d'Hollywood. Nulle arrogance ne transparaît. Avec Gagarine, le monde communiste ne risque pas d'afficher les archétypes pitoyables d'une société consumériste poussée, malgré elle, à toujours vouloir en faire trop et à « en mettre plein la vue ». Dans la conquête de l'espace, les soviétiques sont largement en avance sur leurs rivaux capitalistes. Non seulement les scientifiques russes ont très rapidement rattrapé leur retard dans leur capacité de destruction atomique, mais surtout, ils ont lancé le premier ''Spoutnik'' en 1957 et démarré leur programme d'exploration de la Lune dès 1959. A travers le sourire du cosmonaute Gagarine, affiché à la une de tous les journaux et de toutes les manchettes du monde entier, les soviétiques démontrent qu'ils sont également largement en avance sur le plan éthique et politique. Promu au grade de Major, Gagarine est célébré sur la place rouge par Khrouchtchev et Brejnev. Il est officiellement chargé de la direction de l'entraînement des cosmonautes, mais on attend d'abord de lui un rôle d'ambassadeur.

Le camarade Gagarine est donc censé apporter la preuve, dans le monde entier, que l'Union Soviétique est le véritable et unique héraut de la modernité et qu'elle peut légitimement prétendre accomplir le sens de l'histoire. Les voyages s'enchaînent : Afghanistan, Brésil, Canada, Ceylan, Cuba, Tchécoslovaquie, Inde, Finlande, Royaume-Unis. Gagarine visitera également le salon du Bourget, en 1965, les usines de construction du Concorde retenant moteurs pourrait l'envoyer vers voyage sans retour. C'est pourquoi les ingénieurs qui ont préparé le voyage de Gagarine retiennent leur souffle, chaque parole prononcée par Gagarine depuis son module spatial est scrutée, analysée, disséquée. A cette occasion, Gagarine décrit l'émotion profonde qu'il ressent dans la contemplation de la beauté de la Terre, il exprime également son étonnement en prenant conscience du caractère ténu et fragile de l'atmosphère. Mais dès que Gagarine se tait, chaque seconde de silence est diffusée, interprétée et amplifiée. Contrairement au récit idyllique qui sera élaboré par l'agence *Tass*, la rentrée atmosphérique se passe mal, les rétrofusées ne fonctionnent pas comme prévu, le vaisseau tourne sur son axe au moment où Gagarine survole l'Afrique, l'écran thermique qui doit protéger le vaisseau est mal orienté, Gagarine réussit à s'éjecter in extremis mais son parachute de secours s'ouvre lui aussi de façon anormale et périlleuse. Gagarine, qui doit sa survie à son calme légendaire, parvient finalement et miraculeusement à se poser indemne. Quelques années après, il en rendra compte dans les termes suivants : « Tout tournait. Je voyais d'abord l'Afrique, puis l'horizon, puis le ciel. J'avais à peine le temps de protéger mes yeux des rayons du soleil. J'ai mis mes jambes de manière à couvrir le hublot sans avoir à fermer les stores [...] le vaisseau spatial était entouré de flammes, [...] j'étais un nuage de feu qui fonçait vers la Terre. »

Apprenant la nouvelle à la radio, mais sans être informé des infortunes du voyage, la mère de Youri ne cesse de répéter : « Mais qu'est-ce qu'il a fait ? » ; « Où est-il allé ? ! » Par une métaphore sans surprise, la mère de Gagarine a compris que son fils a peut-être esquissé un défi impossible. ''*Où est-il allé ? !*'' : l'espace n'a pas de localisation. L'espace ce n'est pas le ciel, l'espace n'a pas de dieux ou de maîtres, c'est le lieu le plus retiré, le plus « abstrait ». Gagarine est allé dans une étendue lointaine et « abstraite », terme qu'il faut entendre dans toute sa polysémie. *Il a atteint l'état d'apesanteur.*

Pour accomplir cet exploit, trois mille candidats s'étaient initialement portés volontaires. L'URSS, à l'instar de son grand rival américain, dispose d'une réserve inépuisable d'hommes qualifiés et courageux. Une première présélection suivie d'un entretien ramène rapidement ce chiffre à deux cent. Le choix crucial se joue finalement entre Titov et Gagarine. On consulte, comme il se doit, Nikita Khrouchtchev, mais le dirigeant de l'empire communiste se déclare lui-même incapable de trancher. Les deux rescapés – Titov et Gagarine– ont un très haut potentiel intellectuel, ils maîtrisent parfaitement la mécanique céleste ; Titov semble plus à l'aise dans les interactions verbales, Gagarine, quant à lui, est le candidat préféré de tous les cosmonautes. En fait, Gagarine dispose de deux autres atouts majeurs : sa petite taille (il ne mesure

alors toute son attention. Il refait plusieurs fois le tour de la Terre, beaucoup plus lentement, et confirme son statut d'icône mondiale. *Le cosmonaute soviétique est devenu citoyen cosmopolitique.*

Cette deuxième étape de l'existence de Gagarine se révèle beaucoup plus difficile à maîtriser, il devient vite manifeste que les américains n'ont pas le monopole du grotesque et de l'hédonisme : Gagarine se livre régulièrement à des excès d'alcool et porte un regard plus que complaisant à ses nombreuses admiratrices[112]. Jusqu'à sa mort tragique et prématurée, en 1968, provoquée par un accident durant une séance d'entraînement dans un MIG15 UTI, Gagarine ne pourra plus se défaire de ses habitudes éthyliques et de son penchant exagéré pour les femmes. Gagarine était resté moins de deux heures dans l'espace, le temps d'effectuer une révolution. Est-ce l'état d'*apesanteur* lui-même, malgré sa brièveté, est-ce la célébrité durable qui a suivi ? Toujours est-il que Gagarine connaît à son retour un état d'exaltation et de consumation cette fois sans retour. En accédant à l'état d'*apesanteur*, tout cosmonaute, aussi vertueux et qualifié qu'il soit, n'expérimente-t-il pas quelque chose de trop grand pour lui ?

Pour s'en rendre compte il faut justement aller dans l'espace. Vue depuis l'espace, la Terre ne présente plus aucune frontière étatique. Les seules frontières visibles sont les barrières naturelles – océans, mers, fleuves, montagnes, plateaux, déserts... – il devient impossible de lui assigner un quelconque découpage idéologique. Si la condition initiale de l'humanité fut, au tout début de son histoire, le nomadisme, on ne peut que s'inquiéter du destin que la technique confère aujourd'hui à l'homme moderne. L'homme ''réactif'', plein de pesanteur, ne semble pas du tout prêt à se détacher de toute forme d'appartenance religieuse et/ou idéologique. Il est trop habitué à vivre avec le poids de la morale judéo-chrétienne qui le leste en permanence. Quant aux idéologies politiques dominantes, c'est encore pire. Le communisme et le capitalisme prétendent chacune être dépositaire du sens de l'histoire, et prendre ainsi la place qui fut si longtemps occupé en Occident par Dieu. C'est exactement la crainte que formule Friedrich Nietzsche lorsqu'il évoque la mort de Dieu :

« Où est passé Dieu ? [...] Nous l'avons tué — vous et moi ! Nous sommes tous ses assassins ! Mais comment avons-nous fait cela ? Comment pûmes-nous boire la mer jusqu'à la dernière goutte ? *Qui nous donna l'éponge pour faire disparaître tout l'horizon ?* Que fîmes-nous en détachant cette terre de

---

[112] Ce comportement erratique le conduit à se jeter du balcon d'un immeuble (à cette occasion il se blesse sérieusement la tête) afin de ne pas se faire surprendre par sa femme qui ne manque pas cependant de constater qu'il se trouvait en charmante compagnie.

son soleil ? Où l'emporte sa course désormais ? [...] Est-il encore un haut et un bas ? N'errons-nous pas comme à travers un néant infini ? L'espace vide ne répand-il pas son souffle sur nous ? [...] La grandeur de cet acte n'est-elle pas trop grande pour nous ? [113] »

En 1961, l'idéologie soviétique prétend supplanter Dieu. Karl Marx n'était peut-être pas cosmonaute mais il était bel et bien athée... Il est intéressant de remarquer que parmi les nombreuses phrases prononcées depuis l'espace par Gagarine, la propagande a fait en sorte, non seulement que tout paraisse parfait, mais elle lui fait également dire de fausses paroles qu'il n'a jamais proférées ; notamment la phrase emblématique : « je ne vois aucun Dieu là-haut », a été vraisemblablement écrite par le Premier Secrétaire du Parti Communiste, Nikita Khrouchtchev. En apparence Gagarine incarne l'homme du futur, la figure d'une humanité émancipée. En réalité, Gagarine comme le Zarathoustra de Nietzsche, « vient trop tôt ». Tout est fait pour l'empêcher de léviter. Il s'agit de le retenir dans la sphère terrestre en l'assignant plus que jamais aux pouvoirs politiques du lieu. L'état d'apesanteur décrit normalement la situation dans lequel se trouve un corps lorsqu'il n'est plus soumis à des forces de gravitation et/ou d'accélération. Dans le cas d'un être humain, cette suppression de la force de gravité ne peut plus être mesurée tant que l'observateur demeure dans son propre système de référence. *Nous proposons d'appeler ''apesanteur'' l'état de liberté totale et radicale qui correspond au mouvement de sortie en dehors du quadriparti que constitue la Terre, le ciel, les mortels et les dieux. Être en ''apesanteur'' c'est accéder à l'espace, c'est échapper à l'appartenance au lieu.* C'est donc retrouver la légèreté de l'enfant, être capable de s'élever « par-delà le bien et le mal », au-delà des masses, au-delà de toute idéologie, au-delà de toute morale grégaire. Contrairement à ce que voudrait nous faire croire l'Union Soviétique, Gagarine est, à n'en pas douter, plus nietzschéen que marxiste. En accédant à l'espace, Youri Gagarine découvre la véritable liberté.

[113] F. Nietzsche, *Le Gai Savoir*, aphorisme 125. Trad. A. Vialatte. Ed. Idées Gallimard, 1950.

H comme Hypérion

« Les voyageurs imaginaires dans les terres du ciel
y ont toujours transporté leurs idées terrestres ». Camille Flammarion

Si on voulait se risquer à explorer tous les motifs qui traversent de part en part la désignation complexe qui se cache derrière cette dénomination grecque "Ὑπερίων"(Hypérion), « celui qui est au-dessus », il faudrait normalement prendre le temps de parcourir trois grands registres. Le premier registre se situe évidemment dans la mythologie. Selon Hésiode, Hypérion est un des nombreux Titans engendrés par les divinités primordiales qui portent les noms du Ciel (Ouranos) et de la Terre (Gaïa). Son statut est quasiment transcendantal. Tandis que la tradition développée par Evhémère le considère à l'origine comme un des nombreux mortels qui furent légitimement sacralisés après leur mort, la poésie homérique l'assimile au Soleil lui-même. Hypérion symbolise plus précisément le Soleil qui passe au zénith. D'une manière ou d'une autre Hypérion fait partie des grandes figures symboliques de la pensée grecque. Le deuxième registre est celui de la science moderne : « Hypérion » est l'appellation qui a été donnée à un des nombreux satellites de Saturne. Cette petite lune pourrait presque passer inaperçue, si elle ne se démarquait de toutes les autres par la variation chaotique de son axe de rotation, rendant aléatoire toute tentative permettant de définir son orientation dans l'espace. Enfin, dans le troisième registre, celui de la littérature de science-fiction, *Hypérion* et *la Chute d'Hypérion* sont les titres de deux ouvrages célèbres écrits par un auteur américain : Dan Simmons.

L'histoire se déroule au XXVIIIème siècle. La Terre a été entièrement détruite suite à une grave erreur commise lors d'une expérimentation sur la création d'un trou noir, mais l'humanité rescapée a essaimé dans de nombreux systèmes planétaires[114]. Parmi eux, un groupe transhumaniste, les *« extros »*, s'est définitivement séparé de l'espèce humaine, tant sur le plan physiologique que sur le plan culturel. Les « extros » ont fondé une nouvelle civilisation qui

---

[114] La destruction de la Terre est surnommée dans le livre "grande erreur de 38"

est entrée en concurrence avec « l'Hégémonie », une confédération interstellaire qui réunit une multitude de mondes humains, dirigée depuis la grande planète administrative *Tau Ceti Central,* par la redoutable chef d'Etat Meina Gladstone. « L'Hégémonie » bénéficie du soutien ambigu des *Intelligences Artificielles* et de leurs réseaux de transport ultra sophistiqués. Mais l'intérêt majeur du livre est ailleurs.

Les principaux protagonistes du livre de Simmons sont incarnés par sept personnages : Lénar Hoyt, Fedmah Kassad, Martin Silenius, Sol Weintraub, Het Masteen, Brawne Lamia et le ''*Consul*'', tous pèlerins en route vers la planète *Hypérion,* où ils sont amenés, pour des raisons différentes, à rencontrer une entité surpuissante appelée « Gritche » – en anglais « Shrike », terme homonymique d'un oiseau bien connu, la pie-grièche, qui a la fâcheuse habitude d'empaler ses proies sur des épines. Faisant route ensemble à bord d'un vaisseau spatial, chacun est amené, après tirage au sort et à tour de rôle, à exposer les motifs qui l'amènent à faire, ou à refaire, ce voyage extrêmement périlleux. Sur la planète *Hypérion*, des artefacts étranges, vraisemblablement venus du futur, les mystérieux ''*Tombeaux du Temps*'' semblent être sur le point d'entrer en résonance avec le présent. Plusieurs légendes racontent que ces tombeaux sont susceptibles d'abriter le ''*Gritche* ''. Ces légendes racontent également que parmi les sept pèlerins qui viendront à la rencontre du ''*Gritche*'', un seul survivra et sera « l'élu ». La planète *Hypérion* devient pour toutes ces raisons un enjeu stratégique convoité à la fois par l'*Hégémonie* et la civilisation des « extros ».

Hypérion et *La Chute d'Hypérion* forment un ensemble indissociable pour lequel l'auteur donne, à l'intérieur de son propre récit, une forme poétique très aboutie : *Les Cantos d'Hypérion.* Simmons réunit ainsi dans la même œuvre les trois grands registres de « celui qui est au-dessus » et lui donne la forme d'un « space opera » où se mêlent avec brio le mythe et la poésie, la science, la littérature, mais aussi la philosophie. Sans jamais céder à la surcharge du sens, *Les Cantos d'Hypérion* se distinguent en effet, avec élégance, par un imaginaire original et foisonnant.

Les récits exposés par les sept pèlerins sont singuliers et bouleversants. En faisant alterner à tour de rôle des personnalités fortes, qui incarnent des segments très spécifiques d'un univers multiple, irréductible à une vision d'ensemble, Dan Simmons se livre à un exercice de style qui consiste, pour chaque narrateur, à adopter un type d'écriture différent, correspondant à de légères variations inspirées des différences existant entre les grands genres narratifs de la science-fiction : *space opera , hard science , cyber punk*, etc.

Ces modes narratifs trouvent malgré tout un point de convergence. Les pèlerins sont tous conduits, d'une manière ou d'une autre, à opérer en eux une conversion ou du moins un déplacement vers une dimension métaphysique, au-delà de leur propre discours, au-delà aussi de l'univers considéré en tant qu'objet tangible. Ils nous invitent à suivre et à analyser tous les méandres qui accompagnent ce déplacement, cette mutation qui s'opère irrémédiablement en eux : *Hypérion* et le ''*Gritche* '' sont manifestement pour chacun le *point de fuite*[115] où s'établit une étrange *considération*[116].

Les constellations sémantiques et conceptuelles présentent dans les deux mille pages qui constituent l'œuvre monumentale de Simmons se répartissent très largement dans l'ensemble des figures imaginaires inventées dans les *Cantos d'Hypérion.* Parmi toutes ces figures, les ''*extros*'' notamment, ont défini une nouvelle cosmologie ouverte sur le grand ailleurs. Ils inaugurent l'entrée dans une ontologie qui a ses catégories spécifiques et sa propre plénitude, s'exprimant dans des principes existentiels qui ne manquent pas de susciter l'étrangeté et l'admiration. Ces principes consistent à adapter les ''*extros*'', aussi bien que possible, à un environnement qui s'ouvre en permanence devant eux, et dont la complexité demeure résolument insondable. Les ''*extros*'' expriment de manière exemplaire l'état de liberté totale qui correspond au mouvement de sortie en dehors du quadriparti que constitue la Terre, le ciel, les mortels et les dieux. Ils font signe vers un état superlatif d'adaptation à l'espace. Être en *apesanteur* c'est, conformément à ce que nous avons établi, échapper à l'appartenance au lieu[117].

« L'Hégémonie » correspond au contraire à un empire aux aspects plus totalitaires que démocratiques. Cet empire est élaboré patiemment par une humanité qui tente de se reterritorialiser après avoir vu sa planète natale, la Terre, totalement anéantie. Cette humanité reterritorialisée bénéficie d'un réseau technologique de transport et de communication qui se trouve généré par *les Intelligences Artificielles.* Celles-ci poursuivent secrètement le projet de constituer une « Intelligence Ultime ». Un tel projet correspond au motif que nous proposons d'appeler ''*fin du monde*'', c'est à dire à la tentative de définir un principe supérieur au monde lui-même, rendant possible sa totalisation[118]. En d'autres termes, un monde faussement rassurant mais sans événements, entièrement prédictible.

---

[115] Cf. I comme infini

[116] Notre concept de « considération » est défini dans O comme Observation

[117] Cf. G comme Gagarine

[118] Cf. D comme sphère de Dyson

Enfin, comment ne pas voir à quel point toute forme de communication avec le ''*Gritche*'' prend la forme d'un désastre. Au déphasage du temps, généré sur *Hypérion* par les monolithes appelés « Tombeaux du Temps », correspond un déphasage du sens. Par une métaphore ici encore sans surprise – celle de «l'arbre de la douleur » sur lequel le ''*Gritche*'' épingle ses victimes – la présence du ''*Gritche*'' implique la souffrance infinie et l'expiation impossible.

L'univers est un espace de projections permanentes. D'une certaine façon il est rassurant de constater que l'*homo sapiens* demeure, du début jusqu'au terme projeté de son histoire, une espèce qui invente d'innombrables dérivations symboliques. De telles dérivations permettent aux humains de se repérer principalement à l'aide d'entités imaginaires. La question de l'existence du mal se présente pour l'humanité comme un horizon indépassable, accentuant malheureusement le caractère *indécidable* de toute tentative permettant d'anticiper son destin et de définir la signification de sa présence dans l'univers[119].

[119] Cf. A comme Abduction

I comme Infini

« La liberté mène à l'infini, et l'infini à l'effroi. [120] »

Henry Miller.

Parmi les premières tentatives, historiquement situables, permettant de fonder une cosmologie sur des bases qui ne soient pas exclusivement mythologiques, celles des Mésopotamiens remontent au moins à 2000 ans AV.J.C. D'après les conceptions proposées généralement par les peuples antiques qui vécurent autour et à l'intérieur du Croissant Fertile, la Terre est le centre de l'univers et les autres astres se déplacent autour d'elle. L'idée même d'assigner un centre à l'univers exclut normalement toute possibilité d'envisager un espace infini. L'infini, dira plus tard Nicolas de Cues, est une image de Dieu que l'on peut se représenter comme une sphère « interminée », dont « le centre est partout et la circonférence nulle part. [121] » Un monde infini est déroutant, il n'a ni centre ni périphérie. Un monde fini est au contraire un monde dont on pense a priori pouvoir rendre raison de façon plus simple et plus évidente. C'est oublier le fait que, dans tout espace fini, une limite ne peut être que relative. Une limite relative unit et sépare en même temps, comme c'est le cas, par exemple, pour la bordure d'un champ. Mais si le monde est fini, cela impliquerait l'existence paradoxale d'une limite absolue[122].

A partir du VIIème siècle AV.-JC., la propension des hommes à vouloir délimiter et rendre raison s'est exprimée de manière diffuse dans un grand nombre d'acquisitions politiques, artistiques, scientifiques et philosophiques effectuées notamment par les anciens Grecs. C'est quasiment un fil conducteur

---

[120] H. Miller, *La Crucifixion en Rose. Sexus* Trad. G. Belmont. Ed. Buchet Castel 1968..

[121] Nicolas de Cues, *La Docte Ignorance,* 1440, cité par A. Koyré *Du Monde Clos à l'Univers infini.* Trad P. Tarr. Ed. Gallimard 1973,. On peut se référer également à la traduction de M. de Gandillac : « La machine du monde a pour ainsi dire son centre partout et sa circonférence nulle part ». *La Docte Ignorance,* Ed. Aubier-Montaigne, 1942

[122] Ce paradoxe est expliqué de façon très claire par J. Seidengart : « ... dès que l'on s'élève de l'idée de limite relative pour former celle de limite *ultime ou absolue* (de l'espace, par exemple), on ne peut manquer de sombrer dans l'impensabilité ou l'absurdité d'une limite *ultime.* Plus on y réfléchit, plus il apparaît que le plus incompréhensible n'est pas du côté de l'infini, mais plus du côté de la limite, du fini. » *Dieu, L'Univers et la Sphère Infinie*, Ed. Albin Michel, 2006.

qui parcourt toute la période du *miracle grec* : le soin méticuleux, méthodique, accordé à la mesure, mais aussi l'attention portée à la pondération rationnelle imprègnent toutes les grandes réalisations de la politique, de l'art, de la philosophie et de la science des anciens Grecs. Les recherches géométriques menées par Thalès, les pythagoriciens, plus tard par Archimède, Ératosthène et Euclide, cherchent les lois permettant de délimiter l'espace. La sculpture grecque, dont la figure emblématique demeure Praxitèle, se caractérise par la volonté de circonscrire les lignes du corps. Les dieux qui constituent le panthéon sont eux-mêmes l'incarnation de figures humaines individuées. L'architecture des temples, dans lequel les dieux sont invités à séjourner, semble obéir également à cette loi générale : « l'architecture classique, *explique Hegel,* où les colonnes et les jambages supportant les poutres donnent la forme fondamentale, font du rectangle et par conséquent de la portée, l'essentiel. De mouvement ascendant ou de terminaison en pointe il n'est pas question ici, mais de repos et de portée[123]. » Au sein de la πόλις (polis), la cité grecque, la démocratie tente pour sa part de délimiter l'égalité des droits et l'échange de la parole, revendiqués par chaque citoyen. La philosophie, tout particulièrement chez Socrate et Platon, cherche à définir le sens des concepts afin de mettre un terme à l'errance du discours sophistique. Elle se traduit également chez Aristote, Epicure et Epictète, par une éthique de la modération, de la prudence et de la tempérance. Dénoncer l'aveuglement des passions ne suffit pas, il faut conjurer l'attrait du désir. L'homme emporté par ses désirs est condamné à remplir le tonneau des Danaïdes. *L'hubris* (ὕβρις), la démesure telle qu'elle se révèle dans l'abîme tragique, exprime sourdement la vérité grimaçante de Dionysos, dieu de l'orgie et de l'ivresse, de la perte (du soi) et de l'indistinction.

Ce primat donné au fini ne signifie pas que les anciens Grecs auraient systématiquement évacué toute réflexion sur l'infini, bien au contraire. Bien qu'il se présente sous une forme négative, le terme ἄπειρον (apeïron), utilisé par Anaximandre de Milet, évoque l'idée d'une substance sans fin, absolument indéterminée. L'*apeïron* grec préfigure à bien égards l'*in-finitum* latin. L'un et l'autre sont des privatifs. Ensemble, ils font signe vers l'idée d'une absence de limite, transcendant toute finalité assignable. S'opposant sur ce point à Aristote, Epicure évoque, au paragraphe 41 de sa *Lettre à Hérodote*, la cohérence même d'un espace infini en acte. Considérer l'ensemble de la pensée grecque comme étant arraisonné dans un flux de représentations finies

---

123 G.W. Hegel, *Esthétique*, XIII, 3ème partie, 1ère section. Trad. S. Jankélévitch. Ed. Flammarion, , 1979.

serait un grave contre-sens. De surcroît, si le finitisme de la pensée grecque constitue malgré tout le point focal de nombreux modèles astronomiques conçus dès le VIIème siècle AV-JC, il s'applique uniquement à l'espace, sans inclure aucune dimension temporelle. Le κόσμος (cosmos) est conçu, certes, comme un ensemble fini, en équilibre et en harmonie, mais il demeure généralement pensé comme éternel. Le monde des anciens Grecs est traversé par une rationalité immanente. Il incarne un ordre divin, d'autant plus parfait qu'il est à la fois spatialement délimité et temporellement anhistorique. Lorsque Claude Ptolémée, au deuxième siècle AP.J-C., fit sa propre synthèse des connaissances astronomiques établies par les génies de la science grecque, notamment la théorie des épicycles présentée par Hipparque de Nicée et Apollonios de Pergè, il conserva un cadre géocentrique, à l'époque bien établi. Pourtant, vers 270 AV.J.-C., soit à peu près dix-huit siècles avant la naissance de Nicolas Copernic, Aristarque de Samos proposa de fonder une cosmologie inspirée par des pythagoriciens, tel que Philolaos de Crotone, sur un *modèle héliocentrique*[124]. Cette conception révolutionnaire, dont nous n'avons qu'un témoignage indirect, ne fut guère commentée par ses contemporains. Ptolémée lui-même, s'il en a eu connaissance, n'y prête aucune attention. Pourquoi? Non pas en raison de conceptions religieuses ni même en raison de tel ou tel apriori métaphysique, comme on pourrait le penser d'une façon péremptoire. Ni les anciens Grecs, ni les scientifiques grecs de la génération de Ptolémée, n'étaient sous l'influence de la Bible et, d'une manière ou d'une autre, il ne s'agissait pas, pour d'illustres savants tels que Platon, Eudoxe, Aristote ou Hipparque, de croire ou de ne pas croire tel ou tel texte sacré, ni davantage de s'empresser de valider ou d'invalider tel ou tel présupposé métaphysique, mais avant toute chose d'observer et de raisonner.

Nous savons que la majorité des philosophes grecs, à l'exception de certains pythagoriciens et vraisemblablement de la plupart des philosophes matérialistes et atomistes, ont adopté un modèle géocentrique. Nous savons aussi que le motif de la θεωρία (théoria) constitue, depuis Thalès jusqu'à Plotin, un motif insistant de la pensée grecque. Il est convenu de dire que les anciens Grecs avaient un esprit contemplatif. Mais savons-nous vraiment ce que signifie ''contempler'' ? Contempler présuppose cette capacité d'étonnement permettant d'établir une *connexion.* Cette opération nécessite l'instauration d'un cadre (en l'occurrence le ciel et la Terre, les mortels et les immortels[125]) ainsi que l'établissement d'un point d'ancrage (l'est et l'ouest, le nord et le sud). Point d'ancrage et cadre rendent possible l'ouverture d'une

124 Philolaos cependant excluait toute possibilité d'établir une rotation axiale de la Terre.

125 Cf. G comme Gagarine

fenêtre à partir de laquelle il est permis d'observer et d'expérimenter. Dans le contexte de la langue grecque, il n'y a donc pas lieu d'opposer, comme nous avons tendance à le faire depuis le début de l'époque moderne, la théorie et l'expérience. Le mot grec θεωρία renvoie à la même origine sémantique d'où découle le « *théâtre* ». Le motif de la contemplation fait originellement référence à un « spectacle » qui se donne principalement à la vue et qui suscite la considération. Or il se trouve que, quel que soit son point d'ancrage, toute personne observant régulièrement les étoiles, sous quelque latitude que ce soit, constate que *les constellations ne se déforment pas au cours de l'année.* Toutes les étoiles demeurent rigoureusement dans la même configuration, c'est-à-dire, justement, dans le même cadre. La logique nous conduit alors à déduire que l'univers est fini et que la Terre occupe son centre. En effet, une Terre en révolution autour du Soleil doit normalement engendrer, pour tout observateur terrestre, une modification dans les angles d'observation des astres et donc, une légère déformation, sensible dès lors que l'observation se prolonge pendant plusieurs mois, dans les positions respectives des étoiles. Cette déformation existe, elle correspond à un effet de parallaxe, mais étant donné que l'échelle de distances qui nous séparent de la position des étoiles est beaucoup plus grande que celle qui correspond au diamètre de l'orbite de révolution de la Terre, l'effet de parallaxe ne peut absolument pas être mesuré à l'œil nu. La détermination des positions stellaires effectuées par les Anciens se limitait à un degré de précision situé aux alentours de 10' d'arc. Nous savons aujourd'hui que la mesure de la parallaxe observée pour le mouvement du système stellaire le plus proche du Soleil (le système triple alpha du Centaure) équivaut à 0,75' d'arc seulement. Sans lunette ni télescope, il est très difficile de descendre en dessous d'une appréciation équivalente à 1' d'arc. Si Aristote avait fort justement établi la sphéricité de la Terre, une sphéricité dont le diamètre sera admirablement approché par Eratosthène, il n'y a pas lieu de s'étonner que le Stagirite lui-même interprétait l'ensemble de ses observations astronomiques en prenant pour point de départ l'hypothèse d'un monde fini. En -270 AV-J.C., l'héliocentrisme révolutionnaire d'Aristarque de Samos n'était pas compatible avec le paradigme dominant chez les grecs, c'est-à-dire avec l'idée du *cosmos*, cette « belle totalité » éternelle et immanente : « en effet, explique *Aristote*, ce qui peut être en acte est la mesure de ce qui peut être en puissance ; ainsi, puisqu'il n'y a pas de grandeur sensible qui soit infinie, il ne peut y avoir de grandeur qui dépasse toute grandeur déterminée, car ce serait une chose plus grande que le ciel[126]. » Le caractère pleinement achevé d'un tel monde implique que les distances ne

[126] Aristote, *Physique*, livre 3, §7, Editions *Les Belles Lettres*, trad. H. Carteron.

se perdent pas dans *l'hubris* – la démesure – qui est la marque de l'infini.

En 1543 Nicolas Copernic publie son *De Revolutionibus Orbium Coelestium* (« *Sur les révolutions des sphères célestes* »). Dans cet ouvrage célèbre, l'astronome et chanoine polonais réactualise l'idée d'Aristarque en proposant – mais uniquement à titre d'hypothèse – un système dans lequel le Soleil occupe une position centrale, autour de laquelle les planètes décrivent des orbites circulaires. Copernic feint de ne pas décrire directement la réalité. Prudent, il se méfie à juste titre de l'Inquisition. L'adoption de cette conjecture héliocentrique est présentée par Copernic comme possédant une très grande valeur heuristique, ne serait-ce que par le fait qu'elle permet d'expliquer plus simplement les boucles rétrogrades des planètes extérieures telles que Mars ou Jupiter. Au début du XVIIème siècle, Descartes et Galilée – et autour d'eux la plupart des grands savants – adoptèrent le point de vue copernicien. Johannes Kepler, dont le travail s'appuya sur les observations méticuleuses de Tycho Brahe, établit le fait que les trajectoires planétaires ne correspondent pas à des cercles mais à des ellipses. Galilée, de son côté, fut le premier à pointer une lunette sur le ciel étoilé, ce qui lui permit de découvrir le relief lunaire, les phases de Vénus, les taches solaires, les quatre principaux satellites de Jupiter ; mais aussi, il ne faut pas l'oublier, d'innombrables étoiles invisibles à l'œil nu. Les observations des différentes phases de Vénus, en relation avec une variation du diamètre apparent de la planète, confirmaient admirablement l'hypothèse de Copernic. Cependant Galilée fut obligé de se rétracter devant le tribunal de l'Inquisition : n'était-il pas expliqué, dans les *Écritures*, que Dieu avait placé la Terre au centre de l'Univers ? Le géocentrisme fut ainsi artificiellement conforté jusqu'au milieu du XVIIème siècle, à la fois par des conceptions théologiques qui découlaient de l'interprétation traditionnelle de la Bible et par des conceptions paradigmatiques qui venaient des anciens Grecs.

Un paradigme est un cadre conceptuel et interprétatif, permettant d'unifier un champ de connaissances et de modélisations. L'histoire des sciences nous apprend que les plus grandes découvertes scientifiques entraînent, tôt ou tard, dans tel ou tel domaine, des changements de paradigmes. A un moment donné, si la science veut réellement progresser, il ne lui suffit pas d'accumuler des observations ni d'affiner ses mesures : il lui faut changer tout son cadre conceptuel. Comme nous aurons l'occasion de le vérifier dans cet abécédaire[127], il est très facile d'entrer dans un paradigme, mais il est beaucoup

[127] Cf. X comme planète X

plus difficile d'en sortir. On sait qu'en 1600, Giordano Bruno avait été brûlé vif pour des motifs fallacieux. Mais surtout, à cette époque, les représentants de l'Inquisition n'étaient guère enclins à admettre la pertinence du *principe de plénitude*[128] : « Je jugeai chose indigne de la bonté et de la puissance divine, *se défend Bruno*, si elle pouvait produire un autre monde et encore un autre et une infinité d'autres, qu'elle n'ait produit qu'un seul monde fini[129]. » Giordano Bruno défendait explicitement et fermement la conception d'un monde infini. Si, par définition, l'infini englobe tout, affirmer l'infinité de l'univers n'est-ce pas remettre en cause l'infinité de Dieu lui-même ? Lorsque Kepler découvrit que les planètes se déplacent selon trois lois empiriques, sur des orbites elliptiques et à des vitesses variables, le géocentrisme ne pouvait plus s'offrir le luxe, comme il l'avait fait depuis l'Antiquité, de pouvoir ''sauver les apparences'', c'est à dire de faire coïncider coûte que coûte les observations avec la théorie géocentrique dominante. Le système des épicycles, qui permettait autrefois de rendre compte des boucles rétrogrades des planètes extérieures, s'accommodait fort mal de trajectoires elliptiques[130]. Le paradigme géocentrique était en passe de s'écrouler et avec lui, le privilège, hérité de la pensée grecque, du mouvement circulaire, ainsi que la conception d'un monde fini. Comme le résume parfaitement Alexandre Koyré, le « monde clos » cédait enfin sa place à « l'univers infini[131] ».

Quelques décennies plus tard, Isaac Newton justifia les lois de Kepler en montrant que les trajectoires planétaires pouvaient être déduites des règles générales sur le mouvement inertiel et la gravitation. Au XIXème siècle, l'utilisation de la photométrie rendit possible une exploration beaucoup plus profonde de toutes les régions du ciel. L'astronome Charles Messier établit un catalogue regroupant une centaine d'objets nébuleux. Les spectres des étoiles vont eux-mêmes être répertoriés de manière systématique, tout au long du XXème siècle. Les progrès de la physique, notamment de la physique einsteinienne et de la physique quantique, permettent désormais d'expliquer le fonctionnement des étoiles. C'est la naissance de l'astrophysique. Depuis le début de cette période, jusqu'à aujourd'hui, le rythme des découvertes s'est considérablement accéléré. Désormais, d'innombrables galaxies, mais aussi des exoplanètes, sont étudiées chaque année par le biais de méthodes et avec des moyens techniques qui semblaient tout à fait hors de portée il y a à peine

[128] Nous empruntons cette expression à A. O. Lovejoy. Cf. *The Great Chain of Being*, 1936 (texte réédité en 1964 aux Editions Harvard university Press.)
[129] Cf. Le Procès, troisième Constitut du 2 juin 1592, Documents I, Paris, 2000.
[130] Ce problème est analysé en détail dans M comme Mars
[131] A. Koyré *Ibid.*

quelques décennies. La théorie de la relativité générale a permis de réinterpréter la loi de la gravitation : là où Isaac Newton concevait l'effet d'une *force* (elle est proportionnelle à la masse des objets en présence et inversement proportionnelle au carré des distances), Albert Einstein découvre un effet de *déformation de la géométrie de l'espace-temps.* Contrairement à ce que pensait Newton et la plupart de ses prédécesseurs, l'espace n'a pas de définition que l'on puisse fixer dans l'absolu. L'espace n'est pas un cadre a priori rendant possible la manifestation de la matière. L'espace n'a pas forcément trois dimensions et sa géométrie n'est pas nécessairement euclidienne[132]. Au niveau cosmologique, si on accepte l'hypothèse de travail selon laquelle l'univers représente désormais un ordre légal de coappartenance, définir la structure géométrique de l'espace revient en fait à déterminer la densité moyenne de matière par cm^3. Cette évaluation subtile doit tenir compte de la dimension de l'univers observable, qui dépend elle-même de la constante de Hubble[133] permettant de définir le taux d'expansion actuel. Tous ces calculs offrent la possibilité de donner une mesure approximative à la masse volumique[134] et à la vitesse de libération[135] de l'univers lui-même. L'univers observable, tel que nous le connaissons aujourd'hui, semble constitué partout des mêmes éléments et il semble régi partout par les mêmes lois – interactions nucléaires fortes et faibles, force électromagnétique et force de gravité, etc. – que celles qui sont en vigueur dans nos laboratoires. A ces forces aujourd'hui bien identifiées, il faut ajouter la constante cosmologique[136] et le facteur de décélération, lié à la gravité. Ces deux paramètres résument le combat entre l'expansion, qui dilate l'Univers, et la matière qui, par sa gravité, tend à ralentir ce mouvement. Si la matière est présente en quantité suffisante, au-delà d'une certaine densité critique, elle prendra le pas sur l'expansion, et le continuum spatio-temporel verra son expansion s'arrêter, puis amorcer un mouvement inverse de contraction vers une grande implosion : un « Big Crunch ». Cette hypothèse implique une situation dans laquelle la topologie de l'univers ressemble à une sphère ou à un ellipsoïde. De telles structures géométriques ont pour caractéristique principale de ne pas posséder de point de fuite à l'infini[137].

---

[132] Cf. X comme planète X

[133] Cf. B comme Big Bang

[134] La masse volumique est une grandeur physique définissant la masse par unité de volume. Cette notion ne doit pas être confondue avec la densité. Cf. T comme Trou noir.

[135] Vitesse nécessaire pour s'échapper de l'attraction gravitationnelle d'un corps.

[136] La constante cosmologique peut être rapportée, pour simplifier, à l'énergie noire.

[137] Cf. M. Salamon "*Infini, entre mathématiques et philosophie*". Communication au Conseil Régional du Limousin. 2006

Faisons une expérience de pensée. Imaginons qu'un vaisseau spatial puisse se déplacer à une vitesse proche de la vitesse de la lumière. Un tel vaisseau pourrait théoriquement, alors même qu'il avance toujours tout droit dans la même direction, faire le « tour » de l'univers et – après plusieurs milliards d'années de voyage – revenir à son point de départ : la Terre. Cette option signifierait que nous vivons dans un univers fini, c'est à dire que nous évoluons dans un environnement où la densité de matière est suffisamment importante pour donner à l'espace une surface de courbure positive. L'espace serait fermé. Si au contraire, la densité de matière est relativement faible, l'expansion serait éternelle, l'espace serait ouvert (il aurait une surface de courbure négative), sa topologie ressemblerait à un hyperboloïde (similaire à la forme d'une selle de cheval) notre vaisseau spatial irait toujours tout droit vers l'infini et ne reviendrait jamais sur Terre. Cette deuxième option implique-t-elle pour autant que l'univers soit infini ? Restons prudent, disons que si la géométrie de l'univers est ouverte, alors la topologie de l'espace demeure « *interminée»*. Nos relevés actuels, bien que soumis à de nombreuses controverses, indiquent une troisième option, résultant d'un équilibre parfait des forces antagonistes d'attraction et de répulsion. L'espace aurait alors une surface de courbure égale à zéro.

L'infini n'a pas de limites, il n'a – faut-il le rappeler ? – ni centre, ni périphérie. Du point de vue logique et formel, l'infini peut être mathématiquement approché, comme c'est le cas dans le calcul infinitésimal, ou lorsque nous cherchons à déterminer la valeur exacte du nombre pi (premier nombre « irrationnel », dont il est impossible de rendre raison) ou bien, tout simplement, lorsque nous dénombrons la suite illimitée des nombres premiers. Mais toutes ces opérations nous conduisent à nouveau, selon l'expression consacré par Hegel, au « mauvais infini ». Elles consistent à saisir l'infini du point de vue du fini, traduisant derechef l'impuissance de notre entendement et de notre langage. Le théorème de Cantor – combiné à l'axiome de l'infini qui découle de la théorie des ensembles de Zermelo-Fraenkel – établit une hiérarchie infinie d'ensembles infinis. Si le « transfini » est descriptible en termes de cardinalité, une arithmétique de l'infini semble à portée de calcul. A moins que la « révolution cantorienne » ne nous reconduise, *indéfiniment,* à la même illusion transcendantale ? Evitons, là encore, toute conclusion précipitée.

Si l'infini excède le domaine de l'arithmétique, il trouve dans la métaphysique son domaine de prédilection. A défaut d'être calculé, l'infini peut-il être conceptualisé ? Selon R. Descartes, la liberté de notre volonté est

est qualifiée comme étant « infinie », c'est par elle que nous voyons la ressemblance qui nous lie à Dieu. Mais Dieu est le seul être infini en acte : « Par le nom de Dieu j'entends une substance infinie, éternelle, immuable, indépendante, toute connaissante, toute puissante, et par laquelle moi-même, et toutes les autres choses qui sont ont (s'il est vrai qu'il y en ait qui existent) été créées et produites[138]. » Dans la philosophie de Spinoza, comme dans celle de Descartes, l'infini est considéré comme un attribut essentiel de Dieu, avec cette nuance cependant que Dieu est la nature : *« Deus sive natura »*. Spinoza postule, en effet, l'impossibilité d'une substance finie ; l'essence constitutive de la substance ne saurait contenir aucune cause interne de limitation, elle implique nécessairement l'infini. « *Omni determinatio negatio est* » : « toute détermination est négation[139]. » Seul l'infini existe. Cette conception semble indiquer que l'infini peut être catégorisé et conceptualisé de manière positive.

D'une manière ou d'une autre, si la notion d'infini peut trouver un sens, opératoire et positif, dans le domaine des mathématiques et de la métaphysique, il n'en reste pas moins, comme en témoignaient déjà les écrits de Simplicius, que son introduction dans le domaine de la cosmologie a toujours conduit la pensée philosophique à devoir supporter une surcharge conceptuelle irrelevable :

« Si je me trouvais à la limite extrême du ciel, autrement dit sur la sphère des fixes, pourrais-je tendre au dehors la main ou un bâton, oui ou non ? Certes, il est absurde que je ne puisse pas le faire ; mais, si j'y parviens, cela implique l'existence d'un dehors, corps ou lieu ». *Un peu plus loin, Simplicius ajoute* : « On avancera donc sans cesse, de la même manière, vers la limite sans cesse atteinte, en posant la même question et, comme ce qu'atteindra le bâton sera sans cesse autre, il est clair que cet autre est aussi illimité[140]. »

Evidemment, les représentations cosmologiques contemporaines découlant de la révolution einsteinienne, notamment les concepts « d'espace ouvert » et « d'espace fermé », de « surface d'espace à courbure positive » ou « négative », permettent théoriquement de résoudre de telles apories. Pourtant, pour tout observateur scrutant l'horizon, l'infini demeure fondamentalement une expérience de l'*apparaître*[141]. L'infini *apparaît*, mais seulement pour celui

---

138 R. Descartes, *Méditations Métaphysiques*, troisième Médiation, Ed. Garnier Flammarion, 1979

139 « La figure donc n'est autre chose qu'une détermination, et toute détermination est négation, la figure ne peut être, comme je l'ai dit, autre chose qu'une négation » Spinoza, Lettre du 2 juin 1674, Ed. Gallimard, Bibliothèque de la Pléiade.

140 Simplicius, *Commentaire sur la Physique d'Aristote,* 467, 26. Trad. J-P Dumont.

141 Ce concept est défini explicitement dans O comme Observation

qui observe – avec prudence, discernement et humilité – *ce qui dans l'horizon, ne se laisse jamais vraiment délimiter.* Ce « point de fuite » (*Vanishing Point)* échappe à tout ordre instauré a priori par une quelconque intelligibilité, il ouvre toute pensée au-delà d'elle-même, *au-delà de l'essence* (*épékeina tès ousias*[142]*)*, la destitue de tout ce qui pourrait encore la ramener à soi. *Nous proposons d'appeler « point de fuite », toute expérience ouvrant la pensée sur une tentative de totalisation impossible du savoir. Le ''point de fuite'' conduit à une diffraction conceptuelle dans laquelle s'épuise le travail du sens : abîme que l'on ne saurait recouvrir et où le sens s'effondre sous sa propre charge, se constitue parfois comme une sorte de sujet dans cet effondrement même. Le ''point de fuite'' interpelle la fébrilité de toute pensée lorsque celle-ci se voit confrontée au dénuement des signes, à l'équivoque même du sens : toujours trop encombrant, jamais assez signifiant.* Le travail de la littérature n'est-il pas, précisément, d'approcher toujours davantage ce seuil où le sens bascule sur sa limite ? Toute expérience quelle qu'elle soit – de la vie, de l'amour, du bonheur, etc. – n'est-elle pas, toujours et encore, l'expérience en réalité la plus concrète qui nous soit donnée de vivre, à savoir l'expérience de la limite ?

« Devant ce dernier porche dont on ne revient pas lorsqu'on l'a franchi, la peur l'assaillit. S'aventurer plus loin, c'était se condamner à aller seul, à ne reposer que sur soi. L'objet de la discipline est de promouvoir la liberté. Mais *la liberté mène à l'infini, et l'infini à l'effroi.* Puis se leva la pensée réconfortante que l'on pouvait s'arrêter sur le bord [...] baigner les sens dans une odeur d'humanité. Devenir la perfection de l'humain, le diable incarné de la compassion, les gardiens du grand portail qui mène à l'au-delà, *à l'extrême limite de tout*[143]. »

En visant plus loin que l'horizon, peut-on exposer le sens autrement que comme la limite même de toute exposition et de toute expérience ? Dans la langue latine, le mot « experientia » se trouve dans le même champ sémantique que les verbes « experior » et « experiri ». « Experior » signifie connaître, découvrir, essayer, savoir, tenter. Le verbe « experiri » signifie démontrer, prouver et éprouver, traverser de part en part. On comprend, dès lors, que de nombreux philosophes ne puissent admettre la possibilité d'*expérimenter* l'infini. L'infini, expliquait Emmanuel Kant, n'est pas une réalité que l'entendement puisse connaître, mais seulement une idée que la raison peut penser[144]. En l'occurrence, les cadres conceptuels que l'humanité a élaborés,

---

[142] Cette thématique platonicienne est analysée également dans O comme Observation
[143] H. Miller, La Crucifixion en Rose. Ibid.
[144] E. Kant *Critique de la Raison Pure, «* Neuvième Section : De l'usage empirique du principe

depuis la révolution copernicienne et son entrée dans un Univers infini, ne représentent qu'une approximation grossière de la réalité. Ils n'expriment que des « relevés », non des « qualités ». « Les premiers, explique *Eddington*, ressemblent aux secondes comme un numéro de téléphone à un abonné[145]. » Selon Carlo Rovelli, « nous sommes en train de compter les grains d'espace dont le cosmos est formé. Un cosmos immense mais fini. La seule chose vraiment infinie, c'est notre ignorance[146]. »

Toute pensée qui prend l'infini comme horizon s'expose en définitive à sa propre déréliction. *Nous proposons d'appeler ''exposition'' toute pensée qui prend l'infini comme horizon de pensée. Toute pensée qui se voudrait absolue, quelle que soit sa nature – religieuse, philosophique, scientifique, littéraire et/ou poétique – et qui se risquerait de façon désastreuse à vouloir exposer l'absoluité de son exposition, s'expose encore à sa propre finitude.* C'est la raison pour laquelle la contemplation du ciel étoilé est toujours en même temps une expérience qui s'effectue sur la limite où se partagent physique et métaphysique, universalité et singularité, sens et non-sens, écriture et silence. En expérimentant ''l'apparaître infini du ciel étoilé'', la pensée se trouve obligatoirement portée à considérer ce qui l'excède. « L'homme : un être insuffisant avec pour horizon l'excessif[147]. » En abordant le thème de l'infini, l'*homo sapiens* explore le non-sens toujours possible de toute connaissance et de toute sagesse. Et, dans le meilleur des cas, l'infini expose sa pensée au dehors, la destitue de toute destination, la restitue à l'errance, à l'inachèvement de son propre devenir, où transparaît sa limite et son point de fuite.

---

régulateur de la raison pure par rapport à toutes les idées cosmologiques ». Ibid.

145 Cette image d'Arthur Eddington est citée par Hannah. Arendt, dans *Condition de l'Homme Moderne*. Trad. G. Fradier, Ed. Calmann-Lévy.

146 C. Rovelli, Par-delà le visible : la réalité du monde physique et la gravité quantique, Ed. Odile Jacob, 2015

147 M. Blanchot, *La Communauté Inavouable*, Ed. de Minuit 1983

J comme Jupiter

''πατὴρ ἀνδρῶν τε θεῶν τε''

(Zeus) « père des dieux et des hommes » Homère

Jupiter est la planète de tous les records. Que l'on considère sa masse, la vitesse des vents qui parcourent sa surface, son champ magnétique, la singularité et la beauté de ses satellites naturels, Jupiter est, dans le système solaire, le lieu où se déroulent des événements démesurés. En 1994, la force d'attraction gravitationnelle de la planète jovienne a attiré vers elle la comète Schoemaker-Lévy, avant de la briser en plusieurs morceaux qui sont chacun, alternativement, entrés en collision avec la planète. Les astronomes assistèrent, ébahis, à une série cataclysmique d'impacts, qui ont laissé des traces spectaculaires dans la haute atmosphère. On ne peut s'empêcher de penser que si cet événement avait eu lieu sur Terre, toute civilisation humaine aurait été totalement anéantie.

Heureusement de telles collisions sont environ 8000 fois plus fréquentes sur Jupiter que sur la Terre. En raison de sa masse hors norme, Jupiter joue, parmi les planètes, un rôle de bouclier et de fronde gravitationnelle. Elle attire vers elle un nombre considérable de comètes et d'astéroïdes se trouvant sur une orbite potentiellement menaçante, accélère leur vitesse et les éjecte finalement dans une tout autre direction. L'observation de la planète jovienne, à l'aide d'une petite lunette ou d'un modeste télescope amateur, génère quant à elle, un plaisir profond. Le ballet cyclique des lunes galiléennes procure en effet un sentiment apaisant. Zeus n'est-il pas le dieu qui assure la stabilité du Monde ?

La planète Jupiter n'étant pas une planète tellurique, sa surface est fixée arbitrairement à un niveau où la pression atteint la valeur d'une atmosphère. Compte tenu de ce repère, ce géant gazeux affiche un diamètre très impressionnant. Les mesures indiquent en effet un rayon de 71 400 km à l'équateur, soit environ 11 fois le rayon de la Terre. Sa densité moyenne est en revanche beaucoup plus faible que celle qui règne sur Terre. A peine 1,31 fois celle de l'eau[148]. Cela s'explique par le fait que Jupiter est, comme le Soleil, formée essentiellement d'hydrogène et d'hélium. Compte tenu de son diamètre, sa masse ne représente « que » 318 fois la masse de la Terre. Cette masse certes est énorme, si du moins on se contente de situer l'astre jovien sur l'échelle des planètes du système solaire. Jupiter à elle seule est environ 2,5 fois plus massive que toutes les autres planètes du système solaire. Une telle masse cependant est très faible si on se risque à situer Jupiter sur l'échelle des masses stellaires, il faudrait que la planète jovienne soit au moins 13 fois plus massive pour engendrer le niveau de pression interne requis pour activer des réactions de fusion du deutérium, comme on le constate au cœur des naines brunes. A fortiori, il faudrait que Jupiter soit 70 à 100 fois plus massive pour devenir une étoile naine rouge. Paradoxalement, une masse plus élevée se traduirait probablement par une contraction plus importante des couches gazeuses et donc un diamètre plus petit. Avec une température de 20000 à 30000 K et une pression de 45 millions d'atmosphères, le noyau jovien émet malgré tout une quantité importante d'énergie, détectable depuis l'espace, dans le spectre des infrarouges. Nous n'avons aucune certitude concernant la définition du cœur de la planète mais il est probable qu'il soit constitué par un noyau très solide composé de silicates, de métaux et de glaces d'eau. Ce noyau particulièrement dense se serait formé par accrétion des poussières de la nébuleuse proto-solaire, en même temps que l'ensemble des planètes du système solaire. A l'origine, lorsque le noyau de Jupiter s'est formé, il a atteint une valeur équivalente à douze masses terrestres, ce qui représente en l'occurrence une masse suffisante pour attirer et retenir dans son environnement les éléments les plus légers tels que l'hydrogène et l'hélium.

Contrairement aux planètes internes, qui ont une masse plus faible, la forte attraction gravitationnelle de la planète géante a permis de retenir les molécules des gaz les plus légers, sans que celles-ci soient emportées par le vent solaire[149]. La pression engendrée par la gravité comprime l'hydrogène se trouvant au-dessus du noyau et le porte à des niveaux de température et de pression suffisamment élevés pour lui donner les propriétés d'un métal liquide. Au-dessus du noyau, l'hydrogène est fortement comprimé à une pression de 2 millions d'atmosphères et une température de 10 000 K. L'hydrogène métallique constitue un immense « océan » qui représente environ 80% de la masse de Jupiter, on le retrouve dans la composition principale de tous les

[148] La densité moyenne qui règne sur Terre est égale à 5,5 fois la densité de l'eau

[149] La composition de l'atmosphère, ainsi que toute la structure des géants gazeux, est très différente de celle que l'on retrouve sur les planètes telluriques.

géants gazeux de notre système solaire. L'hydrogène est normalement présent dans l'univers sous forme de gaz (c'est l'élément le plus répandu), mais à de grands niveaux de température et de pression, il prend une forme liquide ainsi que les diverses propriétés d'un conducteur électrique. Ainsi s'explique la présence d'une énorme magnétosphère qui entoure tout le système jovien. Ce champ magnétique est généré par la rotation du noyau jovien qui agit comme une gigantesque dynamo. Cette magnétosphère se caractérise par une intensité qui est sans commune mesure avec le champ magnétique terrestre. Le champ magnétique de Jupiter s'étend en effet jusqu'à une distance équivalente à au moins 80 fois le rayon jovien. *Si ce champ se mettait à briller, il apparaîtrait depuis la Terre sous la forme d'une coquille plus grosse que notre pleine Lune.* Cette gigantesque magnétosphère piège les électrons et les protons du vent solaire et donne naissance à des aurores boréales dont les envergures sont elles-mêmes surdimensionnées. La surface visible de Jupiter est constituée par contre par une atmosphère gazeuse de faible densité. Cette atmosphère est essentiellement composée d'hydrogène et d'hélium, mais on y décèle également de faibles quantités de méthane, du carbone, du sulfure d'hydrogène, du soufre, du néon. Sur la partie supérieure de cette atmosphère stratifiée se déplacent des cirrus de cristaux d'ammoniac qui apparaissent blancs. Ces formations spectaculaires, visibles dans de petits télescopes, laissent entrevoir en-dessous et au-dessus, des nuages colorés en brun-rougeâtre par des gouttelettes d'hydrocarbures mélangées vraisemblablement à de l'acide sulfhydrique condensé (NH4SH). D'autres nuages, cette fois constitués de vapeurs et de cristaux de glace d'eau peuvent être observés à une altitude de 20 km environ au-dessus de la « surface ». L'énergie produite par le noyau entraîne de puissants mouvements convectifs qui se traduisent par des turbulences atmosphériques générant des vents dont la vitesse atteint 560 km/h. A titre de comparaison, l'ouragan Wilma qui a dévasté la région du Nouveau Mexique en 2005, avait généré des vents à la vitesse maximale enregistrée à 295 km/h. La météorologie jovienne est en permanence agitée par des orages et des tempêtes très violentes. Zeus n'est-il pas le dieu du tonnerre et de la foudre ?

Jupiter est entouré d'un cortège de plusieurs dizaines de petits satellites qui sont, pour la plupart, des petits astéroïdes capturés par la force d'attraction du géant gazeux. Ces objets ne présentent pas d'intérêt particulier. En revanche, quatre grandes lunes découvertes par Galilée, retiennent immédiatement l'attention : Io, Europe, Ganymède et Callisto. Lorsque Ganymède parcourt une orbite autour de Jupiter, Europe en parcourt deux et Io en parcourt quatre.

Io se situe sur l'orbite la plus proche de Jupiter. La proximité de la planète géante, associée à cet effet de résonance orbitale, maintient une forte excentricité et induit une activité géologique frénétique. Io est en effet un monde infernal, secoué par des éruptions volcaniques permanentes, dont une des conséquences les plus spectaculaires, facilement repérables depuis l'espace, est la projection d'énormes quantités de soufre dans sa haute atmosphère. Io est le seul satellite jupitérien emmitouflé dans une atmosphère. L'interaction de Io avec la magnétosphère jovienne génère un tore de particules ionisées qui rayonnent dans le domaine des ultraviolets. Cette interaction se traduit également par une étrange émission d'ondes radio, que les terriens peuvent entendre sur une gamme de vibrations s'échelonnant entre 500 kilohertz et 40 mégahertz.

La deuxième lune galiléenne, Europe, ne possède que très peu de cratères d'impacts. Cette caractéristique indique qu'Europe, comme Io d'ailleurs, possède une surface qui a été récemment renouvelée. Mais tandis que la surface de Io est quasiment en fusion, la surface d'Europe est constituée par une croûte de glace extrêmement lisse, parsemée d'innombrables structures linéaires, accompagnées de fractures et de taches planes. Europe, tout comme Io, subit d'énormes effets de marées déclenchés par les forces d'attraction et de résonance gravitationnelles. S'il n'existe pas de signes incontestables d'activité géologique, hormis les geysers de vapeur d'eau qui semblent avoir été observés par le télescope spatial Hubble, il est probable que le manteau d'Europe soit constitué par un immense océan d'eau liquide. Ainsi, les nombreuses fractures présentes à la surface d'Europe traduisent vraisemblablement une expansion de la croûte de glace primitive. De tels processus d'épanchement impliquent qu'une énorme source d'énergie, en l'occurrence des matériaux radioactifs, anime l'activité du noyau, et réchauffe tout le manteau environnant. L'eau remonterait à la surface et effacerait toutes les traces laissées autrefois par les anciens cratères d'impact. *L'existence d'un océan d'eau liquide, alimenté de surcroît par d'hypothétiques cheminées thermales, permet d'envisager une présence de la vie.* On ne peut s'empêcher de penser ici aux points chauds découverts au large des îles des Galapagos, dans lesquels vivent toutes sortes d'organismes aquatiques étranges, à une profondeur et sous une pression très forte, loin de toute lumière, dans des conditions a priori extrêmes. Les recherches scientifiques ont établi que la vie pouvait se développer dans les milieux les plus inhospitaliers : non seulement dans la glace la plus froide ou dans les déserts les plus arides et les plus chauds, mais aussi dans les eaux les plus salines et les plus acides, les océans les plus profonds. Certains organismes « extrêmophiles » résistent également à des irradiations radioactives titanesques. L'étude des extrêmophiles est largement évoquée notamment par Stephen Jay Gould dans *l'Eventail du Vivant.* Le célèbre chercheur explique que l'existence de bactéries qui oxydent le soufre ou le fer constitue à ses yeux un argument décisif en faveur de l'hypothèse de la vie sur d'autres planètes. En effet, de tels organismes peuvent survivre enfouies très profondément dans les océans et les sous-sols.

La majorité des planétologues estiment que les troisième et quatrième satellites naturels de Jupiter, Ganymède et Callisto, sont également dotés d'un océan liquide enfoui profondément sous leur surface. Callisto cependant, qui est la lune la plus éloignée, ne subit que faiblement les effets de la résonance gravitationnelle. Son noyau serait chauffé uniquement par des éléments radioactifs. Les images transmises par la sonde spatiale Galileo, qui a procédé à une cartographie de l'ensemble du système jupitérien, ont révélé toute la complexité des structures morphologiques qui s'offrent à notre regard comme une invitation évidente au voyage. Galileo a réussi à survoler Ganymède à seulement 800 km d'altitude. Plus encore que les sondes qui l'ont précédé, Galileo a révélé la beauté incomparable de Ganymède et Callisto et pour l'ensemble du système, son incroyable diversité. Dans la mythologie grecque, Io, Europa et Callisto font partie des nombreuses conquêtes féminines de Zeus. Ganymède, « le *plus beau des mortels* » fut pour sa part, un amant de Zeus. Grand séducteur, Zeus n'hésite pas à se donner toutes sortes d'apparences agréables et troublantes : aigle, taureau blanc, nuage... Zeus n'est-il pas le dieu « *aux mille visages* » ?

Jupiter réalise une révolution complète autour du Soleil sur une période de 11 ans et 314 jours. Observée dans notre ciel étoilé, elle effectue en un peu moins de douze ans un tour complet dans les constellations du Zodiac. A l'échelle humaine, cette périodicité s'inscrit sur une longue durée, mais elle apparaît malgré tout comme un marqueur de l'éternel retour, caractéristique d'un temps circulaire. Le caractère irrévocable du temps qui passe semble, en apparence, beaucoup plus sensible si on observe de concert le déplacement très lent de la planète Saturne. La période orbitale de Saturne est de 29 ans. Cette périodicité, bien qu'elle se déploie elle-même dans un temps cyclique, est particulièrement longue. Il est très facile de repérer Jupiter et, dans une moindre mesure, Saturne à l'œil nu, leurs magnitudes moyennes étant relativement importantes, bien que plus faibles que celle de Vénus. Il est encore plus intéressant d'observer ces deux géants au télescope. Un modeste instrument, offrant un grossissement atteignant à peine 30 à 40 fois, confère à Jupiter un diamètre apparent semblable à celui de la Lune contemplée à l'œil nu. Trois caractéristiques se manifestent immédiatement et sans difficultés dans le champ de l'oculaire : l'aplatissement notable du disque jovien[150], la présence de stries sur la surface visible de la planète, et surtout, le cortège étincelant des quatre principaux satellites. Cet ensemble, observé pour la première fois par Galilée en 1610, a toutes les apparences d'un système solaire contemplé en réduction. Des télescopes de très faible diamètre, compris entre 130 et 200 cm – pour peu qu'ils soient munis d'oculaires orthoscopiques de bonne qualité – permettent déjà d'apercevoir la grande tache rouge, ainsi que les principales bandes et nodosités qui parcourent la planète. Avec un peu d'entraînement, il est fascinant de suivre l'évolution des panaches équatoriaux ainsi que quelques WOS (*White Oval Spots*) visibles dans la bande tempérée Sud. L'atmosphère jupitérienne se révèle très absorbante pour les rayons lumineux, cela a pour conséquence de faire ressortir les bords du disque jovien de manière estompée, dans un assombrissement très marqué. Mais ce sont les quatre principaux satellites – Io, Europe, Ganymède et Callisto – qui attirent toujours et encore l'attention. Ils se présentent tous plus ou moins bien alignés, on devine sans peine qu'ils se situent sur des orbites bien distinctes, à des distances qui augmentent de façon graduelle. Lorsque l'un d'eux manque à l'appel, il n'est pas difficile d'en déduire soit qu'il se trouve éclipsé par Jupiter, soit qu'il est en train de déambuler devant la planète géante. Avec un peu de chance, et beaucoup de patience, il est fascinant d'observer la présence d'un satellite se détachant en blanc sur le fond d'une bande nuageuse sombre, ou inversement, une ombre noire se promenant à l'intérieur d'une bande claire. En fonction de l'alignement variable du Soleil, de la Terre et du système jupitérien, cette ombre noire peut soit précéder soit suivre le disque à peine deviné du satellite. Un effet de perspective rejette également Callisto, le quatrième satellite par ordre d'éloignement, sur un plan qui semble situé au-dessus ou au-dessous de la planète. Un fort grossissement permet d'apercevoir les satellites s'éclipser dans le cône d'ombre de Jupiter, comme cela arrive sur Terre pour les éclipses de Lune. Les périodes de révolution des quatre lunes principales s'échelonnent entre 1 jour et 18 heures pour Io, jusqu'à 16 jours et 16 heures pour Callisto. *Le ballet incessant des petites lunes jupitériennes, dont les positions respectives ne cessent de varier au cours des heures, est quasiment hypnotique*. Tout y est toujours changeant, les satellites ne cessent de tourner, mais en même temps toutes les configurations se répètent et, en réalité, rien ne change. Il semble évident que cet étrange ballet ne suscite pas uniquement l'intérêt que nous pouvons porter à la mécanique céleste et aux

[150] Jupiter tourne sur elle-même sur une période de 9h 50 minutes seulement. Cette période de rotation très rapide entraîne un aplatissement remarquable, visible dans de petits instruments.

lois de Kepler. La danse des satellites institue en même temps un rapport imaginaire à la réalité, une « dérivation symbolique ». *Nous proposons d'appeler ''dérivation symbolique'' tout cadre imaginaire dans lequel s'élabore une temporalité contrefactuelle, dont le tracé est elliptique ou circulaire, et dont le but consiste généralement à établir le sentiment d'une continuité de l'être. Rythme du battement cardiaque perçu par le fœtus dans le ventre maternel, rythmes de la danse, de la musique et de la poésie, temps immémoriaux du mythe, alternance des saisons, mouvement elliptique de la lune, des planètes et de leurs satellites naturels, rotation des étoiles autour de leur centre galactique... tous ces intervalles périodiques ont pour effet de nous introduire dans un champ d'immanence, du moins dans l'illusion joyeuse qui lui est fantasmatiquement associée.*

Il est important d'insister sur ce thème : les mouvements elliptiques des quatre lunes galiléennes véhiculent une charge symbolique subtile. L'homme, tel qu'il était conçu par les anciens Grecs, est le seul être qui va tout droit, qui se déplace en ligne droite. Entre le moment où il vient au monde et le moment fatidique où il quitte ce monde, il est possible de tracer une ligne droite. C'est un fait. Et toute temporalité qui va à l'encontre de ce fait est donc, par définition, contrefactuelle. Le temps, tel qu'il est vécu par les hommes, est irréversible et irrévocable. A partir du moment où une suite d'événements ne peut plus être totalisée dans un processus global, personne ne peut jamais vraiment savoir à l'avance ce qui va advenir, ce qui est bien le signe qu'une histoire a lieu. Au contraire, lorsque le temps est circulaire, les choses se répètent, une prévision devient possible. Le cosmos et la nature étant des modèles anhistoriques d'équilibre, de mesure et d'harmonie, on comprend que si l'homme est cet être qui se démarque de l'ordre naturel, il est en même temps susceptible d'introduire l'*hubris*, la démesure. C'est ce qu'exprime le *chœur*, dans un passage particulièrement émouvant de l'*Antigone* de Sophocle :

« Multiple [est] l'inquiétant, rien cependant au-delà de l'homme, plus inquiétant, ne se soulève en s'élevant. Celui-ci sort sur le flot écumant par un vent hivernal et croise au sein des vagues furieusement crevassées. Des divinités aussi, la plus sublime, la Terre, il l'épuise, elle l'indestructiblement infatigable, la retournant d'année en année, faisant passer et repasser avec les chevaux les charrues. (...) Mais de l'unique imminence, la mort, il ne peut par aucune fuite jamais se défendre, même s'il a réussi par adresse à se soustraire au désarroi d'un mal tenace[151]. »

[151] Nous reprenons ici la traduction de Heidegger figurant dans *Introduction à la Métaphysique*, Ed. Gallimard, 1967 pour la trad. française de G. Kahn.

Comme l'expose ce passage célèbre de l'*Antigone* de Sophocle, respectivement commenté par Martin Heidegger et Hannah Arendt, « les choses faites par l'homme [152] » transpercent la circularité de la nature. Dans un *cosmos* où manifestement tout tourne en rond, dans un processus qui ne connaît ni début ni fin, seul l'homme a une histoire, car ses actions et ses productions coupent en travers le mouvement circulaire de la nature, comme le démontrent aujourd'hui, de façon exemplaire, les sondes Voyager 1 et 2, dont les trajectoires ont traversé la totalité de notre ''système solaire interne'', coupant le mouvement circulaire des planètes orbitant autour de notre Soleil. Mais l'existence humaine est, pour sa part, rigoureusement délimitée, elle a un début et une fin. La temporalité linéaire, qui caractérise en propre l'action humaine, est explicitement mise en rapport avec l'échéance de la mort. Celle-ci se comprend comme une expérience qui excède le pouvoir de la τέχνη *(techné),* c'est à dire des arts et des techniques. En même temps, cette expérience définit l'homme, pour ainsi dire, de l'intérieur. Martin Heidegger, qui est ici un traducteur intéressant du grec ancien, ajoute ce commentaire : «si l'homme est ce qu'il y a de plus inquiétant, c'est parce qu'il sort, s'échappe des limites qui d'abord lui sont familières, et la plupart du temps le lui restent ; c'est parce que, étant ce qui fait violence, il transgresse les limites du familier (...) La parole ''l'homme est ce qu'il y a de plus inquiétant'' donne la véritable définition grecque de l'homme[153]. »

Dans la traduction heideggérienne de ce texte grec en langue allemande, le mot « *inquiétant »* reproduit le terme « unheimlich », qui se comprend par opposition à ce qui est familier et rassurant – « heimlich » –. L'inquiétant ne représente pas une altérité radicale, mais, tout au contraire et cela peut sembler paradoxal, une étrangeté au sein même du familier, ou, si on veut, l'épreuve angoissante d'un familier menaçant. Le terme allemand « unheimlich » renvoie en même temps à ce que les grecs considéraient comme l'expérience du δεινός *(deinos)*[154] et la manifestation de l'*hubris,* le monstrueux. *Telle est la monstruosité de l'homme : il va tout droit dans un cosmos où toute chose tourne en rond. Toute temporalité circulaire, telle qu'elle peut être observée*

[152] « Voici la mortalité : se mouvoir en ligne droite dans un univers où tout, pour autant qu'il se meut, se meut dans un ordre cyclique. Chaque fois que des hommes poursuivent leurs buts, labourant la terre qui ne peine pas, contraignant le vent qui souffle librement à venir gonfler les voiles, fendant les vagues qui roulent sans cesse, ils coupent en travers un mouvement qui est sans but et tourne à l'intérieur de soi. » H. Arendt, *La Crise de la Culture,* « Le Concept d'Histoire ». Trad.P. Lévy. Ed. Idées/Gallimard, 1972.

[153] Ibid.

[154] Terme difficile à traduire signifiant simultanément ce qui est surpuissant et inspire l'étonnement et la crainte.

dans les mouvements répétitifs de la nature et du ciel – et dont le spectacle des quatre satellites de Jupiter nous donne une expression éclatante, quasiment hypnotique – suggère au contraire un horizon de paix et de sérénité. On comprend à quel point cette circularité aurait pu rassurer et apaiser un philosophe aussi tourmenté que Heidegger.[155] Cependant, nous savons aujourd'hui que l'univers a une histoire, que cette histoire est, autant que l'histoire humaine, pleine d'aléas, et que les animaux aussi, et malgré tout, sont « *capables de mourir».* Lorsqu'un astéroïde a percuté la Terre il y a environ 65 millions d'années, ce ne sont pas seulement des milliards d'organismes vivants, représentants de telles ou telles espèces, qui auraient « *péri »,* ce sont des trajectoires animales singulières et individuelles qui ont été brutalement stoppées et ce sont des espèces entières, animales et végétales, qui se sont définitivement éteintes[156].

En ce début de XXIème siècle, on peut craindre que le même mépris porté à la vie animale – dont témoignait Heidegger et beaucoup d'autres… – ainsi que l'altération des équilibres écologiques, dévastés par une pollution induite à grande échelle par l'action humaine, ne conduisent aux mêmes résultats. *L'être*

---

155 *Nous ne défendons pas la thèse, exposée par Heidegger, signifiant que l'homme serait véritablement le seul existant. Ce serait faire peu de cas des animaux vivants sur Terre, ou de tout autre espèce biologique présente sur d'autres planètes.* En Grèce Antique, les hommes étaient effectivement appelés les « *mortels* », l'homme naît et meurt : il décède. Par opposition, l'animal ne serait pas *« capable de mourir* », il apparaît et disparaît : il périt. Dans la pensée grecque, les animaux n'ont aucun rapport d'extériorité vis à vis du monde, ils sont littéralement *dans* le monde, et le monde n'est jamais pour eux un objet de représentation. Aussi absurde que cela puisse nous paraître, il est difficile de considérer dans la conception heideggérienne du vivant quelque chose qui ressemble à une individuation du monde animal. Les animaux sont présents au monde, non pas en tant qu'individus, mais en tant qu'ils sont les représentants d'une espèce. Si l'individu meurt, l'espèce est immortelle. Pour cette raison, explique Martin Heidegger, *dans un propos qui nous semble aujourd'hui très peu pertinent*, l'homme est le seul animal « *capable de mourir ».* L'homme considéré par Heidegger en tant que « *Dasein »,* est fondamentalement un « être-pour-la-mort ». Heidegger pourrait vraisemblablement dire en ce sens, mais en utilisant des catégories issues de la langue latine, que l'homme seul « *existe »,* tandis que l'animal « *subsiste ».* L'existence des hommes n'est pas déterminée de façon immuable, comme celle des animaux. Les animaux obéissent pour l'essentiel à leur instinct, c'est à dire, à leur programme génétique. Certes, l'*homo sapiens* est également une espèce soumise à de multiples déterminismes, y compris d'ailleurs, au déterminisme engendré par ses propres entraînements culturels, mais si la vie présente des hommes est en grande partie déterminée par leur vie passée, leur destinée dépend pour une autre partie de leur capacité de prendre des décisions et d'engager des initiatives. Pour toutes ces raisons, l'homme, poursuit Heidegger, est amené à *« habiter »* le monde, c'est à dire à construire, à ériger un monde. Pour toutes ces raisons encore, l'existence humaine relève d'une histoire, c'est à dire d'une suite d'événements.

156 Cf. Y comme astéroïde du Yucatan

humain est entré dans une période où le sens est indécidable, il semble capable du meilleur comme du pire. Il y a bien quelque chose de monstrueux en lui[157]*. En détruisant son habitat naturel il se condamne lui-même à très court terme. Saura-t-il échapper à l'autodestruction ?* Pourra-t-il poursuivre, indéfiniment, sa trajectoire rectiligne, sans se donner la peine de lever les yeux vers le ciel ? Et bénéficier de l'action, éternelle et bienveillante, de Zeus et des Olympiens ?

[157] Cf. A comme Abduction

K comme capitaine James-Tibérius Kirk.

« Space, the final frontier. These are the voyages of the starship Enterprise. Its five-year mission: to explore strange new worlds, to seek out new life and new civilizations, to boldly go where no man has gone before. »

Phrase générique de la série *Star Trek*

Le plaisir infantile que ressent le téléspectateur, lorsqu'il s'embarque dans un nouvel épisode à bord de l'*USS Enterprise,* est d'abord le plaisir indicible de disposer d'un espace – en l'occurrence celui du vaisseau spatial lui-même– délicieusement confiné, alors même qu'il voyage dans l'infini. L'*USS Enterprise* est le fleuron de la flotte spatiale construite par *Starfleet,* la *Confédération des Planètes Unies*. Dans sa configuration, il ressemble étrangement au vaisseau du capitaine Cook : sa mission est pacifique et scientifique, cependant elle est confiée à une structure militaire dont la forme hiérarchique est rigoureusement établie. La différence avec les missions de James Cook tient peut-être au fait que le capitaine James Tiberius Kirk n'est censé prendre possession d'aucun territoire. Par contre, il est sommé de respecter la *Directive Première*, consistant à ne pas interférer avec toute civilisation technologiquement inférieure. L'*USS Enterprise* est un vaisseau capable de voyager à une vitesse de « distorsion » *:* dans un épisode de la deuxième saison de 1968, appelé « Mission Terre », l'accélération du vaisseau, qui atteint une vitesse superluminique, lui permet de remonter le temps. Bien que doté de toutes les technologies révolutionnaires du XXIIIème siècle, tel que le « téléporteur » permettant à ses membres de se déplacer avec une grande aisance et une étonnante immédiateté, le vaisseau commandé par Kirk n'est que secondairement un moyen de transport, *il définit d'abord et essentiellement un habitat rassurant et protecteur*. De prime abord, l'*Enterprise* est un moyen d'exploration hors du commun, en réalité et malgré les apparences, ce vaisseau futuriste est essentiellement un point d'ancrage inamovible. Dans bien des situations, en tel ou tel épisode, le capitaine Kirk doit faire face aux attaques les plus virulentes et les plus sournoises des *Klingons* ou des *Romuliens,* mais les boucliers déflecteurs du vaisseau ne cèdent jamais totalement. Les principaux membres de l'équipage, que ce soit Kirk lui-même, l'Officier scientifique Spock, le docteur McCoy ou encore l'ingénieur Scotty, trouvent toujours quelque fin stratagème pour échapper à l'anéantissement dans le vide intersidéral. La jouissance du confinement s'approche d'autant plus de son paroxysme que l'univers se révèle peuplé de mondes hostiles et étranges.

Les trois premières saisons de Star Trek, conçues par le scénariste et producteur de télévision Gene Roddenberry, sont considérées à juste titre comme les meilleures dans la longue succession des sagas de Star Trek. Ces trois premières saisons sont évidemment une projection des idéaux fantasmés par l'Amérique progressiste des années 1960, en lutte avec la discrimination raciale, la guerre du Viêt Nam, la menace d'une apocalypse nucléaire, la revendication de l'égalité des hommes et des femmes, ainsi que le droit des femmes de disposer librement de leur corps, le puritanisme religieux, le non-sens d'une société exclusivement consumériste. Le premier pilote proposé pour la première saison par Gene Roddenberry, dans lequel une femme dirige les membres du vaisseau, se voit rejeté par la chaîne de diffusion NBC. Le capitanat devra être exercé par un homme. La société de production DESILU engage alors l'acteur William Shatner et « reboote » totalement le scénario. Lorsque la NBC se décide enfin à diffuser les premiers épisodes durant l'automne 1966, beaucoup de téléspectateurs ne manquèrent pas de fustiger la présence d'une femme afro-américaine (Nyota Uhura incarnée par l'actrice Nichelle Nichols) sur le pont de commande du vaisseau, où collaborent des officiers de toutes nationalités, y compris un pilote japonais (Hikaru Sulu) suivi plus tard par un enseigne russe (Pavel Chekov, qui fait son entrée dans l'équipe des officiers dès la deuxième saison). Nous sommes à des années lumières (c'est le cas de le dire) de la morale petite bourgeoise en vigueur dans les foyers des « WASP ». L'aspect diabolique de Monsieur Spock inquiète de nombreux citoyens bien-pensants. La NBC est obligée de décaler l'horaire de diffusion de la série pour la programmer à une heure de faible audience. L'épisode diffusé le 22 novembre 1968, dans lequel le Capitaine Kirk se voit contraint, sous l'emprise d'une puissance extraterrestre, d'embrasser le lieutenant Uhura, provoque un véritable tollé dans les Etats du Sud. Il faudra l'intervention personnelle de Martin Luther King pour convaincre Nichelle Nichols de poursuivre sa collaboration avec l'équipage imaginé par Gene Roddenberry : le lieutenant Uhura est en effet l'incarnation visible et tangible de l'idée selon laquelle tout citoyen américain, quels que soient son sexe et la couleur de sa peau, peut et doit être choisi en fonction du seul et unique critère que représente son niveau de qualification.

Pour le lieutenant Uhura, l'Entreprise est un pont qui se dresse entre l'altérité des peuples et des cultures. Pour Pavel Chekov, c'est un lieu d'apprentissage de la vie. Pour monsieur Spock, l'USS Enterprise est un refuge. Étant à moitié humain et à moitié vulcain, il ne se sent chez lui nulle part. L'Entreprise est le lieu idéal dans lequel un vulcain peut s'adonner à toutes sortes d'expériences et de découvertes scientifiques. C'est aussi et surtout une maison itinérante dans laquelle Monsieur Spock établit son nouveau foyer. Sans en avoir l'air, il ne cesse de tisser des liens affectifs avec les autres membres de l'équipage. Pour le docteur Mc Coy, *l'Enterprise* transporte avec elle un échantillon de toute l'humanité. Pour « Bones » (c'est le surnom de Mc Coy), toute l'humanité est en chaque homme, y compris bien entendu chez Monsieur Spock, ce monstre apathique au sang vert, dégénéré par la logique et par l'absence flagrante de tout sens de l'humour. Pour l'ingénieur en chef Scotty, l'USS Enterprise n'est pas simplement un trésor de technologie, c'est tout simplement l'objet le plus important. Son rapport au vaisseau est ni plus ni moins le rapport d'un père à l'égard de sa fille. Pour le capitaine Kirk enfin, l'Enterprise est bien entendu un vaisseau dont il a la très lourde charge, mais ce vaisseau est une femme avec laquelle il est fiancé, « engagé » comme le disent les américains. L'USS Enterprise renferme pour lui une intériorité fantasmée et inavouée, qui se révèle peut-être plus importante encore que les liens de la *philia* qui le relient en permanence à Spock et McCoy.

Le capitaine Kirk possède le tempérament d'un homme courageux. Contrairement à Monsieur Spock, il se fie volontiers à son instinct. On a souvent établi la comparaison entre le capitaine Kirk et le capitaine Cook, ou encore avec Horatio Hornblower (un personnage héros d'une fiction littéraire imaginée par C.S Forester), il nous semble que James Tiberius Kirk possède également de nombreuses similitudes avec Ulysse. Comme Ulysse, Kirk commande un vaisseau, l'un et l'autre ont exploré les confins du Monde. Comme Ulysse, Kirk aime séduire et ne manque pas, en toute occasion, d'utiliser efficacement la ruse. Il possède un esprit curieux. Mais Ulysse, nous le savons tous, ne manque pas de revenir finalement vers son épouse Pénélope. Il en va de même pour Kirk, qui reste toujours l'homme le plus fidèle à sa « fiancée », c'est-à-dire son vaisseau. Dans un épisode intitulé « Un coin de paradis » diffusé le 02 mars 1967, l'intégralité de l'équipage succombe aux effets irrationnels d'étranges spores libérées par des fleurs se trouvant sur la surface de la planète *Omicron Seti III*. Ces spores modifient totalement leurs tempéraments : Monsieur Spock, habituellement froid, logique et distant, toujours dévoué à son capitaine, se découvre rebelle, irresponsable, souriant et... amoureux. Le seul membre de l'équipage qui ne succombe pas aux ''chants des sirènes'' est le capitaine Kirk, resté seul à bord, attaché au mât de *l'Enterprise*. Kirk est le seul membre de l'équipage qui se révèle incapable de déserter *l'Enterprise*, non pas parce qu'il est et doit rester le capitaine et qu'à ce titre il doit être le dernier à quitter son navire, mais plus profondément parce qu'il entretient avec son vaisseau une relation – de responsabilité, de complicité, voire d'affection – qui est pleine et sans faille.

La science et la science-fiction entrent souvent en collusion : les auteurs des romans de science-fiction s'inspirent continuellement des perspectives qui découlent des avancées scientifiques et réciproquement, les scientifiques sont souvent tentés de réaliser les technologies futuristes qu'ils découvrent dans les romans ou les scénarios de science-fiction. Ainsi, de tous les objets extraordinaires qui apparaissaient dans les premières saisons de Star Trek : le téléphone portable miniaturisé à clapet, les portes qui s'ouvrent transversalement en détectant votre passage, le traducteur universel de langues, le *tricordeur* (un petit ordinateur portatif capable de scanner et d'analyser toutes sortes de propriétés chimiques et physiologiques), le *faser* (un rayon laser à très haute énergie assemblé et stocké dans un objet ne dépassant guère la taille d'un revolver), le *rayon tracteur*[158] (bien commode pour créer un champ de force permettant de secourir navettes et vaisseaux, amis ou ennemis, partant à la dérive), des vaisseaux spatiaux munis de moteurs capables de distordre l'espace-temps, un système de téléportation donnant la possibilité de transporter des êtres humains sans les désintégrer … Dans toute cette longue liste d'innovations imaginées dans les années 1960, seules les deux dernières technologies demeurent aujourd'hui totalement hors de portée. La plupart de ces innovations futuristes font désormais partie intégrante de notre vie quotidienne. Sous bien des aspects, que l'on envisage les progrès sociaux-culturels ou les avancées technologiques, Star trek n'a jamais cessé de réinventer notre présent. Sous d'autres aspects encore, le vaisseau *Enterprise* piloté par le capitaine Kirk – secondé par Monsieur Spock et le docteur McCoy – ressemble à ces cabanes que nous nous plaisions à construire lorsque nous étions enfants. A bien des égards Spock et Mc Coy ressemblent à des enfants inséparables qui ne cessent de se chamailler pour mieux se réconcilier. Comment, se demandait Friedrich Nietzsche, pourrons-nous un jour définitivement « retrouver le sérieux que nous avions aux jeux de l'enfant » ?

158 Le physicien David Grier a développé un faisceau laser capable de tracter des nanoparticules. Les équations de Maxwell portent en elles le principe selon lequel un rayon de lumière peut attirer la matière.

L comme Lune

« C’est un petit pas pour un homme, un bond de géant pour l’humanité. »

Neil Armstrong

Durant les quelques semaines précédant les premiers pas de l'homme sur la Lune, Neil Armstrong et Buzz Aldrin s’entraînent méticuleusement à marcher dans un paysage lunaire artificiel. Cette opération de simulation se situe dans une région semi désertique du grand ouest américain, où survivent encore quelques communautés indigènes. Une anecdote – dont la véracité demeure mal établie – fait état d'un dialogue que les astronautes auraient eu avec un vieil indien héritier des traditions et des coutumes des populations autochtones d'Amérique du Nord. Le vieil homme plein de sagesse leur demanda en quoi consistait cet étrange exercice de déambulation. Les astronautes lui répondirent qu'ils se préparaient à marcher sur la Lune. L'indien resta quelques instants interloqué, puis il leur demanda s'ils étaient prêts à lui accorder une petite faveur : – *Que voulez-vous ? – Eh bien, fit le vieux, les gens de ma tribu croient que les esprits saints vivent sur la Lune. Je me demandais si vous pouviez leur transmettre un message important de la part des miens. – Et quel est le message ? demandèrent les astronautes. L’homme marmonna quelque chose dans son langage tribal, puis demanda aux astronautes de le répéter jusqu’à ce qu’ils l’aient parfaitement mémorisé. Mais qu’est-ce que cela veut dire ? – Je ne peux pas vous le dire. C’est un secret que seuls sont autorisés à savoir notre tribu et les esprits de la Lune. –*

Dès que les astronautes furent rentrés dans leur base, ils se mirent immédiatement en quête d'un interprète qui put leur traduire le sens de ce message confidentiel. Au moment même où les astronautes répétèrent les paroles qu'ils avaient phonétiquement mémorisées, un herméneute explosa de rire. Un rire spontané, à gorge déployée, franc et massif. Après avoir repris son souffle, le traducteur révéla la signification du message secret : – *Ne croyez pas un seul mot de ce qu’ils vous racontent. Ils sont venus voler vos terres*[159]. –

Une grande collecte d'échantillons de roches et de poussières lunaires, accomplie par les différentes missions Apollo entre 1969 et 1972, a permis

---

[159] Cette légende est rapportée notamment par Y. N. Harari dans *Sapiens, une brève histoire de l'humanité,* Ed. Albin Michel, 2015

d'établir l'origine très ancienne de notre satellite naturel. L' astre sélène s'est formé il y a environ 4,5 milliards d'années, peu de temps après la constitution de la Terre et des différentes planètes du système solaire. Les roches lunaires rapportées par les missions Apollo présentent le même taux d'isotopes de l'oxygène que notre globe terrestre. L'origine probable de la Lune semble liée à une collision de la jeune Terre avec un astéroïde dont le diamètre devait être comparable à celui de la planète Mars. Cette collision cataclysmique a totalement pulvérisé l'astéroïde, ainsi qu'une partie importante du manteau terrestre. L'accrétion et l'agglomération des matériaux restés en orbite autour de la Terre ont ensuite donné naissance à l'astre sélène. Les régions sombres sont d'immenses bassins emplis de laves solidifiées, partiellement comblés. Ces coulées sont venues recouvrir la plupart des cratères que l'on retrouve en abondance dans toutes les autres régions de la Lune. Le taux de cratérisation permet d'évaluer l'âge géologique des régions lunaires. Les rares cratères que l'on peut observer dans la *Mer des Crises*, par exemple, sont beaucoup plus récents que ceux que l'on constate partout dans toutes les très vieilles régions, plus hautes et plus brillantes, surnommées « continents », qui occupent 80% de la surface lunaire.

Contrairement à ce qui fut autrefois une idée largement admise, les cratères, où qu'ils se trouvent, n'ont aucun rapport avec l'activité volcanique, ils se sont formés à la suite des impacts occasionnés par les météorites. Étant donné que la Lune ne possède pas d'atmosphère, tous les météores, y compris les micrométéorites, viennent s'écraser continuellement sur son sol. Autre conséquence de cette absence d'atmosphère : le ciel, tel qu'il a pu être contemplé depuis la Lune par Neil Armstrong et Buzz Aldrin, est totalement noir. Un observatoire astronomique implanté sur la Lune serait un lieu idéal pour tout astronome : pas d'atmosphère, donc rien qui fasse écran. Mais l'absence de tout filtre atmosphérique n'a pas que des avantages, cette carence fait que la surface de la Lune est sans protection. Il est impossible d'y observer la moindre étoile filante, aucune météorite n'est freinée ou détruite. Depuis 4,5 milliards d'années, le sol lunaire se trouve continuellement bombardé par des météorites, la surface lunaire est constamment percutée et broyée. Ce phénomène explique l'omniprésence d'une formation superficielle spécifique, appelée « régolithe », constituée d'une couche de poussière très fine.

Lorsque le système solaire s'est formé, pendant des millions d'années, les impacts météoritiques ont été très nombreux, puis leur fréquence a rapidement diminué. Depuis 4 milliards d'années, le taux de cratérisation est resté relativement constant. Selon des estimations calculées de façon statistique, un cratère atteignant au moins un kilomètre de diamètre se forme en moyenne sur une période de 500 000 ans. L'avantage que nous avons lorsque nous contemplons la Lune est que nous pouvons immédiatement retrouver tous les astroblèmes lunaires, qui apparaissent comme autant de vestiges délaissés par le cours du temps qui passe. Sur la Terre par contre, il est beaucoup plus difficile de cartographier les cratères d'impacts les plus anciens : l'érosion, l'activité géologique, notamment la tectonique des plaques, ne cessent de remodeler notre environnement.

Si la Lune était recouverte d'océans et parsemée de nuages, sa luminosité serait sans comparaison. L'observation de la pleine Lune serait éblouissante. Il n'en est rien, *la Lune est, de fait, un astre doté d'une étrange lumière générant une fascinante pâleur.* Bien que son albédo[160] soit, en valeur moyenne, particulièrement faible (0,076), la Lune est cependant le corps céleste le plus brillant – après le Soleil évidemment[161]. Et si l'on pouvait contempler la Terre et la Lune depuis Mars ou depuis Vénus, on verrait, dans les périodes d'opposition, une sorte de planète double : *un point bleuté très lumineux accompagné par un petit point très pâle.* La Terre connaît donc un privilège rare : c'est le seul corps tellurique possédant un véritable satellite naturel. Par comparaison, *Phobos* et *Deimos*, qui orbitent autour de Mars, ne sont que deux minuscules astéroïdes, sans commune mesure avec la masse et le rôle déterminant exercés depuis toujours par notre compagnon sélène. Manifestement la Lune est, parmi tous les corps qui peuplent l'univers, l'astre le plus proche et le mieux connu de tous. Sa distance moyenne, mesurée en années lumières, dépasse à peine une seconde lumière. Autant dire : un saut de puce dans le système solaire. Mais cette proximité est totalement illusoire, *se diriger vers la Lune, c'est s'acheminer vers le grand ailleurs.*

---

160 Cette caractéristique s'explique par le fait que *l'albédo* de la Lune est très faible. Dans le vocabulaire astronomique *l'albédo* définit le pouvoir de réflexion d'un corps. Un objet blanc a une réflectance proche de 1, sa capacité à réfléchir les radiations lumineuses est élevée. Un objet noir possède au contraire un facteur de réflexion proche de 0 : il absorbe toutes les radiations. La Lune ne reflète qu'environ 7% de la lumière solaire, ce qui est peu. En comparaison, Mars réfléchit environ 30% de la lumière qu'elle reçoit, Vénus, qui est uniformément recouverte par une épaisse atmosphère, réfléchit environ 60% de la lumière solaire. Sur Terre, l'albédo dépend de la région observée : la présence de nuages ou d'eau (mers, lacs, océans), ainsi que la définition de la nature du sol, modifie du tout au tout le facteur de réflexion. La lave n'a pas du tout la même réflectance que le grès par exemple. Certaines régions lunaires – surnommées métaphoriquement « mers » – nous apparaissent plus sombres pour cette même raison.

161 Les romains la dénommaient la *lumineuse* , notamment Cicéron, dans *La nature des dieux*. Le mot latin « luna » appartient au même champ sémantique que le verbe intransitif *lucere*, signifiant : luire, briller, éclairer

Comme nous l'avons tous constaté, la Lune nous présente toujours la même face. Cette caractéristique, très courante dans le cas des satellites naturels, est liée à un effet de résonance gravitationnelle[162]. Dans la mesure où la Lune se déplace sur une orbite elliptique, sa vitesse de révolution varie légèrement. Cette variation, appelée « libration », nous permet d'accéder à 10% environ de sa surface cachée. *Par son action gravitationnelle, la Lune provoque également le phénomène bien connu des marées. Le va et vient de l'eau a très tôt favorisé la formation de vases humides dans lesquelles la vie a peut-être pu émerger sur Terre.* L'eau est un élément propice pour l'association des longues chaînes moléculaires, mais une eau abondante est également un excellent diluant. *Il nous est très difficile, voire impossible de reconstituer le scénario qui a présidé à l'apparition de la vie et a fortiori, le rôle joué par la Lune, cependant il est établi que celle-ci joue en permanence un rôle majeur dans la stabilisation de l'axe de rotation de la Terre. Ne serait-ce que pour cette raison, la Lune contribue largement à maintenir l'ordre et l'harmonie dans notre monde.*

« La lune, *écrit Alphonse de Lamartine*, est dans le ciel, et le ciel est sans voiles. Comme un phare avancé sur un rivage obscur. Elle éclaire de loin la route des étoiles[163]. » La lune possède toutes les caractéristiques d'un monde intermédiaire. Au quatrième siècle Av-J.C., Aristote envisageait son statut dans l'espace comme on envisage une ligne de partage sur Terre : le cosmos n'est pas homogène, il existe pour le Stagirite une différence essentielle entre le monde sublunaire, dans lequel nous demeurons, et le monde supra lunaire, qui incarne la perfection. Les découvertes de Galilée réalisées au début du XVIIème siècle, grâce à sa petite lunette, ont confirmé ce statut. L'observation de notre satellite révèle une surface qui s'apparente en partie à ce que nous pouvons mettre en analogie avec nos territoires terrestres : des zones montagneuses notamment, mais pas seulement. L'examen attentif de la surface lunaire constitue un sujet d'étude inépuisable. Le *cratère Aristarque* est le plus

---

[162] Les mouvements de révolution et de rotation de la Lune ont été ralentis et synchronisés par la force d'attraction gravitationnelle de la Terre. Les périodes de révolution et de rotation de la Lune sont identiques. Lorsque notre satellite fait un tour complet autour de la Terre – en 27 jours 7 heures 43 minutes – il accomplit une rotation sur lui-même. Mais la Lune à son tour freine également la vitesse de rotation terrestre. Le moment cinétique du système Terre-Lune est conservé par un très faible mouvement d'éloignement de la Lune de quelques centimètres par siècle. Ces processus d'éloignement et de ralentissement devraient théoriquement perdurer pendant 10 milliards d'années, c'est à dire jusqu'au moment où la Terre aura une vitesse de rotation strictement égale à la période de révolution lunaire : la Lune semblera alors immobile du même côté de la Terre comme cela est le cas pour le système Pluton/Charron.

[163] Alphonse de Lamartine, *Harmonies poétiques et religieuses* I,10. Ed. Create Space Independent Publishing Platform, 2015.

brillant. Sur sa droite, on peut admirer un cratère moins profond donc plus ancien : *Hérodote*. Entre ces deux cratères, un immense W se dessine dans la *vallée de Schröter*. Plus à l'est, les coulées de laves de *l'Océan des Tempêtes* ont presque totalement enseveli le *cratère Prinz* où prend cependant naissance tout un réseau de crevasses fines et sinueuses. Les gradins du *cratère Copernic* s'élèvent jusqu'à 3800 mètres de dénivelé. A une centaine de kilomètres à l'est de *Copernic*, dans la région de *l'arène de Stadius*, l'éclairage rasant du lever de Soleil permet par contraste de faire ressortir un magnifique chapelet de petits craterlets. Le *Golfe des Iris*, qui borde la *mer des Pluies*, est en partie délimité par les hauts reliefs du *massif du Jura*. Il en va de même du *Mur droit*, immédiatement reconnaissable avec sa forme d'épée. Il s'agit d'une gigantesque falaise qui s'étend sur 110 kilomètres. Les *Alpes lunaires* culminent à 4000 mètres d'altitude, ce qui est considérable si on se souvient des dimensions respectives de la Lune et de la Terre. Cette région montagneuse semble percutée par le *cratère Platon*, proche du pôle nord, surnommé le *lac noir*. Au lendemain du premier quartier, il faut observer le *cratère Tycho*, l'un des plus récents grands cirques lunaires, qui devient le foyer d'un immense réseau rayonnant. Deux jours auparavant, c'est la *rainure d'Hyginus*, longue de 200 kilomètres et large de 4 kilomètres en moyenne, qui ressortira de façon spectaculaire aux alentours du terminateur[164]. La région de la *mer du Nectar*, dont les laves ont largement enseveli les remparts de *l'arène de Fracastorius*, est également l'une des plus belles. *Chaque nuit est l'occasion d'admirer la Lune sous une lumière différente*. Il en est ainsi pour le *Mur droit* qui n'apparait pas de la même manière selon la phase pendant laquelle on prend plaisir à l'observer. La lumière rasante du Soleil change du tout au tout lorsque l'on passe de la période du premier quartier pour la retrouver, sous un autre angle, aux voisinages du dernier quartier : l'éclairage est inversé. Par une métaphore sans surprise, l'archétype symbolique de la Lune est bien le *héros*, un mixte de la Terre et du Ciel, des mortels et des dieux. La Lune est par essence, « changeante », « instable », *''métamorphique''*. Elle correspond pleinement à cet entre-deux évoqué par Aristote. C'est un intermédiaire, comme Mercure, mais avec cette différence qu'Hermès transmet les messages sans forcément se risquer à réaliser des transitions de phases. *Toute action en rapport avec la Lune est ambivalente, car le principe qui l'anime est la conversion* : la faible pâleur de la lumière lunaire console et apaise les âmes tristes et agitées, la pleine Lune par contre perturbe les natures douces et exalte les esprits calmes. Au total, douze « astronautes » ont eu

---

[164] Le « terminateur » correspond, sur la Lune, à l'endroit où le Soleil se lève. La lumière rasante et le jeu des ombres projetées permettent d'augmenter la saisie de tous les reliefs.

l'immense privilège de fouler le sol lunaire : un petit saut de puce à l'échelle du système solaire, un grand bond à l'échelle de notre *connexion* avec l'immensité cosmique. Parmi ces douze grands héros, combien ont véritablement opéré une conversion ou du moins un déplacement vers une dimension métaphysique, au-delà du moi, au-delà aussi de l'univers considéré en tant qu'objet ? Combien ont véritablement expérimenté l'état d'*apesanteur,* au sens où nous l'entendons, c'est à dire cet état de liberté totale et radicale qui correspond au mouvement de sortie en dehors du quadriparti que constitue la Terre, le ciel, les mortels et les dieux ? Normalement, être en apesanteur c'est échapper à l'appartenance au lieu[165]. Et échapper à toutes les pesanteurs idéologiques qui gouvernent le monde sublunaire. *Le fait de commencer par planter un drapeau ne fut évidemment pas une bonne entrée en matière, encore moins un signe de connexion.* Manifestement, la Lune se situe encore trop loin pour nous. Et le vieux sage indien le savait déjà.

[165] Cf. G comme Gagarine

M comme Mars

« Mars n'a rien de curieux que je sache ; ses jours sont de plus d'une demi-heure plus longs que les nôtres, et ses années valent deux de nos années, à un mois et demi près. »

Fontenelle, *Mondes*, Quatrième soir.

L'alternance des jours et des nuits, la succession des saisons, la beauté des paysages – dans lesquels on rencontre de grands rifts, des mesas, des calottes polaires, des champs de dune et des volcans – composent un tableau faussement familier qui nous ferait presque oublier que la surface de Mars est un milieu pour lequel la vie terrestre est totalement inadaptée[166]. En l'occurrence, l'omniprésence d'une fine couche d'oxyde ferrique recouvrant le sol de la planète[167], l'exposition de celle-ci aux rayons cosmiques et aux bouffées de protons solaires[168], la dynamique des tourbillons de poussières (*dust devils*) et des tempêtes, la sublimation de toute eau liquide[169], l'absence de toute forme de vie manifeste, toutes ces caractéristiques nous ramènent à la réalité : *Mars n'est pas une deuxième Terre*. Sa surface est un immense désert. Cependant, la planète rouge est un mythe – peut être le plus grand des mythes en rapport avec le ciel étoilé – et comme tous grands mythes, Mars configure nos rêves. Depuis très longtemps, peut-être depuis toujours, cet astre mystérieux habite notre imaginaire. Aucune planète ne structure autant notre inconscient collectif.

---

[166] La rotation de Mars s'effectue sur une période de 24h 37 minutes. Mars possède une inclinaison et une période de rotation qui sont assez proches des valeurs régissant notre planète.

[167] La « planète rouge » doit sa couleur et son surnom à l'omniprésence, dans tout son régolite, de cette fine couche d'hématite amorphe, qui nous rappelle à quel point ce milieu est hostile. La composition de l'atmosphère, essentiellement du dioxyde de carbone, favorise la formation de nombreux nuages – composés de cristaux de CO_2 – susceptibles de capter une partie importante du rayonnement solaire, ce qui contribue au refroidissement d'un environnement planétaire où la température moyenne atteint à peine – 63°C. Le caractère ténu de cette atmosphère, ainsi que sa composition, ne permettent guère d'optimiser l'effet de serre. Ce désavantage, combiné à une forte excentricité orbitale, conduit à des modifications saisonnières asymétriques selon les hémisphères, dont un des effets les plus remarquables est la condensation hivernale, d'une partie importante de l'atmosphère, dans la calotte polaire de l'hémisphère le plus refroidi.

[168] Il s'agit d'un vent de particules ionisées produit par des tempêtes solaires.

[169] La moyenne de la pression atmosphérique se situe aux alentours de 6 millibars.

Les planètes sont des *astres errants,* elles se déplacent très lentement au cours des mois et des années à l'intérieur de la bande zodiacale, circulant d'une constellation à une autre, d'ouest en est. L'observation attentive de la trajectoire apparente des planètes dont l'orbite se situe à l'extérieur de l'orbite terrestre fait apparaître une singularité : leurs mouvements stationnent, elles semblent s'arrêter, puis elles font demi-tour en se dirigeant étrangement d'est en ouest, effectuent une boucle, avant de reprendre leur marche dans le sens initial. Mars, comme nous le savons bien et comme le supputaient déjà les savants de la période antique, se trouve sur une orbite plus proche de la Terre que Jupiter ou Saturne. Uranus a été pendant longtemps confondu avec une étoile, Neptune quant à elle, n'est pas visible à l'œil nu. Or, plus une planète circule sur une orbite proche, plus sa boucle rétrograde est large et étendue. C'est la raison pour laquelle la trajectoire de Mars n'a pas manqué d'attirer l'attention des tout premiers observateurs. Les égyptiens et les babyloniens constatèrent son mouvement rétrograde ; un tracé a priori incompatible avec un système de référence géocentrique. Diverses théories furent établies afin de rendre compte du déplacement des astres de manière rationnelle et cohérente, si besoin en *sauvant les apparences* – σῴζειν τὰ φαινόμενα *(sozein ta phainomena*) – c'est à dire en faisant coïncider, coûte que coûte, l'interprétation des observations avec la théorie dominante. Hipparque, puis Claude Ptolémée conçurent dans ce but un schéma astronomique d'une très grande complexité : le système des épicycles. La mécanique céleste ressemble dans cette conception à un immense « spirographe » géant [170], dans lequel la trajectoire des planètes est gouvernée par la combinaison de petits mouvements circulaires uniformes – appelés « épicycliques » – se déplaçant eux-mêmes autour d'un cercle déférent centré sur la Terre, dont le rayon est beaucoup plus grand.

Comme nous l'avons déjà fait remarquer,[171] l'adoption d'un système de référence héliocentrique a une énorme valeur heuristique, ne serait-ce que par le fait qu'elle permet d'expliquer très simplement les boucles rétrogrades des planètes extérieures telles que Mars ou Jupiter. Inversement, le maintien d'un paradigme géocentrique met en relief les anomalies présentes dans le mouvement apparent de ces planètes. Dans le cas du mouvement apparent de Mars, sa rétrogradation est ample et étendue, elle se produit au moment de l'opposition, c'est à dire lorsque la Terre et Mars sont à leurs distances orbitales minimales. La magnitude de Mars augmente, sa couleur rouge devient plus

[170] Le „spirographe" est un instrument ludique, utilisant des roues dentées, permettant de tracer des figures géométriques hypo trochoïdes.

[171] Cf. I comme Infini

intense. Les noms donnés à Mars dans les mythologies grecques (*Arès*), babyloniennes (*Nergal*), romaines (*Mars*), hindoues (*Mangala*), évoquent tous la guerre, le feu, le sang, la terreur et la destruction.

Bien avant qu'apparaisse le mythe des martiens, la planète rouge a été associée non seulement à la couleur du sang et à la guerre, mais aussi à une trajectoire céleste irrationnelle, manifestement erratique et aberrante. Bien que la distance minimale entre la Terre et Mars puisse descendre, pour les oppositions les plus favorables, aux alentours de 56 millions de kilomètres, notre voisine rouge est toujours une planète très difficile à observer depuis la Terre. Des tempêtes de sables et de poussières s'élèvent régulièrement jusqu'à une altitude élevée, obscurcissent une très grande partie de l'atmosphère, rendant d'autant plus difficile l'observation d'une surface planétaire dont le rayon est deux fois plus petit que celui de la Terre. Cette difficulté extrême à scruter, par le biais de lunettes et de télescopes, tous les détails de la surface de Mars, explique les nombreuses erreurs d'interprétation commises autrefois par des astronomes chevronnés tels que Pietro Angelo Secchi, Giovanni Schiaparelli, Camille Flammarion et William Henry Pickering. Secchi est le premier à décrire ce qu'il appelle des « canali », mais ce sont surtout les comptes rendus des observations de Schiaparelli, en 1879, qui vont déclencher et alimenter une controverse. Schiaparelli, sans véritablement faire mention de « canaux » au sens où nous l'entendons dans la langue française, c'est à dire sans se prononcer sur le caractère artificiel des structures observées, décrit cependant des formations qu'il aura tendance à représenter toujours davantage de façon rectilignes et dédoublées. Il utilise, pour les qualifier, le mot "gémination", terme que l'on emploie surtout dans le vocabulaire scientifique pour désigner toute disposition par paires. Les modifications de l'albédo[172] martien, détectées de surcroît au grès des saisons, peuvent facilement induire l'idée d'une croissance de la végétation.

En 1892, Camille Flammarion publie *La Planète Mars et ses conditions d'habitabilité,* ouvrage dans lequel il soutient l'idée selon laquelle les « canaux » observés par Schiaparelli seraient des artefacts construits par une civilisation technologiquement en avance sur la nôtre. Aux Etats-Unis, William Henry Pickering interprète les régions sombres, non pas simplement comme de possibles étendues d'eau, mais comme de véritables champs de culture. Malgré les avertissements de l'astronome français d'origine grec, Eugène Antoniadi, pour qui les "canaux" relèvent d'une simple illusion d'optique, de nombreux scientifiques adoptent les théories s de Flammarion et de Pickering.

---

172 L'albédo définit le pouvoir de réflexion d'un corps. Cf. L comme Lune

Selon Antoniadi, la découverte d'alignements ne peut pas être certifiée dans ses détails, car cette observation s'effectue dans un contexte où toute interprétation perceptive demeure quelque peu aléatoire. En 1894, Percival Lovell finance la construction d'une grande lunette, pièce maîtresse d'un immense observatoire située à Flagstaff, sur un des sommets de l'Arizona, surnommé « Mars Hill » (2 300 mètres d'altitude). Lovell est un astronome amateur fortuné, il entend consacrer l'essentiel de son temps à l'étude de la planète rouge. Entre 1895 et 1908, il publie trois ouvrages dédiés à toutes sortes de comptes rendus d'observation. Ce travail débouche sur la conception d'une carte martienne comprenant 400 réseaux artificiels. En réalité, les thèses avancées dans les ouvrages de cet homme d'affaires sont de plus en plus spéculatives. Ne tenant aucun compte des avertissements d'Antoniadi, Lovell semble convaincu que les martiens ont développé un ingénieux réseau d'irrigation permettant d'acheminer l'eau des calottes polaires en direction de toutes les régions sèches et désertiques. Le démenti apporté en 1909 par le nouveau télescope du Pic du Midi n'y fera rien : la légende des canaux martiens s'impose dans l'inconscient collectif. La publication, dès 1896, de la première version du célèbre roman de science-fiction intitulé *La Guerre des Mondes* de H.-G. Wells, transformera cette légende en un mythe quasiment planétaire. Le roman fera l'objet de plusieurs adaptations, dont la plus célèbre sera une version radiophonique réalisée par Orson Wells en 1938[173]. Tout au long des années 1950 et encore au début des années 1960, le mythe des martiens prend désormais, aux États-Unis, la forme d'une légende urbaine dans laquelle les « petits hommes verts » viennent personnifier la menace soviétique. Ce motif rejaillit lourdement dans la culture populaire nord-américaine, les séries[174] télévisées et les films. Il faudra attendre 1965, et le survol de la planète rouge par la sonde américaine *Mariner 4*, pour mettre un terme provisoire à une controverse où, de manière inavouable et inavouée, se cristallisent toutes les peurs et toute la culpabilité d'une Guerre froide absurde, qui faillit réellement détruire notre monde.

La perception humaine est souvent projective, ce qui nous oblige à examiner avec beaucoup de précautions toute interprétation scientifique en termes de « ressemblances » et de « similitudes ». Si les structures martiennes

---

[173] En 1953, Byron Haskins proposera une réalisation cinématographique, que l'on peut qualifier en résumé comme étant beaucoup trop « américaine » pour demeurer fidèle à l'esprit du célèbre écrivain anglais, athée et progressiste. Ce film ancien n'en demeure pas moins plus intéressant que la piètre et décevante interprétation de Steven Spielberg diffusée en 2005

[174] Une des plus célèbres séries américaines exploitant ce sujet s'intitule *The Invaders* (« Les envahisseurs »), diffusée en 1967 sur le réseau ABC. Parmi les nombreux films on peut citer *Invaders from Mars* (« Les envahisseurs de la planète rouge »), qui date de 1953

repérées par Lovell ne sont que des projections anthropomorphiques, certaines similitudes géophysiques existant entre Mars et la Terre sont, quant à elles, bien réelles. Avant de voir leur route se séparer vers des cadres évolutifs différents, Mars et la Terre ont bénéficié, il y a quatre milliards d'années, d'un contexte géophysique similaire[175], avec notamment un volcanisme qui fut très actif. Les volcans boucliers qui parcourent l'hémisphère nord de Mars ont une taille démesurée. *Olympus Mons* – dont le sommet se situe à une altitude équivalant à deux fois et demie la hauteur de l'Everest – est de fait le plus grand volcan du système solaire. Sa largeur est estimée à 648 km. De telles valeurs s'expliquent par le fait que Mars n'est animée par aucun mouvement de tectonique des plaques. L'immobilité de la croûte favorise l'accumulation des laves dans les points chauds, sur des périodes de temps qui s'étirent jusqu'à plusieurs milliards d'années. *Olympus Mons* se trouve au nord-ouest du *renflement de Tharsis*, un plateau où se situe un alignement de trois autres grands volcans boucliers. La planète rouge est également connue pour son réseau de grands canyons : *Vallès Marineris*. Cette région, qui s'étend sur près de 4000 km de long, correspond à un gigantesque fossé d'effondrement, considérablement fracturé, élargi par l'érosion, situé sur un plateau qui s'est soulevé à 7 km d'altitude sur le niveau de référence martien. Il y a tout lieu de penser que le soulèvement de *Tharsis* est à l'origine de *Vallès Marineris,* qui est certainement la structure géologique la plus spectaculaire observable dans notre système solaire. Aux abords des canyons, mais aussi en d'autres endroits de la planète, des ravinements suggèrent l'écoulement d'une eau liquide, chargé en sels, contenant du potassium, des chlorures, des perchlorates, du magnésium, du sodium. De telles saumures permettent d'abaisser considérablement la température de fusion de la glace d'eau. Malheureusement, *la masse de notre voisine rouge constitue son talon d'Achille.* On ne peut s'empêcher de penser que si la gravité avait été suffisante afin de maintenir des conditions favorables pour l'émergence de la vie, à la surface ou dans les océans primitifs de Mars, des organismes auraient certainement proliféré sur toute la planète. Cependant, il n'est pas pour autant

[175] Au cours de son histoire, l'activité géologique s'est éteinte et le champ gravitationnel martien s'est révélé insuffisant pour retenir tous les éléments légers d'une atmosphère qui s'est progressivement évaporée dans l'espace. Il n'en demeure pas moins que Mars a vraisemblablement connu, dans le premier milliard d'années de son existence, un contexte géophysique très proche de celui qui gouverne la Terre. On peut imaginer que des formes de vie rudimentaires se soient d'abord développées sur Terre avant d'inséminer Mars. Des bactéries peuvent en effet voyager et survivre dans l'espace en étant insérées dans des météorites. Mais on peut imaginer aussi que des météorites martiennes aient injecté la vie sur Terre. Nous serions alors tous des « martiens ». Dans les deux cas, si ces hypothèses devaient être un jour confirmées, les conséquences scientifiques et philosophiques seraient immenses.

assuré que cette vie martienne se serait développée selon le même rythme et sur les mêmes bases biochimiques que sur Terre. Non seulement, Mars ne possède pas un grand satellite naturel permettant de stabiliser son axe de rotation, mais elle se trouve de surcroît à une distance moyenne au Soleil équivalent à 228 millions km. Elle reçoit donc beaucoup moins d'énergie que la Terre. De plus, nous savons que le développement des premières colonies de cyanobactéries a lourdement impacté tous les paramètres fondamentaux qui définissent in fine la composition de l'atmosphère, de la surface et du sous-sol terrestre. Pendant trois milliards d'années, les bactéries ont oxygéné notre atmosphère. L'interaction de l'oxygène avec les rayons ultraviolets a engendré une couche d'ozone protégeant notre environnement : la vie a pu ainsi sortir de l'eau pour coloniser tous les continents. *Avec le recul, on peut avoir le sentiment que nous devons notre présence à une somme improbable de facteurs, mais aucun argument décisif ne peut par ailleurs nous empêcher de penser que d'autres scénarios menant à la vie soient possibles.* La survivance d'une vie rudimentaire dans le sous-sol martien ou les océans glacés d'Europa est une hypothèse qui demeure plausible. Après tout, la découverte de formes de vie extrêmophiles plaide sur Terre en faveur de cette conjecture : dès que la vie trouve un moyen, elle se développe. La première définition qu'il faut donner à la vie n'est-elle pas l'adaptation ? Explorant sans relâche, depuis 2012, le *cratère Gale*, le robot *Curiosity* a identifié des traces de méthanes saisonniers ainsi que des molécules organiques. Bien que ces découvertes puissent être expliquées par des processus physico-chimiques qui n'impliquent pas nécessairement la vie, elles intriguent fortement les scientifiques. Toute la moisson des innombrables données récoltées par les nombreuses sondes et les rovers qui ont été envoyés vers Mars drainent, en réalité, plus de questions que de réponses[176]. Envoyer des hommes sur Mars sera certainement, au cours des prochaines décennies, la meilleure manière de trancher les nombreuses controverses qui concernent la présence potentielle d'une forme de vie dans le sous-sol martien. L'arrivée d'une mission humaine sur la planète rouge constituera, de fait, un exploit hors du commun. Ce périple nécessitera de surmonter de nombreuses difficultés, tant sur le plan technologique que sur le plan humain : le développement d'une nouvelle génération de moteurs ioniques couplés à une propulsion nucléaire permettant de réduire la durée du trajet ; un vaisseau spatial capable de protéger les futurs astronautes des rayons cosmiques ou d'une éventuelle éruption solaire ; mais aussi, pour le futur

[176] Cette constatation ne surprendra personne ; dans le domaine scientifique, tout se passe comme si un problème ne pouvait être résolue sans que deux ou trois questions nouvelles ne viennent immanquablement se poser.

équipage, une résistance psychologique à toute épreuve. Cette mission sera sans aucun doute un des plus grands défis scientifiques du XXIème siècle. Elle reposera sur un effort de coopération internationale, sur une synergie des savoirs, peut-être même sur l'élaboration d'une nouvelle forme de *cosmopolitisme* dans laquelle toutes les grandes puissances spatiales – les Etats-Unis d'Amérique, l'Union Européenne, la Chine, la Russie, l'Inde, le Japon ... – seront réunies vers un objectif commun. Cette synergie des grandes puissances spatiales ne relève-t-elle pas de l'utopie ? Tant que la compétition demeurera le véritable fer de lance de la conquête de l'espace, une coopération internationale ne pourra s'effectuer qu'à la condition que toutes les nations en partagent les retombées de façon équitable. *La gestion de la crise de l'épidémie du COVID, et comme on peut le craindre dans les prochaines décennies, la régulation des rejets de gaz à effet de serre démontrent, s'il le fallait, à quel point l'entre-aide devient une nécessité incontournable.*

Indéniablement, un voyage vers Mars – alors même que, dans le monde entier, les médias viennent de célébrer le cinquantenaire des premiers pas de l'homme sur la Lune – serait, pour l'humanité tout entière, l'analogue d'un rêve éveillé. Mais tout compte fait, cette dimension onirique n'a rien d'étonnant : si toute planète est un mythe, si toute planète possède ses mythes, parmi toutes les planètes de notre système solaire, Mars incarne depuis plus d'un siècle le mythe à l'état superlatif. Le pouvoir du mythe a toujours été de rassembler. En réunissant les hommes et les dieux autour d'un récit ayant trait à l'origine et au destin, le mythe possède un pouvoir de cimentation sans équivalent. *Mars demeure aujourd'hui, plus que jamais, un mythe vivant, un mythe planétaire dont la capacité de régénération n'a jamais été aussi vivace. Pourra-t-il réunir tous les hommes, au-delà de leurs clivages culturels et géopolitiques ?* La construction de l'ISS – *la Station Spatiale Internationale* – fruit d'une coopération entre les agences américaines, canadiennes, européennes, russes et japonaises, démontre que l'humanité peut surmonter ses différends pour s'accorder autour d'un rêve commun.

N comme Nuit

« Le noir du ciel est une couleur paradoxale : elle désigne à la fois l'absence de couleur et la transparence qui laisse passer la lumière[177]. »

Vincent Bontems

La nuit commence avec le coucher du Soleil, elle se finit avec son retour. Sa durée est donc variable selon les saisons, à l'exception notable des régions équatoriales. Définir la nuit d'un point de vue scientifique n'est pas d'un grand intérêt. Certes, il est légitime de se demander pourquoi la nuit est noire, nous sommes alors portés à considérer des questions concernant la dynamique de l'expansion de l'univers, ou bien encore le caractère fini de la vitesse de la lumière, mais ces interrogations ne concernent qu'un aspect secondaire et dérivé, elles portent sur l'apparence de la nuit, elles ne concernent pas *l'apparaître* qui caractérise la nuit comme telle. De la même manière, aborder la nuit par le biais d'analyses ethnologiques (tous les peuples ne vivent pas la nuit de la même façon) ou anthropologiques (il existe bien des invariants universels qui structurent notre rapport à la nuit) serait une manière très enrichissante « d'éclairer » la nuit, ce qui revient, une fois encore, à passer à côté de son essence.

La tombée de la nuit est un moment critique dans lequel s'ouvre tour à tour un espace de réversion (la nuit peut être apaisante aussi bien qu'effrayante), de neutralisation (la nuit « tous les chats sont gris »), de dévoilement, de réflexion et de contemplation (même lorsque la nuit n'est ni calme, ni silencieuse). La nuit favorise le repos et le sommeil, mais pas toujours. Les problèmes non résolus, les attentes et les angoisses surgissent la nuit, notamment dans nos rêves. C'est aussi un temps propice à la fête. Les plus grandes festivités, comme par exemple le Carnaval de Rio de Janeiro, se déroulent la nuit. Si l'essence archaïque de la fête excède tout dispositif de pouvoir et de contrôle (la fête est fondamentalement transgression et consumation, elle célèbre l'abolition de tout ordre contraignant), l'essence archaïque de la nuit échappe, quant à elle, à tout discours objectivant. La nuit n'est pas la noirceur (la nuit peut être « noire » autant qu'elle peut être « blanche ») ni l'obscurité (celle-ci peut nous conduire vers l'obscurantisme),

---

[177] Les Idées Noires de la Physique, Ed. Les Belles Lettres, 2017

alors que bien des nuits mènent à la clarté, ni – et encore moins – les ténèbres. Noirceur, obscurité, ténèbres, vide, néant, etc. représentent autant de motifs pouvant être explorés par et dans un langage philosophique et rationnel. Il nous semble que l'approche de la nuit requiert au contraire de se départir de ce que Michel Foucault appelle : une « grille de dénomination[178]. » Toute démarche cherchant à conceptualiser la nuit conduit à utiliser une lumière beaucoup trop forte, avec laquelle il n'est plus possible d'apercevoir les nuances subtiles que la nuit imprègne dans notre esprit. Ni le scintillement des étoiles.

Emmanuel Levinas appelle « lumière » le processus qui conduit à réduire l'autre au même et à expliquer l'inconnu par le connu[179]. *Identifier l'altérité de la nuit revient à la détruire.* La pollution lumineuse est une catastrophe. Reste alors la ressource poétique. La poésie, mieux que toute autre forme d'expression, peut « rendre visible » cette partie de notre existence qui convoque et interroge périodiquement et librement la nuit, autant dans notre manière de la vivre que dans notre propension à vouloir la signifier.

« *L'acte poétique*, disait Philippe Lacoue-Labarthe, *consiste à percevoir, non à représenter.* [180] »

Les trois poèmes en prose qui suivent marchent à tâtons dans la nuit. Elles témoignent de la difficulté, peut-être de l'impossibilité, à se défaire de toute logique de la représentation. Comment dépeindre la nuit, lorsque celle-ci n'est plus approchée dans sa différence avec le jour ?

---

178 « Les choses et les mots sont très rigoureusement entrecroisés : la nature ne se donne qu'à travers la grille des dénominations, et elle, qui, sans de tels noms, resterait muette et invisible, scintille au loin derrière eux, continûment présente au-delà de ce quadrillage qui l'offre pourtant au savoir et ne la rend visible que toute traversée de langage. » Michel Foucault, *Les Mots et les Choses,* Ed. Gallimard, 1966.

179 E. Lévinas, *Le Temps et l'Autre,* Ed. des Presses Universitaires de France, 1979.

180 P. Lacoue-Labarthe, *La Poésie comme expérience*, C. Bourgois Editeur, 1986. Personne autant que « Lacoue » (comme nous nous plaisions à l'appeler) n'a su parler aussi intensément, et pourtant toujours plus posément, là où le langage nous entraîne au bord de la rupture.

Le moment venu

Dans toute journée subsiste, quelque chose de non vécu. Dans tout amour, quelque chose de non consommé. Dans toute parole, quelque chose de non signifié. Alors le moment venu, vient l'intimité qu'offre la nuit.

A chaque crépuscule, entrer dans l'intimité qu'offre la nuit. Non pour la sonder, encore moins l'apprivoiser ou en percer les mystères. Pour que seulement, elle retienne et préserve, cette sidération partagée, qu'aucune lumière n'exposera jamais.

Dans toute journée insiste, l'incompréhensible lucidité. Dans tout ciel bleu, le vide obscur. En tout travail et en toute action, un fragment interminé. Alors le moment venu, vient cette arborisation étoilée qu'offre la nuit.

Toujours il faudrait, anéantir le temps, pleinement, posément, résolument et obstinément. Et le moment venu, assister à chaque coucher du soleil.

L'Objet de Hoag

Un phalène, couché, épuisé, au pied d'un sycomore. Le monde se tait, il l'éprouve. A l'extrême limite, sur le bord de ses antennes, au motif géométrique. Un enchevêtrement, des branches et des fleurs, un lieu désolé, idéal pour attendre la nuit.

Soudainement, toutes les étoiles. Véga, Bételgeuse, Aldébaraan, Rigel, Deneb, Tau Ceti, Fomalhaut. La nature, pas forcément à l'écoute, irradiée de toutes parts. Dans la constellation de l'aigle, les Piliers de la Création. Les particules pleuvent. Imprégnation d'oxygène et de carbone. Plages de Tahiti, Vallès Marineris, Ganymède et Neptune.

L'Objet de Hoag, déployé, visible partout.

Sous la chevelure de Bérénice, respirer redevient simple et naturel. Hermès, comme à son habitude, rejoint son quartier de Lune. Une luciole, petite supernova disséminée, brille au pied d'un arbre léger, frêle et éthéré.

Presque tout de suite à côté

Horizon ouest, l'astre du jour s'est perdu, sur la plage. Comme un enfant. Au-delà de la falaise de Kuiper, Oumuamua. Je te cherche partout, comment te retrouver ?

Scintillement stellaire, tout en nuances réfractées, ombres sidérées, cris étouffés. Je divague hors-piste, cela passe inaperçu. Plus aucune balise. Tout semble vitrifié.

Dans l'Amas de l'Hydre, TON 618, la nébuleuse de la Lyre, je te cherche partout, comment te retrouver ? Et tout le long, du …Grand mur de Sloan. Superamas de Saraswati. Et finalement, le grand vide du Bouvier.

Horizon est, nappe de lumière, progressivement blanche, rose, rouge. Soudainement froide. Chaque photon inopinément, se diffracte dans les poussières, dans les grandes résolutions et les petites trahisons.

Retour d'un territoire sans polarité, d'une attente irrémédiable, infinie. Tout y est réel, mécanique, réalisé, saturé.

Et, presque tout de suite à côté, souvenir de ton sourire resplendissant. Réflexion de la couleur, insectes, oiseaux, fleurs. Connexions, sous toutes les fréquences.

Et, presque tout de suite à côté, l'univers apparaît. Tout cela, éternellement, fait défaut.

O comme Observation

« N'oublions pas que toute essence, toute vérité,
pour ne pas rester abstraction pure, doit *apparaître*[181]. »

Hegel

En 1054, les éphémérides établies en Chine portent le témoignage de l'apparition d'une nouvelle étoile qui a atteint un pic de luminosité très important au cours du mois de juillet. Pendant plusieurs semaines, « *l'étoile invitée* » a atteint une magnitude apparente comprise entre -5 et -3. Elle fut visible en plein jour, sans aucune difficulté. Cet astre mystérieux fut observé pendant au moins deux ans, avant de décliner pour disparaître définitivement. L'emplacement, qui fut indiqué en Chine pour signaler sa position, correspond aujourd'hui à un *rémanent de supernova.* Cette région du ciel est bien connue de tous les astronomes : il s'agit de la *Nébuleuse du Crabe*, située dans la *constellation du Taureau.* De manière étrange, les éphémérides rédigées en Europe ne font aucune mention clairement établie de la présence d'une nouvelle étoile. Tout se passe comme si les européens n'avaient pas vu cet astre, ce qui semble impossible compte tenu de la durée et de l'intensité du phénomène. En réalité, les savants européens et arabes ont observé ce phénomène céleste, mais *ils ne l'ont pas interprété comme étant une nouvelle étoile.* La théorie astronomique dominante, dans toute cette période du Moyen Age, était celle d'Aristote. Pour le Stagirite – dont le cadre conceptuel est largement diffusé par toute la pensée scolastique – il ne peut y avoir de modification dans le domaine supra lunaire. Les étoiles sont immuables, elles ne sauraient naître ou disparaître. Dans toute l'Europe, la *supernova de 1054* fut vraisemblablement observée dans le contexte paradigmatique aristotélicien en fonction duquel la seule interprétation possible fut de la considérer comme étant un *météore*, c'est à dire – au sens littéral – un phénomène atmosphérique[182]. Cette interprétation était la meilleure manière de "sauver les

[181] G-W Hegel, *Esthétique*, Ed. Flammarion, 1979, trad. S. Jankélévitch.

[182] Il en sera ainsi jusqu'au 16ème siècle. Comme le rappelle Jean Seidengart, « l'apparition d'une *nova* en 1572 dans la constellation de Cassiopée (puis une autre en 1604 dans le Serpentaire) et le passage de la grande comète de 1577 (dont les mesures de Tycho Brahé, dix fois plus précises que celles des Anciens, purent établir qu'elle ne se situait pas dans le monde « sublunaire ») ébranlèrent le dogme aristotélicien de l'incorruptibilité des cieux. » *Dieu,*

apparences" – σῴζειν τὰ φαινόμενα *(sozein ta phainomena)* – en d'autres termes, de rendre compte du phénomène sans chercher à bousculer le cadre paradigmatique dominant.[183] C'est la raison pour laquelle la *supernova de 1054* n'apparaît pas clairement dans les éphémérides européennes. Cette méprise nous indique à quel point l'analyse épistémologique de la notion « d'observation » peut se révéler complexe et riche d'enseignements.

L'observation est en effet une modalité très particulière de la vision et du regard. Tandis que *voir* relève d'une attitude passive, neutre et désintéressée, *regarder* signifie prêter attention, avoir un égard, s'intéresser à quelque chose ou à quelqu'un. *Observer* consiste également à prêter attention, à s'intéresser et à considérer, mais avec une connotation scientifique : il s'agit de regarder avec méthode et application. L'observation scientifique se déploie à l'intérieur d'un cadre conceptuel permettant d'établir des mesures et d'interpréter des faits. L'observation est en quelque sorte plus distanciée que le regard, elle se veut également plus active que la contemplation. En l'occurrence, l'astronomie est une science de l'observation. Les astronomes travaillent au sein « d'Observatoires ». Depuis le début du XVIIème siècle, l'utilisation de lunettes et de télescopes – aujourd'hui augmentée par toutes les technologies qui permettent de sonder l'espace à toutes les longueurs d'onde – joue un rôle prééminent, non seulement dans le rythme et le statut des connaissances astronomiques, mais aussi dans la *manière* même de rendre l'univers *visible*.

« Le rapport entre le visible et l'invisible, *explique Aurélien Barreau,* est le même que celui entre l'épaisseur d'un cheveu et la taille d'une galaxie ! Ce cheveu, vu sur la tranche, représenterait les ondes que nos yeux peuvent percevoir. Cette immense galaxie représenterait les ondes qui nous sont invisibles mais dont l'existence est tout aussi réelle. C'est dire l'étendue de ce qui échappe à notre regard[184] ! ».

Puisque l'Univers se dérobe à notre regard, l'observation scientifique consistera, selon l'expression célèbre de Galilée, à « mettre la nature à la question », c'est à dire à la torture. Dans le domaine de la science, disait Gaston Bachelard, « ce n'est jamais (en effet) la première observation qui est la bonne [...] Il faut que le phénomène soit trié, filtré, épuré, coulé dans le moule des

L'Univers et la Sphère Infinie, Ed. Albin Michel, 2006

183 Cf. M comme Mars

184 Aurélien Barreau, *Big-Bang et au-delà : les nouveaux horizons de l'Univers*. Ed. Dunod 2019

instruments[185]. » Le *Nouvel Esprit Scientifique* prend pour point de départ ce constat : la science n'est capable d'étudier la réalité que par l'intermédiaire d'une technique. Le fait scientifique est produit dans le laboratoire. Par exemple, on ne peut pas étudier la loi de la chute des corps en se contentant d'observer tomber les feuilles mortes ; pour étudier scientifiquement ce phénomène, il faut parvenir à l'isoler de tous les facteurs qui lui sont étrangers mais auxquels il est lié dans la nature (forme étale de la feuille, vent, résistance de l'air, etc.). En utilisant un instrument technique – en l'occurrence le *tube de Newton* – on supprime ces facteurs étrangers mais, du même coup, on produit un objet « abstrait », au sens littéral, c'est à dire arraché à la nature. L'expérimentation est une négation de la nature. L'objet scientifique est, en effet, une abstraction imposée à la réalité au nom des exigences rationnelles. Dans la nature aucun corps ne tombe conformément à la loi : l'objet scientifique est donc « imprésentable » dans la nature ; il n'est présentable et ne peut faire son *apparition* que dans le laboratoire où s'affaire l'expérimentateur. L'instrumentation technique est donc ici déterminante. Par elle, le réel est transformé conformément aux exigences de la raison : le réel est rationalisé. L'originalité des analyses de Bachelard consiste à montrer la réciprocité de ce rapport du réel et du rationnel. En effet, par la technique, non seulement le réel est rationalisé, mais la raison elle-même est matérialisée : « les instruments, *écrit Bachelard,* ne sont que des théories matérialisées [...] Une science a l'âge de ses instruments de mesure[186]. » Toute observation scientifique dépend des conditions historico-techniques de sa production. C'est pourquoi, on ne saurait comprendre les travaux des grands scientifiques à partir de leur seul « génie », il faut aussi considérer combien l'expérimentation suppose de progrès techniques.

L'enjeu d'une réflexion concernant l'observation scientifique est donc double. Cette réflexion ne concerne pas seulement le statut de la technologie, elle nous amène à reconsidérer le statut de l'observateur lui-même. La nature humaine n'est pas une pensée pure. Si l'homme est sujet, ce sujet n'est pas comme le laissent croire certaines lectures précipitées de Descartes un pur *cogito*, que l'on pourrait considérer comme un point d'ancrage, un principe «archimédique » dans l'ordre des raisons[187]. C'est au contraire un sujet satellisé, c'est à dire relativisé par rapport à la technique qui seule permet

---

[185] G. Bachelard, *Le Nouvel Esprit Scientifique*. Ed. des Presses Universitaires de France, 14ème édition 1978.

[186] Ibid.

[187] Tout en faisant référence à Archimède, Descartes, au début de ses *Méditations Métaphysiques*, est à la recherche d'un point fixe autour duquel il pourra reconstruire toute la science et toute la philosophie.

comme un corpus de connaissances définitivement acquises, mais comme un travail lui-même inscrit dans le progrès historique des conditions de son effectuation. Objet produit et instrument de production sont historiquement déterminés. Avec le *Projet Manhattan,* qui a conduit à la conception et à la construction de la première bombe atomique, puis tout au long du XXème siècle jusqu'à aujourd'hui, cette structure d'objectivation a pris une énorme ampleur, elle correspond à ce que les américains surnomment volontiers la *big science*, cette science, qui comme l'avait justement prévu René Descartes, ne se contente pas de spéculer, mais qui cherche et trouve des applications pratiques dans diverses réalisations technologiques : intelligence artificielle, ordinateurs quantiques, génie génétique, accélérateur de particules, sondes spatiales.

Le 25 juillet 1976, la sonde américaine *Viking 1* survole la planète Mars au niveau du 41° de latitude nord. Elle cartographie une banale colline érodée qui, par le jeu des ombres rasantes et du relief, donne l'illusion saisissante d'observer un gigantesque visage humain. Le fameux « visage de Mars » ne manque pas de déclencher, un siècle après les observations de Schiaparelli, quasiment le même délire perceptif que celui qui fut largement suscité par les interprétations de Percival Lovell[188]. On ne se débarrasse pas d'un mythe aussi facilement. Que ce soit dans le cas des « canaux » ou dans l'exemple particulièrement naïf du *visage*, il apparaît que toute observation, effectuée soit directement par nos sens – comme ce fut le cas pour la *supernova de 1054*– soit indirectement par l'entremise de de télescopes ou de sondes spatiales, s'effectue toujours en rapport avec une interprétation implicite. Nous n'avons jamais de simples sensations – visuelles ou autres – nous n'avons que des perceptions dans lesquelles nos sensations sont continuellement saisies dans des *images conceptuelles* déterminées tour à tour – et en fonction du contexte où s'effectue l'observation – par un encadrement culturel, un espace symbolique religieux, un paradigme scientifique, une structure phénoménotechnique, etc. La lecture d'une image, quelle qu'elle soit – religieuse, philosophique, poétique, scientifique – requiert toujours une herméneutique. En l'occurrence, nos perceptions privilégient inconsciemment les lois de la géométrie, sélectionnent les formes les plus simples et les plus cohérentes[189], projettent nos affects les plus forts, nos désirs, nos angoisses, nos espoirs mais aussi nos fantasmes. Une image est ce qui se constitue dans

[188] Cf. M comme Mars

[189] Les psychologues de l'école allemande de la « forme » (*Gestalt*) ont eu raison de minimiser le rôle de l'intelligence et du jugement : percevoir n'est pas nécessairement, dans tous les cas de figure, un acte rationnel de synthèse.

la visée d'un regard. Il y a différentes manières de regarder, il y a donc différentes manières de rendre manifeste le latent. Si, comme l'explique encore clairement Bachelard, le processus d'objectivation scientifique implique de rendre « présentable » l'objet observé, toute exposition au ciel étoilé exige de manière réciproque de prendre en compte la façon dont celui-ci nous regarde. *L'observation se fait ici transport dans ce qui, du ciel étoilé, vient à nous. Nous proposons d'appeler "l'apparaître" ce mouvement toujours naissant suscitant une considération. Il ne faut pas confondre l'apparaître ni avec l'apparence, ni avec l'apparition. Celle-ci, aussi merveilleuse soit-elle, n'est qu'un résultat. L'apparence, pour sa part, peut se révéler trompeuse, ce qui contribue à masquer l'apparaître dans sa manifestation essentielle. L'apparaître est un mouvement de transport dans ce qui, du ciel étoilé, vient à nous. Et quoiqu'il arrive, quoiqu'il nous soit donné d'accueillir, il y a toujours plus dans l'apparaître que dans l'apparition.* Toute la question est là, nous l'avons déjà rencontrée, nous ne cessons d'aller à sa rencontre : lorsque nous observons le ciel étoilé, que nous est-il donné de voir ? L'Univers dans son *apparaître* ou l'apparition de l'Univers ? En 1976, René Char nous proposait cette réponse :

« Nuit du 17 septembre 1976. Voûte entièrement disponible. (...) La formidable mécanique céleste est en place. Ce soir la lune n'y tiendra qu'un rôle effacé, celui d'un coupeur de tête amazonien égaré à un carrefour d'autoroutes. Malgré mes écœurements anciens, ma tête, qui éprouve de plus en plus de difficulté à se lever, verra toutes les folles là-haut offrir leur cible idéale à d'agiles fornicateurs terrestres. Couchons-nous dans l'herbe humide et vérifions. Mais où se trouve le Maître Mécanicien dans cet ensemble[190] ? »

L'observation du ciel étoilé, à l'écart de toute civilisation, loin de toute pollution lumineuse, est toujours un spectacle dense et précieux, dont tout l'intérêt et toute l'étrangeté consiste en même temps à placer l'observateur dans une situation déconcertante.[191] Mais dès que l'été s'annonce, l'observation de la voûte céleste a pour effet d'inviter chacun à plonger dans l'oubli que procure cette contemplation souveraine et impénétrable. Les astres procurent en effet le sentiment du lointain, d'une altérité inaccessible par conséquent radicale. Ce sentiment semble accentué pour tous ceux qui ne connaissent quasiment rien de la configuration des constellations ou du type spectral qui caractérise

---

[190] R. Char, *Comment ai-je pu prendre un tel retard ? Fenêtres dormantes et portes sur le toit*, Ed. Gallimard 1979.

[191] Le confort de l'observation n'est pas garanti et pour ceux qui ne sont pas habitués aux rituels de l'observation du ciel nocturne, le froid joue vite un effet répulsif.

les étoiles les plus brillantes. Bien qu'en réalité on ne puisse observer qu'un nombre relativement restreint d'étoiles à l'œil nu, il suffit que la Lune s'efface sous l'horizon, la voûte céleste peut alors sembler être illuminée par des millions d'astres observables. Cette démesure donne le vertige. A moins de disposer d'un instrument d'observation (simple paire de jumelles, lunette ou télescope) *seules 6000 étoiles sont accessibles directement à notre contemplation*. S'il n'est pas toujours facile de trouver un bon site d'observation, il n'est pas facile non plus d'avoir spontanément la bonne disposition et le bon καιρός *(kairos)* pour accueillir l'expérience du ciel : *tous ceux qui ont l'habitude de se connecter régulièrement avec le ciel étoilé savent par avance que les astres les prendront toujours par surprise* alors même qu'en apparence les étoiles demeurent indéfiniment fidèles au rendez-vous, toujours dans la même configuration.

Les astres suivent en effet un mouvement circulaire périodique de 23 heures 56 minutes et 4 secondes lié à la rotation de la Terre. Ce mouvement régulier induit la rotation apparente de toutes les constellations autour de l'étoile polaire, qui se trouve dans la ligne de visée de l'axe imaginaire qui relie le pôle sud au pôle nord. Qu'il s'agisse du déplacement quotidien de la voûte céleste, du cycle de la Lune ou du ballet incessant des satellites de Jupiter, il est très réconfortant d'observer une temporalité circulaire, de constater la permanence d'un ordre régulier et répétitif[192]. Les poètes, les danseurs et les musiciens savent – certainement mieux que les astronomes – se perdre dans quelque chose de tel qu'un rythme, ou pour le dire un peu mieux, dans quelque chose de telle qu'une communication qui s'établit par le biais d'un rythme. D'une manière ou d'une autre, une communication avec les étoiles ne peut prendre la forme d'une *connexion* qu'à condition de laisser venir à elle le mouvement du monde. Plutôt qu'un défi intellectuel, cette expérience advient véritablement dans ces rares moments où l'émotion prend le pas sur tous nos sentiments habituels.

L'émotion est un affect qui met le corps immédiatement en mouvement : joie, peur, colère, étonnement, dégoût, tristesse. Par opposition le sentiment est un affect qui perdure sous forme de pensées. Les sentiments sont en ce sens plus « réfléchis ». Dans la célèbre *allégorie de la Caverne*, décrite dans le Livre VII de l*a République* de Platon, les Idées sont symbolisées par les étoiles, l'Idée la plus importante – l'Idée du Bien, dont Platon nous dit qu'elle est « épekeina tès ousias » (*au-delà de l'essence*) se trouve représentée par le Soleil. Toute personne qui accède à cette contemplation des Idées éprouve une

---

[192] Cf. J comme Jupiter

joie indicible. La *théoria* trouve ici son sens originel, car pour les anciens Grecs le ciel étoilé est d'abord un sujet d'étonnement. Pour Aristote, comme pour son maître Platon, l'étonnement se trouve à la source de la science et de la philosophie. L'étonnement peut se comprendre à un niveau très superficiel comme un sentiment suscité par des phénomènes extraordinaires, inattendus, inexplicables[193]. En réalité, l'étonnement dont nous parlent Platon et Aristote, ne concerne pas seulement le caractère imprévisible et inhabituel des phénomènes. Il peut naître simplement d'une nouvelle façon de considérer les choses les plus ordinaires. Les objets les plus quotidiens, à condition d'être envisagés avec un regard neuf, sont autant d'éléments étonnants. L'observation du ciel étoilé, de ses mouvements périodiques, parfois ponctués par la trajectoire disruptive d'une « étoile filante », fait partie de ce registre. Il génère cet *étonnement contemplatif,* ce choc émotionnel,[194] cette découverte, immédiate, impromptue, déconcertante, du fait qu'il y a de l'être. Entendez : c'est la découverte du fait que l'univers existe et nous implique. « Excepté l'homme, *explique Arthur Schopenhauer*, aucun être ne s'étonne de sa propre existence, c'est pour tous une chose si naturelle, qu'ils ne la remarquent même pas. (…) L'homme est un animal métaphysique[195]. » Selon Schopenhauer, plus un homme est supérieur en intelligence, plus l'existence possède pour lui une épaisseur, un mystère singulier. L'étonnement que nous pouvons ressentir à l'occasion de l'observation du ciel étoilé se définit, comme en toute forme d'étonnement, mais peut-être plus encore ici qu'ailleurs, dans une manière très particulière de porter son *regard.* Avant de faire l'objet d'une étude méthodique

---

[193] Selon Leibniz, « jamais rien n'arrive sans qu'il y ait une cause ou du moins une raison déterminante, c'est-à-dire qui puisse servir à rendre raison *a priori* pourquoi cela est existant plutôt que non existant et pourquoi cela est ainsi plutôt que de toute autre façon» (*Théodicée*, I, 44). De façon générale, on explique un phénomène en indiquant sa cause et en établissant des lois qui le relient à d'autres phénomènes. En conséquence, tout événement qui semble échapper au principe de raison susciterait l'étonnement. Le « principe de raison suffisante » se trouve à la base de tout travail d'objectivation rationnelle, « rien n'arrive sans cause, rien ne sort du néant ». Et l'étonnement serait provoqué par l'impossibilité de déterminer la cause d'un phénomène ainsi que toute rupture dans l'enchaînement attendu des événements.

[194] Le mot « étonnement » participe de la même racine sémantique que le « tonnerre »

[195] « Excepté l'homme, aucun être ne s'étonne de sa propre existence, c'est pour tous une chose si naturelle, qu'ils ne la remarquent même pas. (…) L'homme est un animal métaphysique. Sans doute, quand sa conscience ne fait encore que s'éveiller, il se figure être intelligible sans effort ; mais cela ne dure pas longtemps : avec la première réflexion, se produit déjà cet étonnement, qui fut pour ainsi dire le père de la métaphysique. C'est en ce sens qu'Aristote a dit au début de sa Métaphysique : C'est l'étonnement qui poussa, comme aujourd'hui, les premiers penseurs aux spéculations philosophiques. » Schopenhauer, *Le Monde comme volonté et représentation,* Ed. Presses Universitaires de France, 2014.

et appliquée, le ciel étoilé suscite l'admiration, la fascination, parfois jusqu'à la *sidération*. Les termes « stellaire » (relatif à l'étoile) et « interstellaire » (entre les étoiles), « sidéral » (relatif aux astres), « sidération » (relatif à l'étonnement et à la stupéfaction), le mot « désir » (constater et regretter l'absence d'astres bienfaisants), ont tous une étymologie qui se rapporte explicitement au domaine des étoiles. Le terme « considération » est peut-être le plus éloquent ; il signifie littéralement : « porter quelque chose ou quelqu'un à hauteur des étoiles ». *Nous proposons d'appeler ''considération'' le mouvement dans lequel celui qui contemple le ciel étoilé est en même temps contemplé par lui. On pourrait croire que le spectateur se contente de projeter dans le grand ailleurs ses propres croyances et ses propres espérances. En réalité, ce qui retient notre regard accroché dans le ciel se situe bien au-delà d'une expérience subjective de projection. Ce qui retient notre regard suspendu, dans la nuit constellée d'étoiles, c'est la manière dont les étoiles nous considèrent. C'est leur manière d'apparaître.*

Une connexion n'a de sens que lorsqu'elle s'effectue dans les deux sens. Enlever cet échange réciproque c'est supprimer toute fascination. La façon dont les étoiles nous apparaissent fait signe vers quelque chose qui résonne en nous comme une convocation. Une invitation perçue malgré l'immense vide intersidéral et dont le but serait de combler tout écart. Elle semble nous rappeler que nous faisons partie d'un espace consubstantiel et que nous avons toujours partagé un *horizon de coappartenance*. Regarder les étoiles conduit à être transporté soi-même en plein milieu des constellations. Malheureusement, l'observation du ciel étoilé, aussi respectueuse, admirative et attentive soit-elle, conduit trop souvent à maintenir une distance. Observer, c'est au sens littéral, se conformer à ce qui est prescrit par quelque loi, par quelque règle (le latin *observare* signifie « garder autour »). Observer conduit dès lors à une situation paradoxale où nous sommes dans l'impossibilité de regarder. Tout ceci a finalement peu d'importance : regarder les étoiles, c'est en réalité ressentir que les étoiles nous regardent.

Télescopes de type Newton, Mewlon, Schmidt-Cassegrain, Matsukov, télescopes à optiques adaptatives, télescopes infra-rouges, interféromètres, radiotélescopes, télescopes à rayons X, scintillateurs, chambres à étincelles et calorimètres (astronomie gamma), télescope spatial Hubble, rayons lasers, sondes spatiales destinées à l'étude de l'anisotropie du rayonnement de fond cosmologique, rovers martiens, etc... les possibilités d'exploration et d'*apparition* qui s'ouvrent avec tous ces instruments définissent également leurs limites, même si, dans bien des circonstances, les astronomes les plus chevronnés sont toujours tentés de les outrepasser. Ce dépassement toujours possible signale l'ouverture d'un espace de manifestation dans lequel le ciel étoilé se révèle propice à l'expérience d'une *connexion*. Plutôt que d'être saisi dans un processus d'objectivation, le ciel étoilé n'est-il pas en effet cet *apparaître* qui requiert d'être contemplé et recueilli pour ce qu'il est[196] ? Une légende raconte que Thalès serait tombé dans un puits à force de regarder le ciel étoilé. « L'histoire naturelle, *explique Buffon*, aura toujours beaucoup d'incertitudes ; il faudrait, pour les lui ôter, observer par soi-même ; mais qui peut tout observer[197] ? ». Si, comme l'a dit La Bruyère, « le philosophe consume sa vie à observer les hommes », *indéniablement l'astronome consume sa vie à contempler les étoiles.*

Observons Saturne dans un petit télescope de Newton. Lorsque nous voyons Saturne apparaître dans le champ d'un oculaire orthoscopique, il existe a minima six surfaces air-verre qui nous permettent de contempler la majestueuse planète aux anneaux. La lumière de l'astre entre dans le tube optique et se dirige au fond de l'instrument où se trouve un miroir primaire parabolique renvoyant l'image tout en la focalisant vers l'avant du télescope. Plus le diamètre de ce miroir est grand plus l'image sera lumineuse, offrant de surcroît un meilleur pouvoir séparateur. L'aller-retour effectuée par la lumière, à l'intérieur de ce dispositif agencé par Isaac Newton en 1633, permet de doubler la distance focale, donc le potentiel de grossissement[198]. A l'entrée du tube optique se trouve un petit miroir secondaire orienté à 45° par rapport à l'axe optique du miroir primaire. Ce petit miroir, à peine perceptible, renvoie l'image vers le côté où se trouve l'oculaire constitué de 4 surfaces : un triplet de lentilles biconvexes associé à une lentille convexe-plan. Saturne apparaît à travers l'épaisseur de six surfaces air-verre. S'il n'y avait pas cet entrelacement de lentilles et de miroirs, nous ne pourrions rien voir ni des anneaux, ni du cortège de planètes qui entourent la géante gazeuse. D'une certaine façon, seul cet entrelacement permet une « matérialisation » de Saturne. L'image de Saturne se manifeste ici, et de manière évidente, dans un espace phénomeno-technique permettant sa localisation. Mais pour l'observateur ébahi, elle *apparaît* indubitablement comme étant saisie dans son lieu de résidence. *Tout se passe en effet comme si les six surfaces air-verre*

---

[196] L'utilisation du mot « apparaître » peut surprendre, voire déconcerter, mais il vaut mieux éviter le mot « apparence », dont les connotations platoniciennes continuent d'influencer tout le discours scientifique contemporain. Pour Platon l'apparence est « sensible », en tant que telle, elle s'oppose à l'être – intelligible –. Selon Edmund Husserl au contraire, l'être d'un existant est précisément ce qu'il paraît.

[197] Buffon, Ibid. t. IV.

[198] C'est en réalité J. Grégory qui conçut ce procédé en 1633. I. Newton le mit efficacement en pratique.

de notre télescope nous rapprochaient physiquement du véritable espace de parution dans lequel Saturne trouve son séjour. Et si nous levons les yeux vers le ciel pour vérifier la position de cette planète lointaine, nous ne pouvons contester le fait que ce petit point lumineux nous envoie un condensé de son existence active et vivante.

De manière évidente, toute participation et toute contribution à l'établissement d'un « nouveau dialogue » entre la philosophie et l'astronomie reposent en première instance sur le vécu unique et incompressible que nous pouvons éprouver à chaque observation du ciel étoilé. La tombée de la nuit nous offre la chance d'établir une connexion intime et solennelle, accessible à tout un chacun. Une simple paire de jumelles peut suffire pour *sonder l'invisible*, la puissance des instruments ne nous semble pas déterminante, elle ne fait en somme que reculer la frontière du visible, ce qui est un autre problème[199]. Nous dirons, avec prudence, que cette connexion relève d'une « expérience existentielle ». Par l'expression « expérience existentielle » nous n'entendons pas faire allusion à une identité, en l'occurrence celle de l'observateur, qui s'interrogerait pour elle-même et en elle-même, mais plutôt à une existence mise en face de quelque chose d'inobjectivable, affirmant de manière énigmatique la présence lourde et massive d'un dehors qui la dépasse et qui l'englobe. *L'observation du ciel étoilé ne saurait donc s'entendre comme une invitation au repli réflexif.* La subjectivité a été pendant trop longtemps fermée sur elle-même. Les avancées des travaux de grands phénoménologues, tout particulièrement Edmund Husserl et Maurice Merleau-Ponty, ont permis de décloisonner les philosophies de l'intériorité pour les orienter d'emblée vers la nature et vers autrui. De toute évidence, les dimensions du monde et de l'autre (à la fois proche et lointain, dans la figure de l'alter ego et du tout autre), *les archipels singuliers du cosmos dans leur somme « in-totalisable », sont toujours déjà là, précédant toute réflexion, comme des présences secrètes et irrévocables*. Le dialogue qui s'engage dans l'observation du ciel étoilé conduit à constater que le sujet, si sujet il y a, est au monde, immergé dans un arrière-plan cosmique dont il nous est, au fond, impossible de rendre compte, mais qui suscite toutefois un sentiment de ravissement et d'émerveillement.

---

[199] Pour nos observations les plus fréquentes, nous avons recours à un minuscule télescope de Newton de 200 mm, facile à démonter et à transporter, muni de trois oculaires orthoscopiques et d'un oculaire Plöss à grand champ. Mais il nous est arrivé d'observer et de mener un programme de recherche avec la grande lunette de l'Observatoire de Strasbourg, dotée d'une lentille réfractrice de 480 mm et d'une focale de 7 mètres. Bien que cette technologie date de la fin du 19ème siècle, cette lunette permet de visualiser l'anneau de Encke, directement à « l'œil nu », sans passer par la photographie ou un quelconque traitement numérique par caméras CCD.

Avant de déterminer la spécificité de son objet, l'astronome devra donc faire effort pour retrouver la naïveté, la vocation et l'émerveillement originels qui l'ont conduit à faire de l'étude des astres, son métier. Cet émerveillement, qu'aucune explication objectivante ne pourra jamais dissoudre. En l'occurrence, l'aspect le plus étonnant de cet être-déjà-là-du-cosmos est que celui ne se présente justement pas comme un objet. Parler d'objet n'a de sens que par rapport à un sujet. Le rapport sujet/objet ne saurait correspondre à l'expérience du monde pour la seule et unique raison que l'observateur ne se trouve jamais purement et simplement face au monde. Pas plus que l'homme est simplement un sujet, le monde n'est pas simplement un objet. L'homme, malgré tout, possède des caractères eidétiques. Et le monde, pour sa part, n'est jamais réductible à une simple somme de choses et d'étants inertes. *Qu'il y ait de la vie ou non quelque part dans l'univers, tout se passe dans tous les cas comme si le cosmos était présent à lui-même.* Pourquoi faudrait-il s'obstiner à ne jamais vraiment prendre au sérieux la considération de sa dimension féérique ?

Contrairement aux données observationnelles, sur lesquels travaille aujourd'hui l'astronomie, les « données » sur lesquelles travaille la philosophie ne sont pas « exactes ». Les données du phénoménologue, disait Husserl, sont « fluentes ». Les constructeurs reprochent parfois aux fondateurs de ne rien créer et de ne rien édifier. Par une sorte « d'instinct », le cosmologiste n'a pas toujours besoin de déconstruire tous les présupposés qui se trouvent sédimentés dans sa culture scientifique pour pouvoir construire. Et le philosophe n'a forcément besoin de savoir où il veut aboutir pour pouvoir édifier. Au lieu de toujours ramener l'explication de tous les phénomènes cosmologiques à des causes objectives (conformément au principe de causalité), dans une démarche qui se veut généralement matérialiste, la philosophie est donc à même de « sauver » les sens spécifiques intrinsèques des différents domaines intelligibles de l'univers. Sauver ce qu'il y a d'unique dans chaque petit point lumineux. Car chaque astre apparaissant d'une manière ou d'une autre, à notre regard naturel ou à travers nos instruments, transporte avec lui tout un condensé de son existence active et vivante. Ne serait-ce que pour cette raison, *la cosmologie, cette partie de l'astronomie qui considère l'univers comme un tout, tient en réserve une puissance médiatrice permettant de penser ensemble, de manière explicite et éminente, la matière et l'esprit, le fini et l'infini, le proche et le lointain, le visible et l'invisible.*

P comme PAN
(Phénomènes Aérospatiaux Non identifiés)

« On ne peut voir dans le ciel que ce qu'on est préparé à voir. »

Jean-Pierre Luminet

Bien avant le milieu du XXème siècle, de nombreux témoins, dans le monde entier, ont rapporté avoir observé des phénomènes étranges dans le ciel. A la fin du XIXème siècle, dans une période où l'histoire de l'aviation peine à progresser, on rapporte aux États-Unis la présence dans le firmament de vaisseaux – surnommés « airships » – dont on attribue l'invention à de mystérieux savants fortunés. Quelques années plus tard, les soldats de la Ière Guerre Mondiale décriront la présence intrigante « d'aéroplanes fantômes ». Dans les deux camps adverses, chacun attribue la fabrication de ces engins à l'ennemi. Il en sera de même pendant la IIème Guerre Mondiale, lorsque les pilotes des aviations britanniques, américaines, allemandes et japonaises mentionnent la présence de « sphères de lumière » pourchassant leurs avions. Ces sphères volantes sont surnommées par les alliés « Foo fighters ». En 1946, des « fusées fantômes » sont observées dans le nord de l'Europe : on suspecte l'armée soviétique d'avoir récupéré des fusées allemandes de type V2, afin de les tester dans le ciel de la Scandinavie. Ainsi jusqu'à cette période qui marque la fin de la 2ème Guerre Mondiale et l'entrée dans la Guerre Froide, les interprétations qui sont données aux PAN – Phénomènes Aérospatiaux Non Identifiés – appelés plus communément OVNI « Objets Volants Non Identifiés» (UFO), ne font pas encore intervenir le motif des voyages intersidéraux. En 1946, les extraterrestres et les ''soucoupes volantes'' sont déjà présents dans l'imaginaire de la littérature et de la bande dessinée de science-fiction, mais ils ne sont pas encore entrés en collusion avec le réel.

Tout devait brutalement changer le 24 juin 1947. Kenneth Arnold se trouve dans son Call Air-A, un petit avion bi-triplace destiné au tourisme. Il survole le mont Rainier, un grand stratovolcan de la Chaînes des Cascades, dans l'État de Washington, à 90 km au sud-est de Seattle. Arnold tente de repérer la présence au sol d'un avion militaire dont on a perdu la trace depuis six mois. Il n'a que 32 ans, mais il est déjà un pilote privé expérimenté. Kenneth Arnold ne retrouve aucune trace de l'avion disparu. Par contre, il observe neuf engins de forme arrondie à l'avant et triangulaire à l'arrière, se déplaçant à vive allure, selon une vitesse qu'il évalue à deux fois la vitesse du son. L'estimation de la distance et de la vélocité des objets présents dans l'environnement céleste fait partie de l'expérience acquise par tout pilote chevronné. Hormis la vitesse fantastique atteinte par les engins[200], Arnold est surpris par leur mode de déplacement : *« comme une soucoupe qui ricocherait sur l'eau »,* explique-t-il dans son compte rendu. Le témoignage de Kenneth Arnold sera légèrement déformé par Bill Bequette, un journaliste travaillant pour l'East Oregonian, qui va évoquer la présence dans le ciel de « soucoupes volantes ». Cette information, que Bequett transmet à un réseau de presse nationale, l'Associated Press, va immédiatement connaître un succès fulgurant. En très peu de temps, elle se trouve divulguée et relayée dans le monde entier. *Les ''soucoupes volantes'' deviennent une évidence en ce sens où, tout à coup, les observations d'Objets Volants Non Identifiés sont systématiquement mises en rapport avec la thématique des extraterrestres.* Le mythe des « soucoupes volantes » vient de naître, et avec lui, les extraterrestres débarquent en grande pompe dans l'inconscient collectif.

Plusieurs facteurs explicatifs permettent, dès 1947, de contextualiser ce succès inattendu de l'imaginaire des ''soucoupes volantes''. Tandis que les institutions politiques considèrent les OVNI avec une certaine désinvolture, les autorités militaires, sans l'avouer, sont très inquiètes : l'Armée américaine suspecte l'intrusion d'engins d'espionnage soviétique. L'affaire est prise au sérieux. De nombreux cas d'observation des « UFO » sont déclarés à proximité de sites stratégiques ultra-secrets, dans lesquels les militaires expérimentent notamment l'efficacité des bombes atomiques au plutonium, désormais fabriquées en série. Il est intéressant de noter que, dès novembre 1947, au tout début de la première vague d'observations des « OVNI » aux USA, le général Twining, responsable de l'US Air Force, a dirigé la rédaction d'un rapport intitulé projet *SIGN,* concernant le phénomène céleste dénommé dans le rapport : « disques volants ». Les conclusions du général Twining sont très explicites. Le phénomène rapporté est quelque chose de réel, il ne s'agit pas de visions ou d'imagination. Il existe des objets ayant la forme de disque et dont la dimension est comparable à celle de nos avions. Il est possible que certaines observations correspondent à des phénomènes naturels. Cependant,

[200] Le mur du son sera franchi pour la première fois par Charles Yeager le 14 octobre 1947 à bord du prototype Bell X-166. Alors que Yeager survole le lac de Murac en Californie, l'avion supersonique atteint la vitesse de 1200 km/h, il devient difficile à piloter, il se met à vibrer, pour la première fois un bang se fait entendre aux alentours.

les vitesses ascensionnelles observées sont très élevées, la manœuvrabilité et les manœuvres de fuite, lorsque les disques sont détectés, laissent supposer qu'ils sont pilotés ou télécommandés. La plupart des témoins décrivent des objets à surface métallique, de forme circulaire, surmontés d'une petite partie supérieure en forme de dôme, volant en formation de trois à neuf objets et sans bruit. L'ensemble des personnels ayant participé à la rédaction de ce premier rapport furent congédiés. L'US Air-Force poursuivit ses investigations officielles en nommant d'autres commissions – notamment les projets *Grudge* et *Blue Book* –. Quelques années plus tard, alors même que les cas d'observation des « Phénomènes Aériens Non identifiés » les plus insolites se multiplient dans le monde entier, les autorités gouvernementales américaines vont précipitamment déclarer la controverse autour des ''soucoupes volantes'' comme étant sans réels fondements[201]. Ce changement radical de position va susciter la constitution de groupes d'ufologues qui chercheront à attirer l'attention du grand public sur le caractère inexplicable de nombreux témoignages recueillis principalement auprès des pilotes d'avion. La prise de parole des ufologues, ainsi que le témoignage des pilotes d'avion de l'Armée, mais aussi des pilotes des compagnies nationales et des compagnies privées, va être très largement relayée par la presse, souvent avec beaucoup d'emphase, afin de susciter l'intérêt médiatique du grand public[202]. Malheureusement, de nombreuses publications vont discréditer le débat autour des PAN. La plupart des grands journaux, mais aussi des éditeurs, se saisissent de l'opportunité qu'offrent les ''soucoupes volantes'', afin de lancer artificiellement de grands tirages et dans le but de faire paraître des articles et des livres dans lesquels «debunkers » et « soucoupistes » se livrent sempiternellement au jeu du chat et de la souris[203]. Ce contexte médiatique, confus et racoleur, constitue cependant une véritable « caisse de résonance » faisant vibrer cinq motifs déterminant en profondeur le statut des PAN dans notre inconscient collectif.

Le premier motif concerne la réussite de la littérature et de la bande dessinée de science-fiction, dans lesquelles les engins venant d'autres planètes sont légion. Aux États-Unis, durant toute la période de l'entre-deux guerres, il est

---

[201] Une grande vague touche également la France en 1954

[202] Parmi les ufologues les plus réputés, on peut citer les travaux de l'américain Josef Allen Hynek et des français Aimé Michel et Jacques Vallée. Aujourd'hui, et depuis trente ans, l'ufologie peine à retrouver en France un nouvel élan et de grandes figures charismatiques.

[203] Le terme « debunker » désigne l'ufologue sceptique qui tente, par tous les moyens – y compris les plus grossiers – de démystifier toutes les affaires relatives aux P.A.N. Par opposition les « soucoupistes » tentent par tous les moyens – y compris les plus fantaisistes, parfois en recourant aux piètres théories du complot – de démontrer la réalité objective, sur le plan physique et matériel, des P.A.N.

intéressant de remarquer que, dans de nombreux récits, ils ont déjà une forme ovoïde. Ces récits fantastiques ont vraisemblablement joué un rôle d'incubateur. Le deuxième motif concerne justement l'apparence des OVNI, notamment la *forme circulaire* de la ''soucoupe '', qui symbolisait autrefois la figure de l'éternité et du divin. Les « disques volants », de surcroît, sont souvent décrits comme étant nimbés dans *une sorte de luminescence* qui, dans une culture chrétienne, caractérise en propre *la manifestation du sacré*. La couleur gris métallisé des engins – souvent observée – mais aussi leur absence de bruit, alors même que les PAN franchissent allégrement le mur du son, symbolisent pour leur part un degré de perfection dans la maîtrise technologique[204]. Il existe toute une phénoménologie de la ''soucoupe volante'', saturée de significations, de références et de figurations évidentes. Il existe également – troisième motif – toute une psychosociologie de la ''soucoupe volante'', dont les ressorts intimes sont l'angoisse et la culpabilité. Les deux bombes atomiques larguées par les américains sur les villes d'Hiroshima et de Nagasaki ont fait entrer l'humanité dans une nouvelle ère. «L'utilisation de la bombe atomique, *précise William Burroughs*, alors que même en poussant le pragmatisme au maximum, ce n'était pas nécessaire, cela frôlait le péché impardonnable puisqu'il y aurait pu n'y avoir personne pour pardonner[205]. » Dès les années 1960, russes et américains ont amassé un potentiel de destruction suffisant pour anéantir toute forme de civilisation sur Terre. Aux États-Unis, comme dans toute l'Europe occidentale, l'entrée dans la guerre froide fait craindre la menace d'une apocalypse nucléaire. Par le biais des nouvelles fusées, le vecteur de cette menace vient directement du ciel. En 1958, le célèbre psychanalyste suisse Carl Gustav Jung publiait son dernier livre intitulé *Un mythe moderne : des signes dans le ciel*. Jung étudiait depuis plusieurs années la manifestation des ''soucoupes volantes''. Concernant la matérialité physique des OVNI, voire la possibilité que ces phénomènes soient liés à des voyages interplanétaires, il se déclare incompétent. Quant à la dimension psychosociologique de ces objets, il y voit la forme contemporaine de ce qu'il appelle un « archétype », autrement dit un symbole produit par

---

204 Roland Barthes résume admirablement toute cette phénoménologie de la «soucoupe volante» dans les termes suivants : « Les analystes de l'avenir pourront expliquer les éléments figuratifs de cette puissance – venue d'un autre monde pour nous surveiller et nous juger - les thèmes oniriques qui la composent : la rondeur de l'engin, le lisse de son métal, cet état superlatif du monde que serait une matière sans couture: a contrario, nous comprenons mieux tout ce qui dans notre champ perceptif participe au thème du Mal: les angles, les plans irréguliers, le bruit, le discontinu des surfaces...» R. Barthes, *Mythologies, les Martiens*. Ed. du Seuil, 1957.

205 W. S. Burroughs, *Ultimes Paroles*, Ed. Christian Bourgois, 1997

l'inconscient collectif[206]. Manifestement, l'expression d'un tel archétype révèle dans nos sociétés, un sentiment diffus chargé d'angoisse : notre humanité cherche « à s'évader de ce qu'elle considère comme une prison où elle est menacée non seulement par la bombe atomique, mais plus encore par l'accroissement en avalanche du chiffre de la population[207]. » Comme le remarque judicieusement Roland Barthes, cette angoisse se combine avec un sentiment de culpabilité : si les fusées soviétiques deviennent facilement dans l'imaginaire américain des soucoupes extraterrestres, « c'est qu'en fait la mythologie occidentale attribue au monde communiste l'altérité même d'une planète : l'URSS est un monde intermédiaire entre la Terre et Mars. Seulement, dans son devenir, le merveilleux a changé de sens, on est passé du mythe du combat à celui du jugement. (...) Mars vient sur Terre pour juger la Terre, mais avant de condamner, Mars veut observer, entendre. La grande contestation URSS-USA est donc désormais ressentie comme un état coupable, parce qu'ici le danger est sans mesure avec le bon droit ; d'où le recours mythique à un regard céleste, assez puissant pour intimider les deux parties[208]. » Cette dimension psychosociologique nous incite à recontextualiser les représentations et les interprétations les plus courantes des PAN (quatrième motif) tout particulièrement aux États-Unis, où l'assassinat de John Fitzgerald Kennedy a induit, de façon chronique, l'obsession des secrets dissimulés. Pour ne citer qu'un seul exemple, en l'occurrence l'affaire très médiatisée du crash de Roswell, l'US Army a finalement reconnu avoir orchestré un exercice de désinformation[209]. Les débris de la ''soucoupe volante'' de Roswell n'étaient pas, comme l'Armée américaine a d'abord voulu le faire croire, des vestiges d'un ballon météorologique, mais les restes d'un ballon *Mogul* destiné à espionner les essais nucléaires atmosphériques pratiqués par l'Union Soviétique. Il n'en fallait pas plus pour alimenter le fantasme paranoïaque d'un complot d'une CIA impliquée dans une organisation confidentielle – la ''commission trilatérale'' – dont un des lieux emblématiques d'action serait la ''Zone 51'', un centre militaire secret situé à

---

206 Un « archétype » correspond pour Jung à une « image primordiale » refermant un thème universel, commun à toutes les cultures humaines, mais figuré sous des formes symboliques variables. Jung le définit également comme une « forme a priori de la représentation », conditionnant tout schéma inconscient de pensée.

207 C. G. Jung, Un mythe moderne : des signes dans le ciel. Ed. Idées Gallimard 1975

208 R. Barthes, ibid. page 40. Ce thème est illustré dans la culture populaire par de nombreux livres et par de nombreux films de science-fiction. Cf. notamment, Le *Jour où la Terre s'arrêta* de Robert Wise (1951)

209 L'affaire date de la toute première vague des « *soucoupes volantes* » en 1947 mais elle a resurgi dans les années 1990 avec un film grossièrement truqué montrant l'autopsie d'un extraterrestre fabriqué en latex

proximité de la base de Nellis, dans le désert du Nevada. Bien avant l'assassinat de J.F. Kennedy, l'obsession du complot a été déclenchée dès 1953 par la promulgation de deux ordonnances militaires – *Air Force Reg. 200-2* et *Joint Army Navy Air Force Reg. 146* – interdisant aux personnels militaires, mais aussi aux pilotes des compagnies civiles et aux capitaines de la marine marchande, de divulguer toute information non autorisée concernant l'observation des PAN. Les ordonnances prévoient pour tout contrevenant une peine de dix ans de prison. Il est difficile de comprendre la raison d'une telle sévérité, alors même qu'elle émane d'une autorité qui prétend n'avoir rien d'intéressant à dissimuler. Aujourd'hui, un nombre toujours croissant de scientifiques et de représentants politiques exhorte les États-Unis à déclassifier l'ensemble de leurs dossiers relatifs aux OVNI, sans se contenter de quelques maigres et insignifiantes pseudo-divulgations.

Depuis 1947, l'humanité s'est lancée dans la conquête de l'espace, et de manière générale, les progrès technologiques et scientifiques, notamment les recherches menées en astrophysique, sont arrivées à un niveau de développement qui était à peine imaginable il y a cinquante ans. La découverte des exoplanètes – cinquième motif – est venue conforter l'idée, déjà largement diffusée, qui consiste à penser que les processus qui ont conduit à l'émergence et au développement de la vie se produisent sur une échelle universelle. Étant donné que chaque étoile est accompagnée – en moyenne et si l'on prend une estimation basse – de une ou deux planètes, il y aurait dans notre galaxie des centaines de milliards de planètes et donc, potentiellement des millions de planètes similaires à la Terre. Dans un univers aussi grand et aussi homogène, où se déploient des centaines de milliards de galaxies contenant chacune des centaines de milliards d'étoiles, il est évidemment très peu probable que nous soyons seuls. Si par malheur nous étions bel et bien seuls dans l'Univers, la responsabilité qui nous incomberait serait immense. L'homme serait en quelque sorte le « miracle » de l'univers. Ce qui signifierait également que notre mégalomanie pourrait ne plus avoir aucune limite. Il se trouve justement qu'un des intérêts de l'étude des PAN est de nous ramener, au contraire, à une grande modestie. De nombreuses enquêtes concernant les OVNI déroutent en effet les spécialistes les plus méticuleux. La publication de rapports scientifiques et/ou militaires – sixième motif – notamment en France, font état de témoignages, d'analyses et de conclusions qui tiennent en échec les travaux des meilleurs zététiciens. Ces rapports nous obligent à considérer la question des PAN avec une réelle humilité et une grande ouverture d'esprit. De nombreuses commissions d'enquêtes, menées un peu partout dans le monde, ont abouti à la rédaction de milliers de pages de rapports, sans jamais pouvoir apporter une preuve formelle permettant d'établir une relation incontestable entre les OVNI et l'existence avérée d'une intelligence extraterrestre. En France, la Gendarmerie a pour mission, depuis 1974, de suivre un protocole permettant de consigner toutes les affaires et tous les témoignages concernant les PAN. En 1977, une structure d'étude a été instituée sous la tutelle du Centre National d'Études Spatiales (CNES) : il s'agit du GEPAN – *Groupe d'Études des Phénomènes Aérospatiaux Non Identifiés*[210] –. Lorsque les rapports de gendarmerie ne permettent pas d'identifier le phénomène observé, le GEPAN peut être amené à développer ses propres investigations. La méthodologie adoptée par le GEPAN repose sur le traitement systématique de quatre types de données : les témoins (physiologie, psychologie), les témoignages (récits, réactions aux questions), l'environnement physique (météo, trafic aérien, photographies, données radar, traces au sol), l'environnement psychologique (lectures et croyances des témoins, influence éventuelle des médias et de groupes divers). Cette méthodologie prévoit également de classer les dossiers selon quatre rubriques. Catégorie A : phénomène identifié. Catégorie B : phénomène potentiellement identifiable, mais qui ne peut être solutionné de manière certaine par manque d'éléments objectifs. Catégorie C : phénomène inexploitable. C'est le cas le plus fréquent, il correspond notamment à l'observation visuelle par une personne isolée, sans traces au sol ni écho radar. *Catégorie D : phénomène non identifiable malgré l'abondance et la qualité des données – par exemple observation visuelle faite par plusieurs témoins indépendants comprenant des pilotes d'avions expérimentés et corrélées à des échos radar au sol.* Selon les estimations présentées par Jean-Jacques Vélasco, les PAN de catégorie D représentent 4 à 5% des cas[211]. En d'autres termes, seuls 4 à 5% des PAN peuvent légitimement prétendre au statut d'OVNI. Inversement, le fait que les « debunkers » et les « zététiciens » puissent contester la réalité matérielle de 95 à 96% des PAN leur donne l'illusion que *tous* les OVNI peuvent s'expliquer sans recourir à l'hypothèse extraterrestre. Le catalogue des observations mondiales comprend actuellement la description de près de 500 cas d'observations de PAN de catégorie D aéronautiques bien documentés, puisés à des sources officielles, autorités gouvernementales, armées de l'Air de différents États ou organismes officiels similaires au GEPAN. L'établissement de ce catalogue a conduit les différents

[210] Ses présidents furent successivement Claude Poher – de 1977 à 1978 – Alain Esterle – de 1978 à 1983 – et Jean-Jacques Velasco – de 1983 à 1988 –. En 1988 le GEPAN, considérablement affaibli, change de sigle pour devenir le SEPRA tout en restant sous la direction de Velasco jusqu'en 2004.

[211] De très rares PAN de catégorie D incluent des « RR3 » – rencontres rapprochés du 3ème type – selon la terminologie proposée par Hynek, astronome et conseiller de l'US Air Force, dans le cadre du Projet Blue Book. Cf A comme Abduction.

signataires du rapport COMETA[212] à affirmer l'existence incontestable de PAN de catégorie D, manifestement pilotés par une intelligence : « Une seule hypothèse rend suffisamment compte des faits et ne fait appel, pour l'essentiel, qu'à la science d'aujourd'hui ; c'est celle de visiteurs extraterrestres. [...] A l'évidence, ces extraterrestres seraient forcément intellectuellement doués et technologiquement en avance sur nous, pour avoir su réaliser ce que nous ne savons pas encore faire [...] Il se pourrait qu'ils aient, dès avant 1947 et après, conçu des craintes sur l'avenir de la Terre, menacée dans sa survie par des risques de conflagration atomique [...] Les buts de ces éventuels visiteurs restent inconnus, mais doivent faire l'objet d'indispensables spéculations et de mises au point de scénarios prospectifs. L'hypothèse extraterrestre est de loin la meilleure hypothèse scientifique ; elle n'est certes pas prouvée de façon catégorique, mais il existe en sa faveur de fortes présomptions, et si elle est exacte, elle est grosse de conséquences[213]. »

Une étude scientifique des PAN requiert de la prudence et beaucoup de circonspection. Pourtant les conclusions du rapport COMETA sont explicites. Elles peuvent surprendre. Autant on peut manquer de constater à quel point les représentations psychosociologiques associées aux OVNI se sont rapidement diffusées dans un imaginaire collectif très cohérent, autant on ne peut que constater à quel point les PAN de catégorie D constituent un véritable défi pour la connaissance scientifique. Ces phénomènes, de surcroît, ne sont pas réguliers, les caractéristiques qui leur sont associées ne sont pas reproductibles en laboratoire. Cependant, contrairement à une opinion qui est largement répandue, la proportion des personnes exerçant un métier scientifique et ayant été confrontées à une observation inexplicable d'un phénomène du type PAN-D est plus importante que la proportion moyenne enregistrée dans la population générale. Chez les astronomes, ce pourcentage dépasse les 10%, alors même que leur formation scientifique les prédispose à analyser rationnellement tout phénomène céleste. Il faut également reconnaître que, malgré le caractère indécidable des PAN de catégorie D, le même fil conducteur semble relier la majorité des cas. Les PAN-D sont en

[212] COMETA est un acronyme pour *Comité d'Études Approfondies.* Le „rapport COMETA" – consultable en ligne sur le site du GEIPAN – a été remis « en main propre » en 1999 à Lionel Jospin, alors Premier Ministre. Ses signataires sont M. Domange, *Général de l'Armée de l'Air*, M. Campagnac, *ancien Directeur Technique d'Air France*, M. Lebeau, *ancien Président du CNES*, M. Norlain, *Général de l'Armée de l'Air et ancien Directeur de l'Institut des Hautes Etudes de Défense Nationale,* M. Marchal, *Ingénieur en chef des Mines*, M. Algrin, *Avocat à la Cour*, M. Letty, *Général de l'Armée de l'Air*, M. Merlo, *Amiral,* M. Orszarg, *Ingénieur en chef de l'Armement.*

[213] Ibid.

effet régulièrement observés aux abords de bases – parfois secrètes – d'armes nucléaires. Ils se livrent très souvent à des manœuvres d'intimidation à l'égard des pilotes qui les prennent vainement en chasse. Comme le précisent les rédacteurs du rapport COMETA, les trajectoires et les accélérations de ces objets excèdent les possibilités de notre technologie ainsi que les conceptions physiques actuellement opératoires.

Pour toutes ces raisons, l'approche des PAN-D constitue également un véritable défi pour la philosophie des sciences. Cette étude nous oblige à varier les méthodes, les épistémologies, selon l'étude des témoignages, des traces matérielles, des performances technologiques requises. L'ouverture des possibles nécessite dans un premier temps de dépasser le « syndrome du refus», malheureusement très répandu dès lors qu'il est question d'objets aussi peu académiques que les ''soucoupes volantes''. Le « syndrome du refus » se caractérise par une attitude dogmatique se donnant toutes les apparences d'un scepticisme éclairé. Cette posture relève davantage du pulsionnel que d'une véritable attitude scientifique. Ne serait que parce qu'elle se refuse par avance à une telle ouverture du possible, elle est incompatible avec l'esprit scientifique. Le « syndrome du refus » est une forme de *déconnexion* . L'argument du *rasoir d'Ockham* stipule que « toutes choses étant égales (entre deux théories conduisant aux mêmes résultats), il faut privilégier l'hypothèse la plus simple ». Si l'on considère l'ensemble des cas de Pan-D, pris un par un, cet argument ne conduit pas nécessairement aux mêmes interprétations. Le dossier des « soucoupes volantes » oblige chaque spécialiste – qu'il soit physicien, psychologue, sociologue – à veiller à ne pas se laisser enfermer dans ses propres schémas de pensée. En l'occurrence, l'hypothèse la plus simple et la plus « naturelle », permettant d'expliquer certains cas de PAN de catégorie D, n'est pas forcément d'origine « terrestre ».

A l'arrivée, les ufologues exhaustifs donnant le sentiment d'avoir réponse à tout sont en réalité les moins convaincants. Connaître les moindres détails d'un cas de PAN-D est une condition nécessaire mais non suffisante. Un ufologue a évidemment le droit d'avoir des convictions mais le fait qu'il n'ait aucune assurance affichée est plutôt … rassurant. Car en effet, si les OVNI peuvent théoriquement s'expliquer par des causes naturelles, de telles causes impliquent probablement une refonte de nos cadres conceptuels. Ainsi, il en va probablement des ''soucoupes volantes'' aujourd'hui, comme des météorites dans les siècles passés : les savants, par crainte du ridicule, répugnent à admettre leur existence, et pour rendre la chose un peu plus présentable, on peut toujours remplacer le terme ''soucoupe volante'' par les appellations 'OVNI' ou 'PAN-D', bien que cela ne change strictement rien au fond de l'affaire. Dans le cas des météorites, il a fallu attendre les travaux menés par Jean-Baptiste Biot en 1803 dans le village de Laigle, dans l'Orne, pour que la réalité de l'existence des « pierres tombées du ciel » soit enfin reconnue[214]. Après une longue période pendant laquelle l'astrophysicien Josef Allen Hynek a dénigré le phénomène des ''soucoupes volantes'' comme étant « un sujet tout entier ridicule », l'insistance et la précision de témoignages de plus en plus nombreux venant d'astronomes, d'officiers militaires et de pilotes d'avion, l'ont conduit à réviser la sévérité de son premier jugement : «notre science n'est qu'une goutte d'eau, notre ignorance un océan [...] en tant que scientifique, je dois être conscient du passé ; trop souvent, des sujets d'une grande importance scientifique ont été négligés car le nouveau phénomène sortait de la norme scientifique du temps[215]. » De manière étonnante, mais difficilement contestable, les PAN de catégorie D sont entrés en collusion avec le réel. Cependant, pour un ensemble de raisons qui nous semblent tout à fait humaines, la réalité de leur existence continue à être sujette à caution.

---

[214] Jean-Baptiste Biot, astronome et physicien spécialiste de la lumière polarisée, a étudié de nombreuses pierres que l'on a déclarées « être tombées du ciel » dans le village de Laigle, dans l'Orne, le 26 avril 1803, ainsi que les nombreuses traces laissées par la pluie de météorites – toits perforés, végétation endommagée. Biot a réalisé une synthèse précise des événements dans laquelle il a consigné le témoignage de nombreux villageois. Ce rapport très complet a permis de faire entrer les météorites dans le giron officiel des objets d'études de la science.

[215] A. Hynek, *Les Objets Volants Non Identifiés, Mythes ou Réalités*, Ed. Belfond, trad. M. Sissung, 1974. Dans une interview donnée en 1985, quelques mois à peine avant son décès, Hynek déclara : l'attitude de l'Air Force est « complètement fermée. » « Ils ne donnaient pas aux ovnis une chance d'exister, même s'ils volaient au-dessus d'une rue en plein jour. Tout doit avoir une explication. Je commençais à m'énerver, même si, à l'origine, je ressentais la même chose qu'eux, je savais maintenant qu'ils n'étaient pas sur la bonne voie. Vous ne pouvez supposer qu'une chose n'existe pas si vous n'avez pas de preuve (...) Quelques cas ont, par exemple, été rapportés par des pilotes militaires, et je savais qu'ils avaient été bien entraînés, c'est donc là que pour la première fois, j'ai pensé que peut-être, il y avait quelque chose derrière tout cela. »

Q comme Quasar

« La route vous mène entre les Deux Écueils. L'un dresse jusqu'au vaste ciel sa cime pointue ; un nuage l'entoure, bleu sombre. Aucun mortel ne pourrait y monter ni s'y tenir, […] car la roche est lisse et semble polie tout autour. Au milieu de cette roche, une sombre caverne donnant au nord-ouest vers l'Érèbe. Droit sur elle vous mettrez le cap de votre creux navire, ô noble Ulysse ! D'une flèche, un homme robuste tirant d'un creux navire ne toucherait pas le fond de cette caverne. Scylla au cri retentissant y habite. »

Odyssée, XII, 73-85

Sources éblouissantes de lumière et de plasma, les quasars sont des objets déconcertants. L'ensemble de leurs caractéristiques indique des valeurs inouïes, qui touchent à la démesure. Leurs spectres fortement décalés vers le rouge indiquent un positionnement situé à plusieurs milliards d'années lumières. Cette distance extrême les rend difficilement détectables dans le spectre de la lumière visible. Par contre, si on prend en compte la magnitude bolométrique, c'est à dire la luminosité dégagée sur l'ensemble du spectre électromagnétique – des rayons gamma au domaine des ondes radio – les quasars figurent parmi les objets les plus brillants de notre univers observable. Nous savons aujourd'hui que cette luminosité spectaculaire est générée par le disque d'accrétion se trouvant autour d'un trou noir supermassif, lui-même situé au centre d'une galaxie lointaine. La dynamique des quasars est alimentée par la consumation d'une quantité très importante d'étoiles, de gaz et de poussières. Toute la matière avalée ne tombe pas directement dans le trou noir. En s'approchant de l'entrée de la sphère d'influence de celui-ci – appelée *horizon des événements* – elle se met à tourner dans un disque d'accrétion où elle se trouve accélérée et chauffée à des niveaux intenses. Une partie de cette énergie est éjectée sous la forme d'un jet de gaz ionisé se propageant à une vitesse relativiste approchant c, soit environ 99,5% de la vitesse de la lumière. Les émissions de ce cœur enflammé se répandent sur des centaines de millions d'années lumières dans le prolongement de l'axe de rotation du trou noir.

L'analyse spectrale des raies d'absorption permet de déduire ce qui se trouve sur le chemin de ce jet de plasma : des atomes mais aussi des molécules, des nuages de gaz mais aussi des galaxies. Certains quasars se situent à une distance avoisinant les 13 milliards d'années lumières, aux confins du cosmos observable. L'analyse spectrale de leur jet de matière permet aux astronomes de rendre «visible » quelques propriétés fondamentales de l'univers lointain primordial. Le scénario du modèle standard ''ΛCDM'', notamment les prédictions concernant les premières nucléosynthèses, s'en trouve globalement conforté. Cependant, les quasars sont bien plus que des révélateurs de mesure spectrale. Pour l'astronome, ce sont des opérateurs cosmologiques. Pour le philosophe, ce sont des monstres cosmiques : leur démesure semble excéder tous les cadres.

Les quasars sont détectés à des distances trop grandes pour pouvoir être étudiés dans la fenêtre de la lumière visible. Tout au mieux, ils ne se présentent que sous la forme ponctuelle d'un objet ressemblant à une étoile.[216] Dans le champ photographié par les plus grands télescopes, ils se situent à un emplacement où il est difficile de distinguer autre chose que ce qui semble correspondre à une source stellaire. Si, pour les amoureux du ciel étoilé, toutes les images optiques des quasars sont généralement décevantes, l'utilisation des radiotélescopes permet en revanche de les identifier comme des sources très brillantes. La radioastronomie constitue, de fait, une illustration convaincante de ce pouvoir de parution que Gaston Bachelard attribue à la « phénoménotechnie[217]». Nos instruments techniques recèlent en effet cette capacité prodigieuse de faire apparaître un réel voilé. Avec le développement des premiers véritables radiotélescopes, au début des années 1950, Harold Ewen et Edward Purcell ont identifié la présence de caractéristiques nouvelles telles que la raie de 21 centimètres de l'hydrogène neutre observée au départ dans notre Voie Lactée. En 1967, Jocelyn Bell révèle l'existence d'objets astronomiques alors inconnus : les pulsars. Entre temps, en 1959, le troisième catalogue de radiosources de Cambridge était publié. Ce catalogue nous réservait, lui aussi, une découverte fascinante.

Alors même que la position des radiosources était encore très mal définie dans l'espace, les astronomes réussirent cependant à faire coïncider l'emplacement de galaxies lointaines avec certaines radiosources très brillantes, notamment 3C 273, l'objet n°273 dans le troisième catalogue de Cambridge. En 1963, soit quatre ans seulement après la publication de ce catalogue, 3C 273 fit l'objet d'une occultation lunaire. L'entrée et la sortie de l'occultation furent l'occasion inespérée d'obtenir des coordonnées précises de

---

216 Le terme quasar – contraction de quasi star radio source – est un terme inventé en 1964 par l'astrophysicien Hong-Yee Chiu, afin de désigner des objets d'apparences stellaires correspondant à des noyaux actifs de galaxies lointaines

217 Cf. O comme Observation

la radiosource. Après avoir pointé le télescope de 5 mètres du mont Palomar en direction d'une source optique correspondant aux coordonnées fournies par l'occultation, Maarten Schmidt décomposa la lumière de cette source et obtint un spectre qui ne correspondait pas du tout à une étoile. Le spectre obtenu était étrange : les raies Hβ, Hγ et Hδ semblaient métamorphosées, très difficiles à identifier. Après six semaines d'analyses méticuleuses, Schmidt comprit que les raies avaient un aspect méconnaissable du fait d'un décalage important du spectre tout entier vers le rouge. 3C273 possède un *redshift* Z = 0,16, ce qui signifie que les raies du spectre sont décalées vers le rouge de 16%. Ce décalage correspond à la variation de la longueur d'onde perçue pour une source animée par un mouvement rapide. Comme l'explique parfaitement l'effet Doppler-Fizeau, l'intervalle séparant des ondes successives est plus petit dans la direction du mouvement et plus grand dans la direction opposée. Une source lumineuse en mouvement de fuite voit logiquement son spectre décalé vers les basses fréquences de la lumière, c'est à dire vers le rouge. Du fait de l'expansion de l'Univers, résumée par la loi de Hubble, plus une galaxie est éloignée, plus sa vitesse de fuite augmente[218]. Dans le cas précis de 3C 273, le décalage mesuré implique que cet objet est animé par une vitesse de fuite de 48 000 km/s et qu'il se situe à une distance de plus de 2 milliards d'années lumières. Compte tenu de sa distance, sa magnitude apparente correspond à un astre 20 000 milliards de fois plus brillant que le Soleil. Ainsi, si 3C 273 se trouvait à une trentaine d'années lumières, soit à la même distance (soit 33, 72 al) que l'étoile Pollux, l'étoile la plus brillante de la constellation des Gémeaux, ce quasar serait quasiment aussi brillant que le Soleil ! Ces valeurs gigantesques sont la confirmation que les quasars constituent, avec les hypernovas, les objets les plus lointains et les plus lumineux que l'on puisse observer dans l'Univers. Ils sont également les objets les plus déconcertants.

La luminosité des quasars n'est pas stable, elle varie sur une échelle de temps de l'ordre du mois, voire parfois de la semaine. Cette variabilité crée une contrainte intéressante pour déterminer leurs dimensions. Les quasars émettent à peu près 100 fois plus de lumière que des galaxies classiques mais dans un volume comparable à celui du système solaire, soit seulement un mois lumière. Comment un objet qui est quelques dizaines de millions de fois plus petit qu'une galaxie peut-il être cent fois plus lumineux ? Tout au long des années soixante, certains astronomes avancèrent des hypothèses hautement spéculatives, comme par exemple l'idée que les quasars correspondraient à des

---

[218] Cf. B comme Big Bang

régions du cosmos dans lesquels les processus du « Big Bang » auraient été différés. Théoriquement, pour arriver au niveau de performance énergétique atteint par les quasars, il faut un taux de conversion matière/énergie avoisinant 10%. Par comparaison, le taux de conversion de la séquence principale, qui permet à une étoile d'entretenir son cycle de fusion de l'hydrogène en hélium, est de 0,7%. Nous savons en revanche que des trous noirs « supermassifs » peuvent fusionner pour former de véritables "monstres cosmiques". Certains quasars ont en effet une masse équivalente à quelques milliards de fois la masse du Soleil (⊙). De tels objets peuvent agglomérer des quantités très importantes de gaz. L'image du mouvement tourbillonnant de l'eau qui se dirige vers l'orifice d'évacuation d'une baignoire fournit une bonne analogie pour décrire la structure du disque d'accrétion d'un trou noir. Plus un trou noir est massif plus sa force d'attraction est importante. Dans le cas des quasars, nous avons affaire à des noyaux galactiques occupés par des trous noirs de Kerr en rotation, agglomérant et avalant des quantités très importante de matière[219]. Avant de sombrer définitivement dans le trou noir, cette matière – notamment des étoiles totalement broyées et pulvérisées par les forces de marées – forme un disque d'accrétion en rotation rapide qui se trouve porté à une température de plusieurs millions de degrés. Le disque de matière tourbillonnant s'entoure d'un énorme tore de poussières et de gaz ionisés. L'échauffement du disque d'accrétion s'accompagne d'une émission de lumière prenant la forme d'un jet constitué d'un plasma d'électrons et de positrons, de protons et de différents noyaux d'atomes. L'ensemble de cette matière est confiné par des champs magnétiques intenses et peut se propager sans aucune difficulté sur plusieurs centaines de millions d'années lumières. L'onde de choc généré par ces jets engendre d'immenses nuages constitués de gaz radio-émetteurs appelés « lobes radio ». Lorsque le jet est orienté de face, dans notre direction, le quasar prend l'aspect d'un « blazar ». Quasars, blazars et radiogalaxies appartiennent au même type d'objets, observés sous des angles différents.

L'analyse spectrale des raies d'absorption permet de déterminer tout ce qui se trouve sur le chemin du jet. Cela permet de détecter des galaxies lointaines, mais aussi et surtout des atomes, parfois des molécules. Par exemple, la molécule H2 – constituée de deux atomes d'hydrogène – va tourner d'autant plus vite que la température s'élève. L'analyse spectrale permet de déterminer la température d'un gaz mais aussi sa densité, son rayonnement UV, etc. L'analyse spectrale de la molécule de monoxyde de carbone – une molécule

219 Cf. T comme Trou noir.

directement excitée par le rayonnement fossile de l'univers primordial – permet de connaître la température de l'univers à l'époque où celui-ci est observé. Ce genre d'étude spectrale permet donc de consolider le modèle standard du « Big Bang » en vérifiant notamment le taux de production du deutérium. Cette analyse permet également de confirmer la masse définie par la matière baryonique ou encore le taux de refroidissement de l'univers prévu par notre modèle.

Nous pensons que les centres galactiques sont tous occupés par un trou noir massif. La fréquence des quasars équivaut, à peu près, à 1% seulement du nombre total de galaxies. Cependant, plus on regarde loin – en l'occurrence à plus de 2 milliards d'années au minimum – plus on a de chances de rencontrer des trous noirs supermassifs générant des quasars. Cette répartition n'est pas due au hasard. Elle s'explique par le fait que les quasars ont besoin d'une grande quantité de matière pour entretenir leurs dépenses énergétiques. De nombreux trous noirs galactiques ont vraisemblablement été des quasars dans le passé. Mais le cannibalisme galactique (dont une des conséquences est la fusion des trous noirs occupant chacun le noyau de chaque galaxie concernée) peut, théoriquement, les "réveiller". Une collision de galaxies permet en effet de réalimenter en matière le trou noir central, de réactiver en quelque sorte son activité pour former éventuellement un petit quasar dont la masse serait équivalente à quelques millions de masse solaire. Aujourd'hui, tous les noyaux actifs de galaxies ont tendance à "s'endormir", faute de nourriture. C'est le cas pour le trou noir qui se trouve au centre de notre Voie Lactée : il se signale par une action gravitationnelle exercée sur les étoiles qui circulent au voisinage du cœur galactique ; mais son disque d'accrétion s'est éteint, il ne produit plus de lumière. Peu après le ‘’Big Bang‘’, les réserves de gaz et de poussières étaient beaucoup plus importantes. Ces réserves se sont épuisées au cours du temps. Certains théoriciens des trous noirs pensent que les quasars sont responsables de la "mort" des galaxies, au sens où les quasars épuiseraient tout le gaz présent dans les galaxies présentant aujourd'hui un aspect elliptique. Cependant, des mesures récentes effectuées dans l'infrarouge sur le quasar HEO 450-2958 – situé à 3,2 milliards d'années lumières – ont montré que lorsque les jets bipolaires rencontrent, selon leurs orientations, des nuages de gaz et de matière sur leur passage, ils favorisent la création des étoiles.

En fait, personne aujourd'hui ne peut répondre de façon certaine à la question de savoir si, à l'origine, ce sont les premières galaxies qui auraient favorisé la naissance des trous noirs supermassifs ou, au contraire, si ce sont les trous noirs supermassifs qui auraient amorcé le départ des "flambées d'étoiles", voire la création des galaxies toutes entières. En de nombreuses circonstances, les grandes dépenses d'énergie qui se manifestent dans le cosmos sous telle ou telle forme, qu'il s'agisse des fluctuations du vide quantique, de l'inflation et de l'énergie sombre, de la matière noire, des super et hypernovas, des sursauts gamma, des zêta-particules et des ondes gravitationnelles, constituent en chaque occurrence une expression spectaculaire de la *profusion* qui anime l'univers. Cette particularité est apparue de manière évidente dès le début de notre abécédaire[220]. *La profusion consume et redistribue l'énergie avec abondance.* De tels processus étranges font signe vers une catégorie tout à fait improbable de la réalité. Une catégorie qui cependant existe et dont les quasars font pleinement partie.

L'association d'un trou noir supermassif et de jets relativistes bipolaires entre sans difficultés dans l'imaginaire mythologique du monstrueux : tout se passe comme si on allait ici de Charybde en Scylla ! Charybde « engloutit l'eau noire», descendant et remontant des profondeurs de l'océan, dans un mouvement en spirale. Le monstre crée un tourbillon d'une force telle que Poséidon lui-même ne pourrait lui résister. Au même endroit, malgré les avertissements de Circé, Ulysse se met en quête d'affronter Scylla, « ce mal éternel, ce terrible fléau, cette réalité sauvage qu'on ne peut combattre », dont le cri terrifiant résonne lourdement à l'intérieur de la caverne et sur toutes les parois de la montagne dressée jusqu'au ciel. Mais après avoir perdu six de ses compagnons navigateurs, Ulysse décide prudemment de s'éloigner du rocher... Les quasars jouèrent-ils autrefois dans le cosmos le même rôle que Charybde et Scylla dans le bassin de Messine ? Avant que Circée métamorphose Scylla en un monstre, celle-ci, ne l'oublions pas, fut une nymphe.

---

[220] Cf. B comme Big Bang

R comme Rayons cosmiques

« La civilisation mécanique vient de parvenir à son dernier degré de sauvagerie. Il va falloir choisir, dans un avenir plus ou moins proche, entre le suicide collectif ou l'utilisation intelligente des conquêtes scientifiques. »

Albert Camus, Revue *Combat,* 8 août 1945,

soit deux jours après le bombardement d'Hiroshima,

un jour avant la destruction de Nagasaki.

A l'instar des rayons énergétiques produits par les explosions des bombes nucléaires, les rayons cosmiques sont invisibles. Depuis 1945, date qui correspond à la fin de la seconde Guerre Mondiale et à l'utilisation de la première bombe atomique à Hiroshima, les rayons à haute énergie sont associés dans notre imaginaire à une forme de destruction prenant l'apparence insidieuse d'un feu qui consume nos organes de l'intérieur, déclenche le cancer et augmente la fréquence des mutations délétères. Les décennies des années 1950 et 1960 furent fortement marquées, sur le plan politique, par la Guerre Froide et la course au surdéveloppement des armes nucléaires. Sur un plan strictement scientifique, ces années correspondent à la découverte de la structure en double hélice de l'ADN, au début des greffes d'organe, à l'élaboration des premiers psychotropes de synthèse, à la naissance de la radioastronomie, mais aussi aux toutes premières mesures du rayonnement cosmique effectuées à l'aide de ballons stratosphériques. Les *dérivations symboliques* figurant les rayons à haute énergie ont donné naissance à toutes sortes de représentations largement illustrées dans la littérature, dans le cinéma et la bande dessinée de science-fiction, tout particulièrement dans les cultures nord-américaine et nippone. Dans un Japon meurtri par la défaite et la culpabilité, où les villes de Hiroshima et de Nagasaki ont été totalement anéanties, où les tremblements de Terre et les Tsunamis représentent de surcroît des menaces naturelles permanentes, le ''kaijū'' Godzilla tire son origine des mutations générées par les essais nucléaires[221]. Godzilla véhicule au Japon une charge symbolique immense. A l'image des extraterrestres,

[221] Le terme nippon « kaijū » désigne le monstre. La culture japonaise n'étant pas soumise à un héritage judéo-chrétien, un ''kaijū'' incarne généralement une force naturelle.

largement représentés dans l'imaginaire nord-américain, Godzilla incarne une entité surpuissante, dont le *sens est indécidable* : vient-il vraiment détruire l'humanité[222] ? En combattant d'autres ''kaijū'' redoutables, n'est-il pas au contraire du côté des hommes ? Aux États-Unis, dès la fin des années 1950, des journalistes spécialisés dans l'investigation et la vulgarisation scientifiques expliquent à la télévision à quel point des risques de mutations cancéreuses et pathogènes sont liés à l'exposition des rayons à haute énergie : rayons gamma, rayons X, ultraviolets. En 1961, l'année où Youri Gagarine accomplissait le premier tour du monde dans l'espace[223], le célèbre dessinateur de *comics* Jack Kirby inventait avec brio de nouveaux super-héros dont les pouvoirs découlent d'une exposition directe de l'ADN humain aux rayons cosmiques : ce sont les Fantastic Four. En 1963, une autre génération de super-héros allait voir le jour, dessinée elle aussi par Kirby : les X-Men. Les X-Men sont des mutants. Parmi eux, certains sont des victimes de la Shoah. Et contrairement au monde incarné par les ''kaijū'' japonais, les X-Men révèlent un univers beaucoup plus trouble.

Le système solaire, la Voie Lactée et l'univers observable tout entier baignent dans un flux de particules appelé "rayonnement cosmique". Les rayons cosmiques sont constitués de particules – des noyaux d'hélium par exemple – très chargés en énergie, qui se déplacent à grande vitesse dans l'espace. Les particules de « basse » énergie qui composent ce flux, sont piégées par notre bouclier magnétique, elles donnent naissance aux aurores boréales[224]. Ces particules, constituées majoritairement par des ions et des électrons, proviennent principalement du vent solaire. Le flux global, constitué pour l'essentiel de protons (88%), véhicule également de l'antimatière – des antiprotons et des positrons notamment – et des particules neutres, notamment des rayons gamma, des neutrons et des neutrinos[225]. Un des intérêts de l'étude des rayons cosmiques est de nous permettre d'avoir des informations qui ne peuvent être transmises par la lumière, notamment sur l'existence de particules d'antimatière qui sont toujours très difficiles à observer car elles se désintègrent, dès qu'elles interagissent avec des particules de matière. L'arrivée des rayons cosmiques provoque l'apparition de gerbes de particules à quelques dizaines de kilomètres d'altitude dans notre ciel. L'interaction des rayons à forte énergie avec l'atmosphère est complexe, elle

---

222 Cf. A comme Abduction

223 Cf. G comme Gagarine

224 Qualifier ces particules comme étant de « basse énergie » est une façon de parler, car en ce domaine tout est relatif, disons plutôt les particules moins chargées

225 L'antimatière correspond à la définition de la matière mais avec une charge électrique inverse

donne lieu à une deuxième création de gerbes de particules. Certaines atteignent le sol, mais la plupart d'entre elles se désintègrent. Les particules les plus énergétiques, régulièrement détectées, ont selon toute vraisemblance, une origine extragalactique et sont appelées "zetta-particules". Elles ont une charge énergétique qui excède tout processus physique actuellement identifié. Leurs causes hypothétiques semblent les lier aux événements les plus violents repérés dans l'Univers : quasars, hypernovas, sursauts gamma, trous noirs. Les sursauts gamma longs ont une durée s'étalant sur une dizaine de secondes environ, tandis que les sursauts gamma courts affichent une durée de 1/10 de secondes seulement. Dans les deux cas, la formation d'un trou noir est suspectée. Les sursauts gamma longs sont vraisemblablement émis par une explosion d'hypernova, générée par un effondrement gravitationnel d'une étoile hypergéante unique. Pour les sursauts courts, l'hypothèse retenue est la fusion des deux étoiles à neutrons. Ici et là, le processus débouche sur la formation d'un trou noir. Pour les étoiles à neutron en fusion, le trou noir s'accompagne d'un jet bipolaire très puissant. Des rayons cosmiques, appartenant à cette catégorie énergétique, franchissent les ceintures protectrices de Van Allen, interfèrent avec notre atmosphère, traversent les bâtiments, les sols et les sous-sols, augmentent le taux de radioactivité naturelle, altèrent les composants électroniques des circuits intégrés, modifient notre code génétique.

Transposées dans l'univers de la science-fiction, les données scientifiques concernant le rayonnement cosmique ouvrent sur l'imaginaire de l'inversion : là où les rayons à haute énergie sont susceptibles d'altérer, de diminuer, voire de détruire les capacités du vivant, le bombardement du code génétique fait apparaître miraculeusement et instantanément un nouveau plan d'organisation, faisant fi de l'aléatoire et du tri sélectif. Le scénario est aujourd'hui bien établi, c'est à la suite d'un séjour mouvementé dans l'espace au cours duquel ils furent soumis à l'exposition prolongée à des rayons cosmiques de très hautes énergies, que Reed Richards, Ben Grimm, Sue et Johnny Storm ont vu leur corps doté de caractéristiques extraordinaires. « Les Fantastic Four, *explique Jack Kirby*, forment un groupe bien équilibré. Reed (Mister Fantastic) représente l'aspect intellectuel et Johnny (la Torche) l'énergie et le besoin d'action de la jeunesse. Sue (la Fille Invisible) est l'intuition et symbolise la compassion. Ben (la Chose) est la force et la vitalité que nous avons tous en nous [...] Les Fantastic Four sont un groupe si fort, qu'il m'a fallu imaginer des vilains plus puissants que je ne l'aurais pensé[226]. » A vrai dire, les F.F.

[226] Jack Kirby, entretien accordé à son ami et collaborateur Greg Theakston, octobre 1993. Dans la version française des *Quatre Fantastiques,* Sue porte le prénom « Jane » et Reed devient «

tirent leur force autant de leurs super-pouvoirs que du fait qu'ils constituent... une famille. Une famille standard, très banale, reflétant toutes les généralités et tous les clichés du modèle américain : Reed et Sue sont fiancés – ils se marieront plus tard… – Johnny est le frère cadet de Sue, Ben joue le rôle de l'oncle. Les liens affectifs prédominent, quoi qu'il arrive. Les conflits restent confinés dans l'espace restreint du foyer. Malgré les sautes d'humeur permanentes de Ben, la psychologie qui anime le quatuor est lisse, feutrée, sans véritable relief, ni sans grand intérêt. Le travail du scénariste Stan Lee n'est-il pas, en définitive, d'adapter la saturation explosive des planches de Kirby à un univers d'adolescents ? A cette psychologie primaire correspond des forces matérielles élémentaires : Mister Fantastic personnifie l'eau, la Fille Invisible représente l'air, la Torche symbolise le feu, la Chose incarne la terre. Les quatre éléments, remarquait Bachelard, constituent à la fois les bases incompressibles du réel et les sources intarissables de l'imaginaire poétique. En toutes circonstances, les principes qui régissent leurs mélanges demeurent – conformément à la théorie d'Empédocle – l'Amour et la Haine. Parmi ces quatre forces élémentales, Kirby trouve son avatar dans la figure de Ben Grimm alias la Chose. La Chose est une copie fidèle de Kirby : originaire de Nancy Street, dans Lower East Side de New York, colérique mais tolérant, dépressif mais ardent, Ben Grimm / Jack Kirby est un monstre kafkaïen[227], qui ne peut se défaire ni de son apparence ni de sa judéité. La *Chose,* homme de briques au cœur tendre, tient autant du *Golem* que du récit féerique de l*a Belle et la Bête*[228]. Parmi les *quatre Fantastiques*, si Ben Grimm est prisonnier de son corps, il est le seul qui ne puisse reprendre une apparence normale ; Jack Kirby est prisonnier de ses pensées et de son histoire personnelle. Celles-ci le renvoient inlassablement aux difficultés de son enfance (il a grandi dans une famille pauvre), aux conflits professionnels récurrents, mais aussi et surtout, aux traumatismes vécus en 1944, à l'avant-poste du front américain dirigé par le Général Patton et tout particulièrement, aux épisodes extrêmement douloureux des batailles de Dornot[229]. En effet, le bataillon dans lequel se trouvait Kirby fut piégé par les lignes allemandes. Les trois quarts de ses coéquipiers périrent. Kirby, souffrant gravement des pieds – il risqua de peu

Red ».

[227] Stanley Lieber (Stan Lee) et Jacob Kurtzberg (Jack Kirby) sont d'origine juive. Ils ont grandi tous les deux dans des milieux très modestes à New York, mais leurs familles respectives étaient originaires de Roumanie et d'Autriche. Jack Kirby était donc, comme Franz Kafka, d'origine autrichienne.

[228] *La Belle et la bête* de Jeanne-Marie Leprince de Beaumont (1757) est un récit bien connu des américains.

[229] Les batailles de Dornot furent des étapes nécessaires permettant la libération de Metz.

l'amputation – fut renvoyé aux États-Unis[230]. En 1963, soit deux ans après l'invention des FF, le pasteur Martin Luther King rassemble 200 000 personnes devant le mémorial dédié à Lincoln, à Washington. La foule immense demande l'abolition de la discrimination raciale et le respect des droits des Noirs. Le 22 novembre, J.-F. Kennedy est mystérieusement assassiné. En cette année particulièrement tourmentée, des taux extrêmement élevés de radioactivité résiduelle sont mesurés dans le ciel de New York, le Gouvernement américain décide d'arrêter les essais nucléaires atmosphériques. Marteen Schmidt parvient à déchiffrer le spectre du quasar 3C 273[231]. Jack Kirby prépare l'entrée en scène d'une nouvelle génération de super-héros.

Avec l'arrivée des X-Men, les super-héros prennent l'apparence de figures mythologiques éculées. Scott Summers est un mélange entre le cyclope Polyphème et le robot Gort[232]. Warren Worthington a l'aspect d'un ange. Jean Grey maîtrise la télékinésie. Mais, l'intérêt du lecteur se déplace du côté des vilains regroupés au sein de « La Fraternité des Mauvais Mutants » dirigée par un survivant de la Shoah, Max Eisenhardt, alias Magnéto. Magnéto est une victime des camps de concentration nazis. Il sait qu'il ne peut accorder aucune confiance en l'humanité. Les mutants, quel que soit leur parti, ne sont jamais ni entièrement bons, ni entièrement mauvais. Ce sont généralement des adolescents ou de jeunes adultes qui cicatrisent des blessures profondes, tout en découvrant des pouvoirs dont ils n'ont pas la maîtrise. De ce point de vue, l'antagonisme qui oppose les élèves de Charles Xavier – le « professeur » des X-Men – et les jeunes disciples de Max Eisenhardt, n'est qu'une rivalité de façade qui porte uniquement sur la méthode. Xavier défend l'idée selon laquelle l'humanité va finir par accepter l'altérité radicale que représente une nouvelle race humaine. Il estime que la capacité de tolérance de chacun permet d'envisager un futur dans lequel les mutants vivront en harmonie avec les humains. Eisenhardt pense que cela est impossible et que les *homo superior* sont obligés, s'ils veulent survivre, de détruire les *homo sapiens.* Cette divergence de point de vue n'est pas sans rappeler l'opposition entre Martin Luther King et Malcom X. Si l'un et l'autre partagent les mêmes aspirations pour la défense des *Civil Rights*, la perception de la réalité les oppose[233].

---

[230] Kirby reçut, à titre honorifique, deux médailles militaires.

[231] Cf. Q comme Quasars.

[232] Kirby a manifestement vu le célèbre film de Robert Wise, *The Day The Earth Stood Still* (1951).

[233] Cet argument est développé par Jean Depelley dans un article intitulé *Comics Signatures X-Men.*

Une technique illustrative, inventée par Kirby, est devenue aujourd'hui une convention artistique, bien connue des dessinateurs de *comics*. Elle permet de figurer le crépitement d'une irradiation cosmique tombant comme autant de particules à très haute énergie. Cette technique, appelée « Kirby Krackles », repose sur la disposition d'un champ de taches pseudo-fractales de couleur noire. Elle permet de figurer le pouvoir d'anéantissement d'une puissance invisible préfigurant la fin d'un monde. Mais davantage que les rayons cosmiques, ce sont les images de la Seconde Guerre Mondiale qui se trouvent ici méticuleusement et systématiquement représentées. Malheureusement, à bien des égards, les adaptations scénario-graphiques de Stan Lee ont ancré l'œuvre éminemment expressionniste de Kirby dans un propos neutralisé, tirant toutes les visions hallucinatoires de Kirby vers une sorte de « Soap Opera » adressé à un très jeune public. Mais, si l'on fait abstraction de tout ce travail d'édulcoration, les X-Men dessinés et contextualisés par Kirby apparaissent tous comme les représentants d'une *humanité indécidable*, c'est à dire comme les enfants de Auschwitz et de Hiroshima.

S comme Saturne

« Ἀγεωμέτρητος μηδεὶς εἰσίτω » *Que nul n'entre ici s'il n'est géomètre*,
Inscription gravée à l'entrée de l'Académie de Platon

Le Beau n'est-il pas, comme le pensaient les anciens Grecs, l'expression de la symétrie, de l'ordre, de l'équilibre et de l'harmonie ? Mais une beauté totalement ordonnée a quelque chose de froid. Il lui manque la singularité, peut-être même la vulnérabilité.

Les anneaux de Saturne s'étendent sur un diamètre dépassant 300 000 km. Contrairement aux anneaux qui entourent Neptune, Uranus et Jupiter – à peine visibles, tant ils sont érodés – les anneaux saturniens semblent relativement jeunes. Leur agencement parfaitement disposé, leur albédo et leur étendue font de la sixième planète du système solaire un cas unique parmi toutes les planètes connues[234]. Saturne est certainement le plus bel objet que l'on puisse contempler. Son observation procure cependant un sentiment paradoxal : elle donne à contempler une sorte d'état superlatif de la beauté, une singularité magnifiée par les lois de la géométrie. Tout porte à croire que Saturne, et peut-être – par extrapolation – l'univers tout entier, sont des expressions d'un ordre mathématique immanent. Mais c'est oublier que la beauté ne se réduit pas à de simples rapports de proportions.

Quand nous admirons aujourd'hui les images du système saturnien, nous sommes spontanément portés à devenir, ou à redevenir, platoniciens. Pour le fondateur de l'Académie, la géométrie gouverne toutes les lois qui maintiennent l'harmonie du Monde. Les mathématiques sont une école de vérité : la connaissance des nombres, la géométrie et l'astronomie, constituent pour Platon les prolégomènes (ensemble de notions préliminaires indispensables) à la connaissance du Beau et du Bien[235]. Nous sommes en même temps amenés à penser que les vérités mathématiques, bien que ''réelles'', ne sont pas soumises aux conditions du devenir. Selon le théorème de Pythagore, le carré de la longueur de l'hypoténuse est égal à la somme des carrés des longueurs des deux autres côtés. Cette vérité géométrique est atemporelle, elle trouve son critère de légitimation dans une déduction. Elle

---

[234] C'est également la seule planète possédant une densité inférieure à celle de l'eau.

[235] C'est ce programme d'études que doit suivre le gardien de la « République », cf. Platon *République VII* 526c-527c

n'est pas vraie aujourd'hui, fausse demain, après-demain ou dans 10 milliards d'années. Elle est toujours vraie. Par contre, l'énoncé qui consiste à dire que «le Soleil est une étoile de type G présentant une température de surface de 5 750 K » est une vérité empirique. Dans 10 milliards d'années, le Soleil, tel que nous le connaissons aujourd'hui, aura disparu. Bien que les vérités mathématiques puissent être confirmées dans toutes sortes de situations empiriques, leurs fondements ne reposent pas sur une procédure de vérification expérimentale. Et si l'existence se définit stricto sensu comme un mouvement de sortie en direction du monde, si l'existence de tout objet implique en effet que celui-ci soit effectivement situé dans l'espace et dans le temps, alors la question de l'existence des mathématiques se pose. La géométrie euclidienne correspond aux données de notre perception quotidienne, ce qui n'est pas du tout le cas pour les géométries non-euclidiennes. Pour autant, cela ne signifie pas que la géométrie euclidienne détermine réellement la structure de l'espace. Cela signifie uniquement que les géométries non euclidiennes se définissent comme des cas de figure particuliers, dans lesquels la somme des angles d'un triangle est inférieure à 180° (de telles géométries présentent une courbure négative comme cela a été développé par Lobatchevski et Bolyai), ou supérieure à 180° (comme cela a été développé dans la géométrie à courbure positive de Riemann). Le fait que la théorie de la relativité d'Einstein puisse être formalisée dans la géométrie de Riemann ne signifie pas davantage que cette géométrie ''existe''. Ce que Platon appelle εἶδος *(eidos)* – terme que nous traduisons par *Forme* ou *Idée* – possède de nombreuses similitudes avec les caractéristiques qui définissent les énoncés mathématiques : les Idées sont ce qu'il y a de plus réel dans le réel, pourtant elles n'existent pas au sens où elles ne sont pas situées dans l'espace et le temps.

L'univers est gouverné, pour autant que l'on puisse le savoir, par des lois universelles que l'on peut traduire dans le langage des mathématiques. La force de gravitation, la force électromagnétique et les forces nucléaires décrivent chacune quelque chose qui ne varie pas dans l'expérience que nous pouvons faire de la nature. Nous ne pouvons pas le vérifier partout, mais nous n'avons encore pas trouvé de singularités contredisant l'universalité des lois. Toutes les lois observées dans l'univers semblent découler de l'existence préalable de régularités. Oui, mais on peut également affirmer le contraire : toutes les régularités observées dans l'univers semblent découler de l'existence préalable de lois. Ces lois trouvent, depuis l'avènement de la physique moderne au XVIIème siècle, une expression claire et distincte sous la forme d'énoncés, notamment d'équations mathématiques.

« La philosophie, *explique Galilée*, est écrite dans cet immense livre qui continuellement reste ouvert devant les yeux (je dis l'univers), mais on ne peut le comprendre si, d'abord, on ne s'exerce pas à en connaître la langue et les caractères dans lesquels il est écrit. II est écrit dans une langue mathématique, et ses caractères en sont les triangles, les cercles, et d'autres figures géométriques, sans lesquelles il est impossible humainement d'en saisir le moindre mot ; sans ces moyens, on risque de s'égarer dans un labyrinthe obscur[236]. »

Pour Galilée comme déjà pour les pythagoriciens, les mathématiques sont à la fois vraies et réelles. Le monde existe dans une structure mathématique. Les mathématiques ne sont pas seulement un instrument intellectuel nous permettant de comprendre le monde ou de formaliser notre savoir. Les mathématiques ont de fait, pour tous ces savants, un statut ontologique. Normalement, seuls une affirmation, un énoncé ou une pensée, peuvent être ''vrais'' et seul un objet peut être ''réel''. Selon Aristote, lu et interprété par Thomas d'Aquin, la vérité est l'adéquation de l'intellect à la chose, *adaequatio rei et intellectus :* la vérité se définit ici en tant que *correspondance* avec les faits. Une vérité formelle ne suffit pas, elle ne peut que garantir la cohérence logique d'un discours. Si les règles de la logique constituent un critère universel et formel de la vérité, elles sont cependant insuffisantes, puisqu'une connaissance peut satisfaire à leurs exigences de non-contradiction tout en étant matériellement fausse. Si j'affirme : « Tous les hommes sont verts, or Socrate est un homme, donc Socrate est vert », je suis cohérent mais dans l'erreur. Il convient donc de distinguer vérité formelle et vérité matérielle. Le respect des règles logiques constitue un critère certes nécessaire mais insuffisant de la vérité. Autrement dit, la logique formelle est bien la condition de toute vérité, mais elle ne saurait rien nous apprendre sur les objets concrets de notre expérience. Une vérité doit en même temps avoir un aspect ''matériel'', c'est à dire trouver son point d'ancrage dans l'expérience du réel : « Ce n'est pas parce que nous pensons d'une manière vraie que tu es blanc, que tu es blanc, mais c'est parce que tu es blanc, qu'en disant que tu l'es, nous disons la vérité[237]. » Une telle adéquation était postulée par la tradition antique mais aussi par la tradition chrétienne, tradition au sein de laquelle Dieu était identiquement source de l'être des choses et de leur vérité, ce qui conférait à la relation à la nature et à sa connaissance une transparence lumineuse. « La vérité, *écrivait Thomas d'Aquin*, est en notre esprit en tant qu'il est adéquat à la réalité perçue[238]. » Ainsi fondée sur un rapport à la fois naturel et divin, la

---

[236] Galilée, *Il Saggiatore* (l'Essayeur), 1623
[237] Aristote, *Métaphysique*, Livre 9, chap. 10, Trad. J. Tricot, Ed Vrin, 1991
[238] Thomas d'Aquin, *Somme Théologique.* Ed. du Cerf, 1984

connaissance n'avait pas à se demander comment rejoindre la réalité. Aussi longtemps que la vérité a été conçue en ces termes, on pouvait admettre qu'elle se confondait avec la réalité. Le problème auquel nous sommes aujourd'hui confrontés est celui de la liaison de la pensée au réel : s'il n'y a pas de correspondance spontanée de l'esprit aux choses, s'il n'y a pas notamment d'adéquation spontanée des mathématiques aux objets concrets de notre expérience, comment fonder le passage du logique à l'ontologique, comment établir la relation entre la connaissance et l'être ? Comment savoir si le monde possède en lui-même – et donc indépendamment de notre savoir – une structure mathématique sous-jacente ?

Pour tous ceux qui partagent une position métaphysique qu'on appelle ''réalisme'', les mathématiques ont un statut transcendantal, elles sont bel et bien *réelles,* et certainement, comme cela se voit dans les Idées platoniciennes, elles représentent ce qu'il y a de plus réel dans le réel. Selon le point de vue métaphysique opposé, qu'on appelle ''nominalisme'', les mathématiques ne sont pas le dévoilement d'une réalité objective, mais un système de signes explicitant leurs règles de jeu. Bertrand Russell résume parfaitement cette conception nominaliste en une formule célèbre : « Les mathématiques sont une étude où l'on ignore de quoi l'on parle et où on ne sait pas si ce que l'on dit est vrai ! ». Un énoncé vrai – quelle que soit sa forme, mathématique, philosophique, littéraire, etc. – est ici un énoncé qui est censé être en adéquation avec le réel. Mais dans la formule de Russell, ce n'est plus la définition du vrai, c'est la définition du réel qui pose problème. Et pour cause, tout au long du XXème siècle, le rythme des découvertes scientifiques s'est accéléré, mais la prise de conscience de notre méconnaissance de la réalité est devenue patente[239]. Dans la situation que nous vivons actuellement, alors que nous avons connaissance du fait que 95% du réel est inconnu[240], comment savoir si nos énoncés mathématiques et a fortiori, la formulation mathématique de nos lois physiques, sont en correspondance avec le réel ?

A défaut de pouvoir trancher la question de savoir si les mathématiques ont un statut transcendantal, il nous est donné la chance de pouvoir contempler la beauté du Monde. Se situant deux fois plus loin que Jupiter[241], Saturne se présente comme un astre mystérieux, dégageant une lumière douce et spectrale. A 78° degrés de latitude nord, la planète aux anneaux possède une deuxième structure mathématique, qui confirme à quel point elle semble en

---

[239] Bertrand Russell est mort en 1970, il avait 98 ans.

[240] Cf. B comme Big Bang

[241] L'aphélie de Saturne se situe à environ 10 unités astronomiques, par comparaison l'aphélie de Jupiter se situe à 5,4 unités astronomiques.

connivence avec les lois de la géométrie. Il s'agit d'un immense polygone à six cotés. Cette forme, parfaitement sculptée par les lois de la physique, délimite un vortex polaire gigantesque. Ses dimensions pourraient contenir quatre planètes comme la Terre. Comme tous les géants gazeux, Saturne est principalement constitué d'hydrogène liquide[242]. Sa période de rotation étant très courte – 10h 33mn – la planète présente un ellipsoïde de révolution. Cet aplatissement, facilement repérable, se marie lui-même harmonieusement avec la forme parfaitement sphérique des anneaux.

Saturne, cet « astre errant » que les grecs assimilaient à Chronos, le dieu du temps et des moissons, est accompagné par une multitude de satellites naturels, parmi lesquels 53 ont reçus une dénomination. La lune la plus importante, Titan, a un diamètre comparable à celui de Mars. Titan est recouverte d'une épaisse atmosphère composée d'azote et de méthane[243]. Stimulés par la lumière lointaine du Soleil, ces gaz produisent des composés organiques susceptibles d'amorcer une chimie du vivant. Le satellite Encelade est beaucoup plus petit. Il ne mesure qu'un huitième de la taille de notre Lune. Sa surface très lumineuse est recouverte de neige fraîche, formée à partir de particules d'eau, elles-mêmes rejetées par les geysers qui parsèment son hémisphère sud. Cette activité géologique est alimentée par des forces de marées s'exerçant sur des poches d'eau liquide relativement proches de la surface. En raison de la très faible gravité, la vapeur d'eau expulsée atteint plusieurs centaines de km d'altitude. Cette activité contribue à alimenter la partie la plus extérieure des anneaux. D'autres lunes, encore bien plus petites, orbitent à l'intérieur des anneaux et contribuent à maintenir leur stabilité.

Manifestement le κόσμος (cosmos) est beau et ordonné, il suscite le plaisir esthétique tout autant que le désir de connaissance. La géométrie subtile du système saturnien représente en ce sens l'analogon d'un univers forgé par un artiste. Mais l'analogon seulement, car le Beau ne saurait s'expliquer intégralement par l'ordre, la symétrie et l'harmonie. Chez Platon, le cosmos provient d'un processus d'imitation artistique : pour créer le monde sensible, le Démiurge a pris comme modèle l'Idée du cosmos, telle qu'elle peut être contemplée, avec les yeux de l'esprit, dans le monde intelligible :
« Un objet physique, *explique Roger Penrose*, tel un carré tracé sur du sable, ou un cube sculpté dans du marbre, pouvait apparaître aux yeux des Grecs anciens comme une approximation raisonnable, et parfois excellente, de l'idéal

[242] L'hydrogène perd son état gazeux et devient liquide lorsque sa densité dépasse 0,01 g/cm cubes.
[243] Ce sont les mêmes gaz qui composaient l'atmosphère primitive de la Terre.

géométrique platonicien correspondant. Et pourtant, de tels objets ne seraient jamais que des approximations[244]. »

Si, pour les grecs, le beau et le bien vont toujours ensemble, la beauté manifeste du monde n'est-elle pas le principe qui garantit l'universalité des lois de la nature ? Mais, comment l'univers aurait-il pu élaborer les règles qui déterminent sa propre évolution ? *Après tout, rien n'oblige les lois de la physique à s'exprimer de manière invariante et universelle*. Et si ce n'est l'Idée de la ''Beauté '', quel autre principe aurait pu garantir ces mêmes lois ? Reste alors l'Idée du Bien, qu'il faut situer au sommet de la hiérarchie des Idées. Platon nous dit qu'elle est *« épekeina tès ousias»* (au-delà de l'essence)[245]. La cosmologie se trouve ici encore, irrémédiablement reconduite vers la métaphysique.

[244] R. Penrose, A la découverte de l'Univers, la prodigieuse histoire des mathématiques et de la physique. Ed. Odile Jacob, 2007

[245] Cf. O comme Observation

T comme Trou noir

« En cherchant l'œil de Dieu, je n'ai vu qu'un orbite
Vaste, noir et sans fond, d'où la nuit qui l'habite
Rayonne sur le monde et s'épaissit toujours ;
Un arc-en-ciel étrange entoure ce puits sombre,
Seuil de l'ancien chaos dont le néant est l'ombre,
Spirale engloutissant les Mondes et les Jours ! »

Gérard de Nerval, *Le Christ aux Oliviers*

Dès la fin du XVIIIème siècle, plus d'un siècle avant l'avènement de la théorie de la relativité générale, la notion d'astre occlus avait déjà été conceptualisé par John Michell et Pierre Simon de Laplace. Travaillant l'un et l'autre dans le cadre, à l'époque solidement établi, de la physique newtonienne, ils avaient envisagé la possibilité de concevoir l'existence d'étoiles suffisamment massives pour que leur gravité retienne la lumière. Ce travail est d'autant plus remarquable qu'on ignorait qu'il puisse exister des étoiles telles que les naines blanches ou les pulsars, c'est à dire des astres possédant une très grande compacité. Selon les calculs établis à l'époque, une « étoile invisible » pouvait se former si l'on avait affaire à des astres atteignant 500 M⊙ (masses solaires).

Le 10 avril 2019, la toute première photographie d'un trou noir a été réalisée grâce à un grand réseau mondial de radiotélescopes reliés par interférométrie à très longue base. L'image produite porte témoignage de la présence énigmatique d'un « astre obscur » se trouvant dans le noyau de la galaxie elliptique M87. Sa masse est estimée entre 6 et 7 milliards de masses solaires (7 000 000 000 M⊙). Seul le disque d'accrétion est visible, il entoure une sorte de puits dans l'espace-temps. Par définition, un trou noir délimite une zone dans laquelle le champ de gravitation est si important que rien, pas même la lumière, ne peut s'en échapper. La théorie de la relativité générale permet de décrire cette relation existant entre la gravitation et la lumière. L'espace-temps est conçu par Albert Einstein comme un tissu élastique courbé par la présence de corps compacts. Réciproquement, la courbure de l'espace-temps gouverne les propriétés de la matière et de l'énergie. L'idée d'une « force » de gravitation, telle qu'elle était définie de manière classique dans la physique newtonienne, est traduite désormais par l'idée d'une « courbure » de la géométrie de l'espace[246]. Dans ce nouveau cadre interprétatif, la compréhension des processus spectaculaires qui orientent la fin de vie des étoiles, ainsi que la dynamique des quasars, nous invitent à interroger ce qui se passerait si on poussait la théorie sur sa limite.

En l'occurrence, le trou noir décrit un cas extrême – auquel Albert Einstein ne prêtait, pour le mieux, qu'une existence purement spéculative et conjecturale – dans lequel l'espace-temps est tellement déformé qu'il engendre un puits de gravitation suffisamment puissant pour retenir toute lumière et toute information. Einstein ne croyait pas en l'existence des trous noirs car il considérait que leur « surface » devait être impénétrable[247]. Il pensait que l'existence de tels objets générait des contraintes physiques ingérables, comme par exemple une densité tendant vers l'infini dans un volume pratiquement nul et/ou une vitesse de libération excédant la vitesse de la lumière. Confrontées à de telles caractéristiques, les équations de la relativité ne trouvaient, selon Einstein, plus aucune solution logique. S'opposant sur ce point au plus grand génie de la science moderne, Georges Lemaître était persuadé du contraire. *Lemaître avait raison : les trous noirs ne sont pas impénétrables.* Leur réalité, considérée pendant longtemps comme étant purement hypothétique, est aujourd'hui démontrée et constatée. Ils font partie des objets astronomiques les plus improbables dont l'existence est aujourd'hui largement avérée[248].

Contrairement à une idée reçue, la masse volumique d'un trou noir peut être faible. Par contre, et c'est là toute la différence, les trous noirs sont toujours des objets compacts. En réalité, la formation d'un trou noir ne dépend pas seulement de la masse, elle dépend du rayon critique à l'intérieur duquel un objet doit être confiné. Ce paramètre – appelé ''rayon de Schwarzschild''[249] – est proportionnel à la masse du trou noir considéré. Si l'on envisage le cas d'une étoile possédant 1 M⊙, à commencer par le Soleil lui-même, il faudrait

[246] Plutôt que de parler ''d'espace'', il conviendrait plutôt d'évoquer ici ''l'espace-temps''.
[247] Zone sphérique qui délimite la sphère – appelée aussi « horizon des événements » – à partir de laquelle plus aucune interaction n'est possible.

[248] En 1939, Robert Oppenheimer a été le premier à calculer un effondrement gravitationnelle relativiste. Dans la deuxième partie du XXème siècle, la physique des trous noirs sera développée notamment par John Wheeler et Brandon Carter. Plus récemment, par Stephen Hawking. Signalons, en France, les travaux remarquables de Jean-Pierre Luminet.
[249] En utilisant les équations de la relativité, Karl Schwarzschild conçut dès 1915 l'existence d'un rayon critique – appelé aussi « singularité de Schwarzschild » – à l'intérieur duquel un objet doit être confiné.

comprimer notre astre du jour dans un rayon de 3km pour obtenir un trou noir. Pour un objet ayant la masse de la Terre, il faudrait un rayon de seulement un seul centimètre. De telles valeurs impliquent l'existence d'objets extrêmement compacts. En prolongeant cette échelle de correspondances, la masse d'une montagne peut être ramassée dans un proton ! Nous aurions alors un trou noir microscopique. Compte tenu de leurs volumes, grands ou petits, les trous noirs contiennent toujours une très grande masse. Pour des valeurs comprises entre 1 et 8 M⊙, nous savons que toutes les étoiles qui implosent voient leur cœur se transformer en naines blanches[250]. En 1930, Subrahmanyan Chandrasekhar, alors âgé de 20 ans, calcula les équations de la relativité se rapportant à l'effondrement gravitationnel d'un astre possédant la masse du Soleil. Sous l'effet de l'implosion, l'étoile se contracte jusqu'à une certaine limite traduisant la résistance de la matière. Cette résistance s'explique par la pression de dégénérescence des électrons. Sans cette pression, aucune force ne s'opposerait à la gravité. Une naine blanche ne peut pas dépasser une masse possédant une certaine valeur – appelée « limite de Chandrasekhar » – équivalente à 1,4 M⊙. Par contre, si nous envisageons des étoiles plus massives, une supergéante bleue par exemple, le cœur de l'étoile est susceptible de s'effondrer au-delà de la valeur où se forme une naine blanche. Entre 8 et 40 M⊙, l'effondrement gravitationnel des étoiles donne naissance à des pulsars[251]. Pour les étoiles les plus massives,[252] qui dépassent 40 M⊙, l'effondrement gravitationnel est tellement puissant que la pression de dégénérescence neutronique ne peut absolument pas résister à l'effondrement de la matière[253]. Le résultat est la formation d'un trou noir.

Visible dans l'hémisphère sud, l'étoile η Carina affiche des caractéristiques impressionnantes : 5 000 000 L⊙ (5 millions de fois la luminosité du Soleil), une masse équivalente à 120 M ⊙. Cette étoile fait partie de la classe des variables lumineuses bleues, son observation indique qu'elle est susceptible à tout moment d'exploser – phénomène appelé hypernova – et de donner naissance à un trou noir. Objets extraordinaires, les hypernovas excèdent de la

[250] Les naines blanches sont des résidus stellaires à haute densité résultant de l'effondrement gravitationnel d'étoiles de masse modérée.

[251] Les pulsars, appelés aussi « étoiles à neutrons », ont un rayon se situant aux alentours de 10 km.

[252] Cette catégorie d'étoiles correspond environ à 1 étoile sur 10 000. Compte tenu du nombre d'étoiles présents dans chaque galaxie, cela représente un nombre potentiel de trous noirs très important.

[253] Au-delà d'une certaine limite équivalant à trois fois la masse du Soleil.

puissance des supernovas : l'énergie dégagée par ce type d'explosion équivaut en effet à l'énergie produite par plusieurs galaxies. Ce phénomène, d'une puissance irreprésentable, donne lieu à une émission caractéristique de flux énergétiques extrêmement concentrés générés sur une courte période, appelée « sursaut gamma ». Située à 7 500 a.l., η Carina a peut-être déjà explosé, mais le temps que la lumière de l'explosion nous parvienne, il faudra encore patienter quelques années...

La « surface » des trous noirs – qui n'est pas une surface solide comme sur la Terre, ni une surface gazeuse comme sur Jupiter – peut être comparée à la bordure d'un puits gravitationnel. La compréhension des propriétés de ce puits nécessite le recours de la physique relativiste. Imaginons deux voyageurs partis à la rencontre d'un trou noir. On constate que le temps propre, le temps réel, qui prévaut pour le voyageur franchissant la surface d'un trou noir est très différent du temps apparent qui est mesuré par l'observateur se trouvant à l'extérieur. Ce temps apparent subit une dilatation qui se trouve d'autant plus forte que le voyageur imprudent plonge vers le « point de singularité » [254]. Les trous noirs stellaires peuvent être détectés indirectement par l'étude de leur disque d'accrétion générant un flux de rayons X[255]. Cette émission indique que la deuxième étoile restée en interaction gravitationnelle est en train d'être aspirée par son compagnon obscur. Pour être certain d'avoir affaire à un trou noir, il suffit de vérifier si la mesure de masse de l'objet dépasse le point critique de stabilité d'une étoile à neutrons. Si nous envisageons uniquement les trous noirs stellaires, la formation d'un horizon des événements évacue toutes les petites irrégularités dans la forme sphérique de l'étoile mère, ce qui se traduit par une émission caractéristique d'ondes gravitationnelles. Cette émission, autrefois prédite par la théorie de la relativité, est aujourd'hui repérée. Cette détection n'est pas facile, car contrairement aux objets qui nous environnent de toutes parts et dont la description fait intervenir un très grand nombre de facteurs (au niveau moléculaires et atomiques, ce sont des milliards de paramètres), la description d'un trou noir ne repose que sur trois paramètres : la masse, le moment angulaire, lié à sa quantité de rotation, et la charge électrique globale. Avec seulement trois paramètres, les trous noirs sont « chauves ». Si nous considérons un trou noir statique, qui n'a pas de moment angulaire et dont la charge électrique est neutre, nous considérons en réalité un trou noir parfaitement à l'équilibre correspondant à la « la solution dite de

[254] Le point de singularité est un point infinitésimal à partir duquel se constitue un horizon des événements dans un trou noir de Schwarzschild, c'est à dire sphérique et non rotatif.
[255] De nombreux trous noirs stellaires sont des trous noirs faisant initialement partie d'un système d'étoile binaire.

Schwarzschild ». Compte tenu du nombre restreint de ses paramètres, *le trou noir de Schwarzschild est l'objet le plus simple que la physique puisse concevoir*. Le trou noir de Kerr possède par contre un moment angulaire : il est animé d'un mouvement de rotation. La singularité résidant au cœur d'un tel trou noir ne correspond plus à un point mais à un anneau couché dans le plan équatorial. Toutes les trajectoires qui vont dans le trou noir de Kerr ne convergent pas nécessairement vers la « singularité », elles peuvent passer à travers l'anneau ou passer au-dessus. Conséquence : une civilisation extraterrestre très avancée sur le plan technologique pourrait théoriquement extraire jusqu'à 29% de l'énergie d'un tel trou noir.

Le fait que les trous noirs avalent toutes les informations – sauf trois... – correspond à ce que les astrophysiciens ont proposé d'appeler le « théorème de la calvitie ». Parmi les grands théoriciens des trous noirs, Stephen Hawking a continuellement cherché à réfuter ce théorème. Car, en effet, si on interprète ce théorème dans le cadre proposé par la thermodynamique, les implications immédiates se traduisent par une entropie gigantesque. Et si l'on suit les équations de la thermodynamique jusqu'au bout, les trous noirs devraient restituer de l'information, ils devraient rayonner. Pour des trous noirs microscopiques, suffisamment petits pour être soumis à des effets quantiques, les calculs effectués par Stephen Hawking conduisent à la conclusion que ces trous noirs seraient susceptibles de s'évaporer en laissant s'échapper un rayonnement thermique correspondant au rayonnement d'un corps noir. Nous savons que, dès sa formation, une quantité gigantesque d'informations se trouve piégée à l'intérieur du trou noir. Cette information peut-elle être entièrement restituée au moment où le trou noir s'évapore ? Selon la théorie de la relativité générale, une partie de l'information sera, quoiqu'il arrive, irrémédiablement perdue : l'information qui est renfermée dans le rayonnement d'un corps noir est très inférieure à l'information totale. Dans le domaine de la physique quantique, la loi de l'unitarité stipule au contraire que tout système obéissant aux équations de Schrödinger conserve son information. Un système quantique ne peut pas perdre de l'information. *Le ''paradoxe de l'information'' illustre l'incompatibilité substantielle existant entre la physique quantique et la théorie de la relativité.*

Des trous noirs « miniatures » ont pu être générés, non par effondrement gravitationnel, mais par la pression du plasma régissant la matière juste après le Big Bang. Leur existence est conjecturale. La réalité des trous noirs « intermédiaires », censés résulter d'un effondrement gravitationnel au centre de certains amas globulaires, demeure tout aussi hypothétique. Par contre, les trous noirs galactiques sont largement observés. Tous les noyaux des galaxies elliptiques, spirales et spirales barrées semblent abriter un trou noir. Y compris dans notre propre galaxie. L'analyse dynamique de l'amas d'étoiles qui entoure le centre de la Voie Lactée suggère en effet la présence d'une masse invisible – appelée *Sagittarius A* – affichant 4 millions de masses solaires. Si on se tourne du côté de l'univers lointain, les trous noirs les plus fascinants sont incontestablement ceux qui sont tapis à l'intérieur des quasars. La première image d'un trou noir, que nous avons d'emblée évoquée, correspond à un objet supermassif atteignant des milliards de masses solaires. De tels « monstres cosmiques » sont capables de rompre, de pulvériser, voire d'avaler des étoiles entières. Les ruptures d'étoiles sont provoquées par les forces de marée gravitationnelle. En entrant dans le rayon de marée du trou noir, une partie de la matière de l'étoile est engloutie, une autre partie est éjectée du disque d'accrétion, à condition du moins que la masse du trou noir ne dépasse pas la valeur de 300 millions de masses solaires. Au-delà de 300 millions M☉, le rayon de marée se retrouve à l'intérieur de l'horizon. Conséquence : les étoiles sont « absorbées » avant d'être détruites.

La galaxie lenticulaire NGC 1277, dont la taille est relativement modeste, abrite dans son noyau un trou noir supermassif ayant une masse équivalente à 17 milliards M☉. Une telle valeur excède les schémas classiques de formation pour les trous noirs galactiques : sa masse représente en effet 14 % de la masse totale de cette galaxie au lieu de 0,1% pour la valeur normale. Parmi toutes les explications possibles, la plus crédible suggère l'existence d'une première génération de trous noirs primordiaux issus directement du « Big Bang ». Les quasars les plus lointains – détectés à 800/900 millions d'années seulement après le « Big Bang » – abritent tous des trous noirs supermassifs. Ils sont manifestement trop jeunes pour répondre aux scénarios habituellement évoqués, reposant sur l'idée d'une fusion de trous noirs originairement séparés. Les quasars semblent provenir de cette toute première génération de trous noirs primordiaux.

Quelles que soient leur taille et leur masse, les trous noirs s'inscrivent dans la dynamique consumatoire qui anime le cosmos. Le concept de « consumation », propre à Georges Bataille, rejoint l'idée déjà largement évoquée[256] de « profusion ». Celle-ci décrit normalement le mouvement qui absorbe l'énergie pour la répandre ailleurs avec abondance. Il en va ici des trous noirs comme il en va de toutes les grandes singularités existant dans l'univers ''observable'' : fluctuations du vide quantique, énergie sombre, matière noire, zetta-particules... L'observation et, a fortiori, la signification de

[256] Cf B comme Big Bang et Q comme Quasars.

ces phénomènes demeurent soumises à des variables cachées. *Conséquence : il nous est impossible de trancher la question du paradoxe de l'information.* L'information gigantesque stockée à l'intérieur des trous noirs est-elle entièrement restituée quand les trous noirs s'évaporent ? En l'état actuel des choses, il nous est impossible de savoir si les trous noirs sont des puits sans fond ou s'ils représentent des raccourcis dans l'espace-temps. Les trous noirs sont-ils irrémédiablement fermés ou bien débouchent-ils sur des ''trous de ver'' et des ''fontaines blanches'' ? Admettons que cette deuxième hypothèse se révèle un jour exacte. Les trous noirs constituent-ils alors des raccourcis dans le tissu de l'espace-temps ou donnent-ils accès à un univers parallèle ?

U comme Univers

« On peut décrire ainsi le sublime : c'est un objet (de la nature) qui prépare l'esprit à penser l'impossibilité d'atteindre la nature en tant que présentation des Idées[257]. »

Emmanuel Kant

Une grande partie des savants et des philosophes de la Grèce Antique s'accordaient pour concevoir l'Univers comme une *réalité* caractérisant la manifestation d'un ordre fini. Au XVIème siècle, la révolution copernicienne a profondément modifié notre rapport au monde. Aujourd'hui, le caractère fini de l'univers est sujet à controverses. Il se pourrait en effet que la densité moyenne d'atomes par cm^3 soit insuffisante pour freiner l'expansion. Mettre en comparaison le cosmos des grecs avec notre vision physico-mathématique de l'univers peut sembler absurde. Les termes « κόσμος » (cosmos), « *mundus* » et « univers » sont historiquement et culturellement surdéterminés par des champs de représentations hétérogènes. Ils ne désignent pas la même réalité, ou du moins ils ne reflètent pas tout à fait le même rapport à la réalité ; mais ils font chacun, à leur manière, référence à l'existence d'un principe unitaire capable de rassembler une diversité.

Sur Terre, cette diversité se traduit par la très grande variété des espèces vivantes, la multiplicité de leurs formes, la disparité de leurs modes de reproduction et de nutrition. Elle s'exprime également par l'abondance des minéraux, notamment des cristaux. Dans le système solaire, chaque planète présente ses propres richesses et ses propres spécificités. Il en va certainement de même dans tous les systèmes stellaires. Et dans toutes les galaxies. Un jour, peut-être, les instruments utilisés par les astronomes nous permettront de contempler une planète similaire à la Terre, offrant les mêmes conditions physico-chimiques, de l'eau présente à l'état solide, liquide et gazeux, une atmosphère remplie d'oxygène moléculaire, une biosphère riche et bien implantée. Pour autant que nous puissions le vérifier, nous constatons que les

[257] E. Kant, *Critique la Faculté de Juger*, § 29. Ed. Vrin, 1989, trad. A. Philonenko.

mêmes lois régissent partout l'univers observable. De telles similitudes sont tout à fait concevables. Mais en même temps, il faut considérer à quel point d'infimes variations dans les conditions initiales peuvent produire partout des écarts immenses.[258] Les mêmes causes ne donnent pas toujours les mêmes effets : il suffit d'une infime variation stochastique et tout est changé.

Partons de ce postulat : le ''monde'', si du moins quelque chose correspond réellement à ce vocable, se caractérise par la pluralité. Un élément représentant une unité abstraite, comme c'est le cas par exemple pour la définition du point en géométrie, ne saurait délimiter un monde. En géométrie, un point ne délimite que lui-même. Il n'a aucune autre prétention. ''L'univers'', au contraire, est censé définir et rassembler une très grande diversité, et même *toute* diversité. Le monde doit délimiter la *totalité* de ce qui existe. Peut-il le faire à partir de lui-même, ou doit-il recourir à un principe transcendantal, supérieur et extérieur ? *Toute conception transcendantale implique la possibilité d'envisager un monde totalisé par autre chose que lui-même, ce qui nous conduit à une contradiction puisque le monde est censé définir la réalité dans sa totalité.* Cette aporie confirme une idée que nous avons déjà rencontrée[259] : l'idée d'un principe extérieur délimitant la totalité de ce qui existe correspond à ce que nous proposons d'appeler ''*fin du monde*''. La *fin du monde* correspond très exactement à l'existence effective d'un monde possédant un principe extérieur au monde lui-même rendant possible sa totalisation. En réalité, l'existence d'un tel principe supprime, ipso facto, la possibilité du monde. Que ce principe soit d'ordre théologique, philosophique ou scientifique ne change rien à cette conclusion. Si l'existence du monde implique l'existence d'une réalité représentant la totalité de ce qui existe, il ne saurait supposer en même temps l'existence d'un principe extérieur au monde lui-même. Ce serait illogique. La totalité, par définition, englobe tout. Soit le monde est tout, soit le monde n'est rien.

Nous faisons le pari que le monde n'est rien. Il n'est rien d'autre qu'une idée. Une idée de la raison. Nous comprenons ici le mot « idée » au sens kantien[260].

---

258 Cf. Y comme astéroïde du Yucatan

259 Cf. D comme sphère de Dyson

260 Le mot « idée » se prête, dans la langue courante, à de multiples emplois, dont il n'est pas aisé de préciser le sens : 1. « j'ai mon idée sur la question » = avis, opinion ; 2 un homme plein d'idées » = projets, suggestions, imagination ; 3 « je me réjouis à l'idée de vous revoir » = perspectives, représentation anticipée. Au sens philosophique idée parfois est synonyme de concept : par exemple, « l'idée de triangle », ce n'est pas l'image d'un triangle particulier dont les côtés et les angles seraient mesurables, mais l'ensemble des propriétés qui définissent le triangle. Chez Descartes, idée a un sens large et désigne tout objet de pensée tout objet de pensée y compris les représentations de la mémoire ou de l'imagination. Idée se distingue seulement

La raison a des structures à travers lesquelles elle appréhende le monde : « formes a priori de la sensibilité » (l'espace et le temps), « catégories de l'entendement » (en particulier celle de la causalité), « idées de la raison » (les trois grandes idées de la raison sont Dieu, le monde et la liberté). L'idée du monde n'est pas simplement une fiction. L'idée de licorne, par exemple, est une fiction produite par notre imagination (faculté permettant de se représenter toutes choses par le biais d'images). Contrairement à l'idée de la licorne, l'idée du monde ne peut être imaginée. Toute tentative cherchant à imaginer la totalité de ce qui existe conduit à une saturation et à un épuisement irrémédiable.

A défaut de pouvoir être imaginé, le monde peut être pensé. En élaborant l'idée du monde, la raison satisfait sa tendance à l'unification systématique des connaissances. En effet, notre faculté de connaître applique notamment la catégorie de la causalité à tous les phénomènes. Elle en vient donc naturellement à penser l'univers relié en un tout. Malheureusement, cette totalité n'est pas un objet que l'entendement puisse connaître. N'ayant qu'une connaissance très lacunaire – la science ne connaît, au mieux, que 5% de l'univers observable – l'entendement ne peut pas utiliser cette idée de la totalité de l'être, c'est à dire l'idée du monde, comme une connaissance constituée ; il ne peut faire de cette idée qu'un « usage régulateur ». Cette expression, utilisée par Kant, signifie que l'entendement peut simplement user de cette idée pour donner une règle, c'est à dire un cadre ordonné, aux connaissances. L'usage régulateur de l'idée du monde permet de systématiser toutes nos connaissances de la manière la plus unitaire possible. La distinction, également établie par Kant, entre *connaître* et *penser*, entérine cette différenciation existant entre l'usage constitutif et l'usage régulateur de la connaissance : le monde n'est pas un phénomène que mon entendement est susceptible de connaître, il est cependant une idée que ma raison peut penser.

---

de sentiment ou d'acte : « comme lorsque je veux, que je crains, que j'affirme ou que je nie ». Selon Platon, l'Idée n'est pas une création de l'esprit pour regrouper des choses semblables. L'Idée existe en elle-même. C'est même la seule chose véritablement réelle, et l'univers matérielle n'est qu'une mauvaise copie de l'univers des Idées. Il faut bien comprendre que pour Platon l'Idée n'est jamais une représentation. C'est une réalité objective, indépendante de l'esprit et que celui-ci contemple. Ce que Platon appelle « Idée » n'a donc rien à voir avec ce que les modernes appellent « idée » : au sens moderne, et ce sens est toujours le sens actuel, l'idée désigne un contenu mental subjectif. Pour Platon, les Idées, les essences, ou encore les ''Formes Intelligibles'' sont ce qu'il y a de plus réel dans le réel. Chez Kant enfin, les idées sont des objets qui ne viennent pas de l'expérience, à la différence des concepts ils permettent de donner une unité globale aux connaissances structurées par les catégories de notre entendement.

Cette différenciation permet de comprendre comment la connaissance est possible, et comment la raison et l'expérience sont toutes deux indispensables. Cette conception kantienne de la réalité établit cependant un dualisme entre le monde et l'esprit. Nous appréhendons le monde uniquement sous la forme de « phénomènes », cependant les choses telles qu'elles existent en elles-mêmes, appelées « choses en soi », nous sont définitivement inaccessibles. En toute logique, nous ne pouvons que penser l'existence des « choses en soi » (elles sont la condition de toute expérience phénoménale), mais nous ne pouvons pas en connaître la nature. La distinction kantienne entre *connaître* et *penser* constitue le point décisif de l'entreprise de discernement critique. Cette distinction pose en effet la limite entre ce qui est connaissable et ce qui est seulement pensable. Toute l'entreprise critique de Kant s'achève sur cette indication de la limite au-delà de laquelle il n'est plus question de prétendre connaître. Que l'idée du monde puisse tirer sa rationalité d'elle-même et uniquement d'elle-même, sans recourir à aucune autre idée se présentant comme un principe supérieur – Dieu, le Démiurge, les Formes intelligibles de Platon, le processus de l'Esprit prenant conscience de lui-même, les multivers en séries infinies, etc. – voilà ce qui constitue le caractère sublime de cette idée[261].

L'idée du monde désigne, nous l'avons dit, la totalité de ce qui existe. Elle correspond à l'idée d'un univers se définissant au-delà ou en deçà de toute grandeur imaginable et de tout principe supérieur connaissable. Comme nous l'avons vu, la détermination d'un principe extérieur au monde rendrait cette idée contradictoire. La conséquence logique est de conclure qu'une telle idée est sublime. Il convient, comme le fait Kant, de bien distinguer le beau du sublime. Tandis que le sentiment de la beauté consiste en un *subtil équilibre* entre la raison (faculté qui se sert d'idées), l'entendement (faculté qui se sert de concepts) et l'imagination (faculté qui se sert d'images et qui les recompose à l'infini) ; le plaisir causé par le sublime engendre par contre un *désaccord* qui ébranle l'harmonie des facultés. C'est la raison pour laquelle le sublime commence par l'évocation de quelque chose d'inquiétant, d'absolument indéfinissable et in-quantifiable. Ce moment d'étonnement se traduit par la stupéfaction de nos forces vitales, par leur arrêt momentané, une sorte d'approche de la mort. Les exemples donnés par Kant, dans sa *Critique de la Faculté de Juger,* se rapportent tous à des événements naturels écrasants tels que les cyclones, les tremblements de terre, les éclipses totales de soleil[262].

[261] Comme nous l'avons suggéré dans F comme Fine tuning, la théorie du multivers constitue une théorie transcendantaliste à peine voilée.

[262] « Des rochers se détachant audacieusement et comme une menace sur un ciel où d'orageux

Dans ces exemples, toutes nos facultés semblent dépassées, tétanisées. L'imagination et l'entendement se trouvent dans l'impossibilité de prendre la mesure de l'événement. Conséquence : l'imagination et l'entendement entrent en conflit avec la raison qui, pour sa part, maintient la possibilité d'une maîtrise du sens. Le fait que la raison, dans son cheminement réflexif, trouve de manière synthétique une solution, confirme qu'elle n'est pas en train de catégoriser une réalité, mais de construire une idée.

Ce long détour par la philosophie kantienne nous permet d'avancer la thèse suivante : seule existe l'idée du monde. L'univers entendu comme une réalité effective n'existe pas. Toute totalisation effective du monde supprime le monde. L'idée du monde désigne en effet l'idée d'une totalité ordonnée. Un simple ensemble d'éléments ne sauraient constituer un monde, car une telle diversité ne renferme aucune unité intrinsèque. Des éléments simplement juxtaposés ne forment qu'un agrégat. Contrairement à ce que désigne le terme τάξις (taxis), l'idée du cosmos signifie que toute la profusion de l'être et toute la diversité des êtres, tous à la fois identiques et différents, se trouvent rassemblés de façon harmonieuse, par une rationalité interne.

Le cosmos nous expose aux fluctuations du vide quantique, aux rayons cosmiques, à l'énergie sombre, à une dispersion des formes spatio-temporelles, au mystère de la masse manquante, aux jets des blazars, à une dissémination « d'image fantômes », à des trous noirs et peut être à des fontaines blanches, aux ondes gravitationnelles, au bombardement des neutrinos, à des archipels d'univers de toutes tailles et de toutes masses, consacrant des structures physico-chimiques étranges, parfois déconcertantes, toutes plus sidérantes les unes que les autres :

Vallès Marineris

Astéroïde géocroiseur 99942 Apophis

Ganymède

Astéroïde interstellaire Oumuamua

Falaise de Kuiper

Véga, Bételgeuse, Aldébaraan, Rigel, Deneb, Tau Ceti, Fomalhaut

---

nuages s'assemblent et s'avancent dans les éclairs et les coups de tonnerre, des volcans en toute leur puissance dévastatrice, les ouragans que suit la désolation, l'immense océan dans sa fureur, les chutes d'un fleuve puissant, etc. » Emmanuel Kant, *Critique la Faculté de Juger*, § 28. Trad. A. Philonenko Ed. Vrin, 1989.

Nébuleuse de la Lyre
Nébuleuse à la Tête de Cheval
Piliers de la Création
Icare
Amas de l'Hydre
Atomes pour la Paix
Galaxies Papillon, Galaxie de la Méduse, Arp 147
Objet de Hoag
Grand mur de Sloan
Superamas de Saraswati
TON 618
Vide du Bouvier
Plages de Tahiti

L'univers extraordinaire qui nous entoure de toutes parts est une donation qui se décline dans des milliards de milliards d'archipels flottant dans un océan de facteurs inconnus, faisant pourtant apparaître un cosmos profondément connecté, une belle totalité ordonnée, où nous ne cessons de nous émerveiller de ce qui, du ciel étoilé, de manière sublime, vient à nous.

V comme Vénus

« Tout est un, la vague et la perle, la mer et la pierre,
Rien de ce qui existe en ce monde n'est en dehors de toi
Cherche bien en toi-même
Ce que tu veux être puisque tu es tout
L'histoire entière du monde sommeille en chacun de nous.[263] »

Djalâl ad-Dîn Rûmî

La première exoplanète, 51 Pégase b, a été découverte en 1995. Aujourd'hui, alors que des milliers de planètes sont répertoriées dans des centaines de systèmes stellaires situés à l'intérieur de notre bras galactique, les astronomes rêvent de pouvoir détecter une "sœur jumelle", similaire à notre globe terrestre. Par une cruelle ironie du sort, un monde semblable au nôtre, *mais absolument infernal*, existe tout près de nous. Vénus, la planète la plus proche de la Terre, partage de nombreuses caractéristiques avec notre environnement terrestre. Non seulement sa composition géologique est comparable à celle qui détermine la structure terrestre, mais elle possède également la même taille (son rayon est de 6051 km contre 6378 pour la Terre), la même densité (5,26 contre 5,52 pour la Terre) et la même vitesse de libération (10,46 km/s contre11,18 km/s sur la Terre). La définition de son atmosphère – constituée à 96% de dioxyde de carbone – est par contre totalement différente. Cette atmosphère fait de Vénus une planète très brillante, immédiatement repérable à l'œil nu. L'albédo[264] élevé de Vénus s'explique par le fait qu'elle est enveloppée, à haute altitude, par des nuages de dioxyde de soufre et d'acide sulfurique. Ces derniers, très réfléchissants, ne laissent passer qu'un faible pourcentage du rayonnement solaire. Si Vénus reçoit beaucoup moins d'énergie que la Terre, le rayonnement qui arrive à transpercer son écran atmosphérique se trouve renvoyé par le sol, dans le domaine de l'infrarouge, avec une force insuffisante pour pouvoir s'échapper vers l'espace. Il en découle un effet de serre apocalyptique. La température

---

[263] Djalâl ad-Dîn Rûmî – *Mathnawî, IV,* 521 s.

[264] L'albédo désigne le pouvoir de réflexion d'un corps. Cf L comme Lune.

moyenne régnant sur sa surface torride se situe à 462° C. Il existe peu de matériaux résistants à une telle chaleur. A plus de 300° C, des métaux tels que le plomb, le bismuth ou l'étain sont liquéfiés. Même le zinc atteint son point de fusion lorsqu'il dépasse 419°C. La surface de Vénus est, de fait, totalement désertique. Comme si la chaleur ne suffisait pas, la pression générée par la masse atmosphérique crée en permanence une sensation équivalente au poids de l'eau ressenti sur Terre à 900 mètres de profondeur. Les vents qui balaient les reliefs volcaniques vénusiens se déplacent très lentement, mais la pression atmosphérique – 92 fois plus forte que sur Terre – leur confère une résistance redoutable. Difficile d'imaginer pire endroit où séjourner[265] ! Par comparaison, la surface glacée et oxydée de Mars ou bien le sol poussiéreux et cratérisé de la Lune sont comme des jardins de l'Olympe[266]. Nous avons souvent tendance à nous projeter dans le grand ailleurs afin d'imaginer un monde meilleur. *En réalité, le véritable jamais d'Eden se trouve autour de nous. C'est la planète Terre.*

L'idée selon laquelle la Terre peut être décrite comme un paradis peut évidemment apparaître comme une conception naïve. Les nombreux épisodes d'extinction de masse, qui se sont produits tout au long de l'histoire de la Terre, anéantissant régulièrement la quasi-totalité de la faune et la flore, démontrent de manière flagrante à quel point notre planète peut se révéler âpre, instable, agressive, indifférente. Le caractère mécaniste de la loi de la sélection naturelle est impitoyable : seuls les individus les mieux adaptés à leur environnement possèdent une chance de survivre. *Cependant, il suffit d'examiner succinctement l'ensemble des planètes de notre système solaire pour constater la singularité de notre planète.* Il apparait de manière flagrante que la vie, et tous les processus organiques qui en découlent, sont imbriqués dans l'identité géologique de la Terre[267]. Notre planète offre, avec une très grande diversité d'organismes vivants, un vaste espace de séjour, dans lequel la nature, sans le vouloir ni le penser, nous a autorisés à « bivouaquer »[268].

---

[265] Le seul endroit où une vie vénusienne semble possible se situe dans son atmosphère nuageuse, à une altitude où les conditions de température et de pression permettent d'envisager l'émergence de micro-organismes.

[266] C'est oublier que Mars et la Lune sont également des milieux très hostiles. L'absence de pression atmosphérique représente une menace tout aussi dangereuse qu'une pression écrasante.

[267] Le développement de la vie a totalement modifié la définition des sols et des sous-sols, des océans et de l'atmosphère.

[268] Nous empruntons ce terme à Frédéric Neyrat : « Être des sujets planétaires, c'est savoir que nous ne faisons que bivouaquer dans l'inhabitable ». Entretien au Journal ''Philosophie Magazine'' HS n°46, septembre 2020.

Une planète que nous sommes actuellement en train de dévaster. La pollution de notre atmosphère, notamment nos rejets de dioxyde de carbone, menacent de provoquer un *emballement fatal de l'effet de serre*. L'humanité va-t-elle condamner la Terre à connaître un destin similaire à celui de sa planète jumelle ? Envoyée au début des années 1990, la sonde Magellan a réalisé une cartographie par radars, très détaillée, de la surface de Vénus. La topologie de « l'étoile du Berger » est essentiellement modelée par l'activité de milliers de volcans libérant de gigantesques rivières de lave. L'étude des cratères d'impacts météoritiques indique une surface jeune. Contrairement à la Terre, Vénus n'est pas animée par une tectonique des plaques. La dissipation de la chaleur du manteau et le renouvellement de la croûte ne peuvent se faire de manière continue, ils suivent un processus cyclique au cours duquel les innombrables volcans vénusiens sont amenés à jouer un rôle très actif. Sur Terre comme sur Vénus, le dioxyde de carbone est produit naturellement par la fusion de roches magmatiques. Ce gaz, à effet de serre bien connu, s'échappe des chambres magmatiques volcaniques. Mais il y a beaucoup plus de volcans actifs sur Vénus que sur Terre. Notre planète compte actuellement 1511 volcans actifs. Cela peut sembler beaucoup, mais ce chiffre est sans comparaison avec les centaines de milliers de structures potentiellement éruptives qui parsèment la surface de Vénus. Il n'y a donc pas lieu de s'étonner si les champs de lave et les roches volcaniques recouvrent 70% des paysages vénusiens.

Peu de temps après la formation du système solaire – il y a environ 4,6 milliards d'années – Vénus, la Terre et Mars bénéficiaient de conditions physico-chimiques similaires : une structure tellurique, de l'eau liquide en abondance, une atmosphère contenant essentiellement de la vapeur d'eau et une faible quantité de dioxyde de carbone et de diazote. Sur Mars, la vapeur d'eau s'est condensée pour former des lacs, voire des océans, malheureusement l'intensité du champ gravitationnel étant insuffisante pour retenir une grosse atmosphère, celle-ci s'est raréfiée. L'insuffisance de la pression atmosphérique a porté un coup fatal à la planète rouge. L'effet de serre, beaucoup trop faible, n'a pas pu compenser sa position éloignée par rapport au Soleil. L'eau s'est sublimée, dans le meilleur des cas elle a gelé, mais sans pouvoir absorber le dioxyde de carbone. Sur Terre, la vapeur d'eau s'est condensée pour former des océans, l'eau est restée à l'état liquide, ce qui a permis à une partie du gaz carbonique de s'y dissoudre pour former des ions carbonates. Dès l'apparition des premières colonies d'algues bleues, il y a 3,8 milliards d'années, les cyanobactéries ont produit de l'oxygène moléculaire, tout en favorisant la précipitation des carbonates. Les procaryotes photosynthétiques ont capté les ions carbonates présents dans les océans qu'ils ont associés aux ions calcium.

L'azote est devenu l'élément prépondérant dans une atmosphère qui s'est retrouvée enrichie par le dioxygène. Dans les organismes vivants, les composés de l'azote permettent la fabrication de constituants fondamentaux tels que les protéines et les acides nucléiques. L'interaction des ultraviolets solaires avec l'oxygène moléculaire a permis la constitution d'une couche d'ozone protectrice. Désormais protégée des ultraviolets, la vie a pu « sortir » de l'eau pour se répandre sur tous les continents.

Sur Vénus, par contre, l'hydrogène présent dans la molécule d'eau, très léger, s'est probablement dissocié sous l'effet des rayons ultraviolets et s'est échappé dans l'espace, pendant que l'oxygène se serait recombiné au sol pour lui donner une coloration orangée. 40 millions de km plus proche du Soleil que la Terre, Vénus a certainement vu très tôt son eau s'évaporer sous l'effet d'un rayonnement thermique plus intense. Sa magnétosphère, beaucoup plus ténue que celle qui entoure la Terre, n'offre qu'une faible protection pour les rayons à haute énergie. Privé d'eau, le dioxyde de carbone, incapable de se dissoudre, est resté en totalité dans l'atmosphère, provoquant un emballement catastrophique de l'effet de serre. Un effet de serre naturel existe également sur Terre[269]. Il permet à la Terre de se maintenir à une température moyenne se situant aux alentours de 15°C. Cette dynamique naturelle se perpétue avec des variations relativement lentes et modérées. Mais depuis l'avènement de nos sociétés industrielles modernes, nous sommes en train de l'augmenter de manière intense et rapide. Et de risquer, à court terme, un emballement de tous nos systèmes d'équilibre climatique.

Si l'on replace l'histoire de la Terre sur un calendrier de 365 jours, l'existence de l'humanité correspond aux deux dernières secondes. Le réchauffement climatique est provoqué par une activité humaine qui se trouve augmentée à la fois par l'explosion de sa situation démographique et par la globalisation récente du système des échanges. Ce réchauffement compromet aujourd'hui, et à très court terme, l'avenir de notre biosphère. En rejetant toujours plus de gaz carbonique et autres gaz à effet de serre, nous avons pris un chemin suicidaire nous conduisant vers la destruction de notre environnement et vers notre propre anéantissement.

Le terme « réchauffement » climatique, partout évoqué, est galvaudé. Le terme « surchauffe » climatique serait beaucoup plus approprié. De la même

---

[269] Ce processus est connu depuis longtemps : « la température est augmentée par l'interposition de l'atmosphère, parce que la chaleur trouve moins d'obstacle pour pénétrer l'air, étant à l'état de lumière, qu'elle n'en trouve pour repasser dans l'air lorsqu'elle est convertie en chaleur obscure » Joseph Fourier, 1824, *Mémoire sur les températures du globe terrestre et des espaces planétaires,* cité par Jean-Louis Dufresne Laboratoire de Météorologie Dynamique (LMD/IPSL, CNRS-UPMC). Version révisée 2006.

manière, là où l'opinion publique s'inquiète d'une « altération » des écosystèmes, le principe de réalité nous confronte à des données qui font le constat d'un véritable épisode de « décimation en masse » des espèces vivantes. Pour faire face à cette situation critique, les concepts traditionnellement utilisés dans le vocabulaire de la philosophie politique, tels que les concepts régulièrement évoqués de ''développement durable'' et de ''résilience'', ne suffisent plus. Ils font l'objet d'un usage polysémique utilisé pour dire tout et son contraire. De tels concepts sont devenus inaudibles, ils ne nous permettent plus de penser l'urgence de notre situation climatique, ainsi que la radicalité de l'action qu'il conviendrait d'engager. Comme le note judicieusement Glenn Albrecht, « si nous avons créé un monde nouveau, qui cause en particulier des problèmes de santé et de santé mentale, nous n'avons pas l'expérience passée pour trouver les mots nécessaires aujourd'hui. [...] Les mots que nous utilisons ne sont plus à leur place, on s'en sert de façon abusive : la ''durabilité'', la ''résilience'', sont utilisés pour maintenir le système dont on voudrait se débarrasser. » En l'occurrence, nous avons déjà eu l'occasion de dénoncer le caractère médiatique et nauséabond du concept ''d'anthropocène''[270]. Albrecht souhaite légitimement voir ce concept remplacé par la notion, beaucoup plus réfléchie, de « symbiocène ». Il s'agit, pour le philosophe australien, de comprendre comment la partie industrialisée de l'humanité, en l'occurrence celle qui pollue le plus, doit utiliser ses ressources technologiques afin de retrouver sa place au sein de la nature. L'*homo sapiens* ne pourra sauvegarder son propre avenir qu'à la condition de préserver les équilibres naturels.

Ce défi nous oblige, comme le pense Albrecht, à formuler de nouveaux concepts permettant de repenser la place de l'homme au sein de la nature sur Terre. Il nous semble que ce retour réflexif sur nous-mêmes nous invite en même temps à reconsidérer la place de la Terre au sein de l'univers. « L'éthique de la Terre », explique Aldo Léopold, doit dépasser « les limites de la communauté pour inclure les sols, les eaux, les plantes et les animaux, ou collectivement : la Terre [271] ». *Nous proposons d'étendre cet élargissement afin de l'appliquer au cosmos tout entier. Non pas parce que celui-ci serait potentiellement menacé par une quelconque forme d'expansionnisme humain. Mais tout simplement parce qu'il nous faut, sans attendre, réaliser à quel point la Terre et tous ses occupants s'inscrivent dans un environnement cosmique qui se révèle toujours plus déconcertant par sa profusion, tant il est sublime et singulier.* Alors même que la majorité de la population se concentre dans les villes, il devient de plus en plus difficile de retrouver le contact avec

[270] Cf. D comme sphère de Dyson.

[271] Aldo Léopold, *Almanach d'un conté des sables* (1949), Trad. A. Gibson, Ed. Aubier, 1995.

le ciel étoilé. Tandis que la Terre est amputée de sa dimension cosmique, la nature est réduite à un espace d'arraisonnement technique. C'est la raison pour laquelle il nous faut lutter sans relâche et indistinctement contre la pollution atmosphérique *et* contre la pollution lumineuse. Il ne s'agit pas de revenir à une version normative, sacralisée et/ou finalisée du monde : la nature ne dicte aucune règle, bien qu'elle en suggère.

En l'occurrence, nous vivons au centre d'un horizon d'observation. Ce centre est purement subjectif. Parler de « centre » dans un contexte cosmique dynamique et historique n'a, en fait, aucun sens. Mais si rien ne nous autorise à privilégier la situation que nous confère notre conscience d'observateur humain, tout cependant nous conduit à célébrer et à préserver la beauté de l'homme et de notre environnement planétaire, leur singularité et leur unicité. *Si les étoiles nous font signe vers un mouvement de déterritorialisation c'est, en réalité, pour mieux nous reterritorialiser.*

Vénus, déesse de l'amour et de la beauté, qui fut célébrée autrefois pour son éclat céleste, nous apparaît aujourd'hui comme une mise en garde. Elle nous permet de réaliser pleinement notre chance de vivre sur Terre. Nous sommes, de fait, les produits miraculeux d'une conjonction inouïe de facteurs.[272] Cet aspect flatteur crée dans notre imaginaire une illusion de puissance. N'est-il pas signifié dans la Bible que l'homme a été fait à l'image de Dieu ? En principe, de tels discours laudateurs pourraient théoriquement donner à l'humanité la confiance et le courage nécessaires permettant de faire face à son destin. Le problème est, qu'en réalité, toutes ces louanges dissimulent notre vulnérabilité.

Le temps presse, nous sommes au bord du gouffre. Aurons-nous la sagesse d'en prendre pleinement conscience ? Al Gore a parcouru le monde sans relâche depuis vingt ans. Ses conférences apportent une contribution importante. Al Gore estime cependant, qu'en la matière, un discours trop alarmiste se révèle paralysant et contre-productif. Friedrich Nietzsche allait dans le même sens lorsqu'il affirmait que la vérité a besoin d'être « diluée », « édulcorée », pour pouvoir être supportée[273]. Nous partageons l'idée selon laquelle l'illusion est indispensable au maintien de notre équilibre individuel et collectif, mais dans certains cas nous pensons que *la lucidité ne conduit pas*

[272] Cf. Y comme astéroïde du Yucatan.

[273] „...il se pourrait même que l'existence fût ainsi faite qu'on ne pût que périr de la connaître entièrement, si bien que la force d'un esprit se mesurerait à la dose de vérité qu'il serait capable de supporter, au degré où il lui serait nécessaire de la diluer, dissimuler, édulcorer, estomper et fausser" Friedrich Nietzsche *Par-delà Bien et Mal, §39,* traduction de Cornélius Heim, Editions Idées/Gallimard 1971.

à une diminution de notre puissance. D'une manière ou d'une autre, la philosophie et la science doivent nous aider à réaliser, comme l'enseigne Djalâl ad-Dîn Rûmî, que « tout est un » :

« Tout est un, la vague et la perle, la mer et la pierre,
Rien de ce qui existe en cet univers n'est en dehors de toi
[...]
Ta tâche n'est pas de chercher l'amour, mais simplement de chercher et trouver tous les obstacles que tu as construit contre l'amour[274] . »

Tandis que Vénus brille de mille feux dans notre ciel, *l'ensemble de la voûte céleste nous convie discrètement et obstinément à recueillir sa lumière.* Les milliards d'étoiles, autour desquelles orbitent peut-être des milliards d'exoplanètes similaires à notre Terre, nous invitent une fois encore à faire preuve de discernement. De toute évidente, la similarité ne suffit pas. L'étoile du berger en porte témoignage. Voilée par une épaisse atmosphère, Vénus est un paradis dissimulant un enfer. Rappelons-nous : Aphrodite est prédestinée par les dieux, nous devons l'aimer passionnément. *Mais Aphrodite est le nom que nous aurions dû réserver à la Terre.* Aphrodite est symbole de Beauté et de Fécondité. Née de l'écume de l'océan, elle personnifie le mouvement incessant qui engendra la vie, il y a 3,8 milliards d'années.

[274] Djalâl ad-Dîn Rûmî – *Mathnawî, IV, 521 s.*

W comme Wow ! signal

« Le silence des espaces infinis m'effraie[275]. »

Blaise Pascal

Le 15 août 1977, l'astrophysicien Jerry R. Ehman, travaillant à l'aide d'un radiotélescope surnommé ''Big Ear''[276], a enregistré un signal radio atypique, qualifié d'un wow ! (*le wow signal !*) qu'il a pu suivre pendant 72 secondes. Big Ear est un radiotélescope de 52 mètres de diamètre, dont la mise en service fut finalisée en 1961. Depuis 1963, cet instrument participe au projet SETI (*Search for Extra-Terrestrial Intelligence*), un travail heuristique, imaginé dès 1960 par l'astronome Frank Drake, consistant à étudier les différentes sources d'ondes radio venant de l'espace, dans l'espoir de détecter un signal extraterrestre intelligent.

Le système de détection de Big Ear dépend de deux lobes de sensibilité, alimentés par deux cornets indépendants, qui visent une direction légèrement décalée en ascension droite. La brièveté du signal reçu n'a pas permis de localiser son point d'émission de manière précise, mais ses caractéristiques, sa durée notamment, correspondant au temps de passage d'un lobe de sensibilité, plaide en faveur d'un signal venant de l'espace. Son émission a été enregistrée sur une bande étroite, aux alentours de 1420 mégahertz, correspondant à la fréquence de la raie de l'hydrogène (21 centimètres). Non seulement la fréquence de l'hydrogène ne semble pas aléatoire, mais surtout, la bande passante, très étroite, suggère que le signal n'est pas naturel[277].

Le message capté en 1977 par Big Ear évoque forcément, pour tous les radioastronomes, l'émission d'un autre message, envoyé par les terriens le 16 novembre 1974, depuis le radiotélescope d'Arecibo, à destination d'éventuelles civilisations extraterrestres. Ce message voyage actuellement en direction de l'Amas Globulaire d'Hercule (M13), situé à 22 000 années-lumière, ce qui signifie qu'il arrivera dans 22 000 ans. Il a été envoyé sur la

[275] Blaise Pascal, *Fragment Transition n° 7 / 8* – Copies manuscrites du XVIIe s. : C1 : *Transition n° 260* p. 101 / C2 : page 129 Éditions savantes : Faugère II, page 224.

[276] Ce radiotélescope se trouve aux États-Unis dans la région de *l'Ohio*.

[277] Un accord international existe pour interdire cette fréquence dans toute émission à usage civil ou militaire. En théorie elle ne peut provenir d'un émetteur fabriqué par l'homme.

fréquence de l'hydrogène. L'hydrogène est l'élément connu le plus répandu dans l'univers observable. Théoriquement, il peut servir comme une référence universelle permettant – au milieu d'une infinité de fréquences possibles – d'établir un point de ralliement, pour des civilisations cherchant à communiquer par le biais des ondes radio. Entre 1974 et 1977, après trois ans seulement, tout se passe comme si Big Ear venait de détecter une réponse venue de l'espace. Ehman vérifie fébrilement les enregistrements transmis dans la salle de contrôle de l'Observatoire. Sur le papier imprimé, il entoure les coordonnées d'un Wow ! Le Wow ! signal venait de naître.

De nombreux arguments plaident en faveur de l'existence d'une vie intelligente dans l'univers. Nous en avons répertorié cinq :

Tout d'abord, force est de constater que nous n'avons rien d'exceptionnel. Dans notre galaxie, il existe des milliards d'étoiles de type solaire et, vraisemblablement des milliards de planètes disposant d'un environnement physico-chimique permettant la présence de l'eau liquide. Celle-ci peut stocker toutes sortes d'éléments physico-chimiques et dissoudre les « nutriments » matériels permettant de catalyser les réactions chimiques propices à la vie.
Deuxième argument. Des acides aminés sont observés dans de nombreuses météorites, ce qui prouve que les briques du vivant sont présentes, ici et là, dans l'espace. Bien entendu, la matière vivante est beaucoup plus complexe que la matière inerte, mais elle est constituée au départ à partir d'éléments synthétisés dans les étoiles. Le carbone, notamment, est un élément largement répandu dans l'ensemble de l'univers observable[278].
Troisième argument. Autour de nous, la vie a investi tous les milieux : sur terre, dans le ciel et dans les mers. Des organismes « extrêmophiles » se développent dans les milieux les plus inhospitaliers : dans la glace figée par le froid, dans les sources géothermales les plus chaudes, dans les eaux les plus salines, dans les milieux les plus acides, dans les déserts les plus secs. Ces organismes se révèlent capables de survivre, loin de toute lumière, dans les profondeurs des océans, mais aussi dans des crevasses du sous-sol, proliférant à plusieurs kilomètres sous la surface. Apparemment, à partir du moment où la vie dispose d'un minimum de conditions favorables, en particulier de la présence de l'eau liquide, elle semble pouvoir s'adapter à des environnements très diversifiés. La vie évolue, c'est en quelque sorte sa manière de s'adapter, or l'intelligence peut faciliter l'adaptation. Il est possible qu'une vie intelligente se soit développée sur d'autres planètes.

[278] Sur Terre tous les organismes vivants reposent sur une chimie du carbone.

Quatrième argument. Des phénomènes aérospatiaux non identifiés sont observés dans notre atmosphère. Leurs caractéristiques ne correspondent ni à des phénomènes naturels, ni à des artefacts humains[279].
Cinquième argument. L'univers observable contient plusieurs centaines de milliards de galaxies contenant chacune plusieurs centaines de milliards de systèmes stellaires : « L'univers, *écrit Carl Sagan*, est tellement vaste, et nous sommes si petits, que si nous étions seuls, cela serait un beau gâchis d'espace. »[280]

En 1961, Frank Drake proposa une formule mathématique permettant de calculer la probabilité d'existence de civilisations extraterrestres technologiquement développées dans notre galaxie[281]. Son équation se présente sous la forme suivante :

$N = R^* f_p\, n_e\, f_l\, f_i\, f_c\, L$

où :

- R^* est le taux de formation d'étoiles dans notre Galaxie. Celui-ci est estimé entre 1 et 10 par année. Notre Voie Lactée existe depuis 13,5 milliards, elle compte environ 200 milliards d'étoiles.

- f_p est la fraction d'étoiles disposant d'un système planétaire. Ce pourcentage est estimé entre 10 et 50%.

- n_e est le nombre de planètes habitables.[282] Cette notion d'habitabilité est sujet à controverse. La quantité d'énergie reçue de l'étoile mère et la température de surface de la planète sont des facteurs insuffisants. Pour chaque planète et pour chaque satellite naturel, il faut tenir compte de la composition et de l'activité géologique, de la définition de l'atmosphère, éventuellement de la présence d'un champ magnétique. Dans notre système solaire, la vie peut *théoriquement* se développer dans les océans d'Europa,

---

279 Cf. P comme PAN

280 Carl Sagan, *Contact.* Trad. W.O. Desmond Ed. Pocket, 1998 .

281 Nul radioastronome ne s'est autant adressé aux extraterrestres que Frank Drake. Avec Carl Sagan, il conçût en 1972 la plaque picturale de la sonde Pioneer. En 1974, il rédigea le message émis par le radiotélescope d'Arecibo.

282 La vie telle que nous la connaissons sur Terre a besoin d'eau liquide. Une planète située trop près de son étoile connait une situation où l'eau liquide s'évapore du fait d'une chaleur excessive, trop loin, le froid la fige en glace. Autour de chaque étoile, il existe une région circulaire que les astronomes appellent « zone habitable ». En fonction des caractéristiques de l'étoile, notamment la luminosité, cette zone se trouve plus ou moins loin.. Dans le système solaire, la zone habitable commence à 0,8 unités astronomiques -juste après l'orbite de Vénus- et s'étend sur environ 180 millions de km, englobant ainsi la Terre et Mars.

peut-être même sur Titan. Par des mécanismes géologiques générant un réchauffement du manteau et la présence de sources d'eau chaudes, il est possible que les planètes géantes engendrent leur propre zone d'habitabilité : les effets de marées peuvent se substituer efficacement au rayonnement stellaire pour favoriser l'émergence de la vie. A l'arrivée, on peut prudemment se risquer à évaluer ce pourcentage entre 1 et 10%.

- f_l est la fraction de planètes où la vie est effectivement apparue.
- f_i est la fraction de planètes abritant la vie et sur lesquelles une forme de vie intelligente est effectivement apparue.
- f_c est la fraction de planètes habitées par une vie intelligente et sur lesquelles on rencontre une civilisation technique capable et désireuse de communiquer.
- L est la fraction de la durée de vie accordée à une civilisation technique.

Les quatre derniers termes (f_l f_i f_c L) sont totalement indéterminés. Conséquence : selon les interprétations données, le nombre de civilisations extraterrestres désireuses de communiquer dans notre galaxie varie entre 1 (la nôtre) et plusieurs millions. Mais l'équation de Drake ne se contente pas de paramétrer notre ignorance. Volontairement ou involontairement, elle renoue avec une grande tradition de la philosophie des sciences. Sa vertu est en effet de répondre à trois des quatre grandes règles de la méthode cartésienne, à savoir :

1.« Diviser chacune des difficultés que j'examinerais, en autant de parcelles qu'il se pourrait et qu'il serait requis pour les mieux résoudre.[283]. » Pour résoudre un problème sophistiqué – en l'occurrence : « comment définir la probabilité d'établir une communication avec une civilisation extraterrestre technologiquement développée ? ». Frank Drake utilise de manière pertinente la deuxième règle de la célèbre méthode préconisée par René Descartes. Cette règle repose sur l'analyse, c'est-à-dire sur la division du complexe en éléments simples.

2. « Conduire par ordre mes pensées, en commençant par les objets les plus simples et les plus aisés à connaître pour monter peu à peu, comme par degrés, jusqu'à la connaissance des plus composés[284]. » Il s'agit de suivre l'ordre des raisons : il est inutile de spéculer sur L (fraction de la durée de vie accordée à une civilisation technique) si $f_l = 0$ (fraction de planètes où la vie est effectivement apparue).

---

[283] R. Descartes, *Discours de la Méthode*, Ed. Vrin 1979.
[284] Ibid.

3. « Faire partout des dénombrements si entiers, et des revues si générales, que je fusse assuré de ne rien omettre[285]. » C'est la quatrième règle, celle du dénombrement et de la révision. Il s'agit, de manière systématique, de faire une revue générale des données du problème. Depuis 1961, les informations concernant l'estimation du nombre d'exoplanètes potentiellement habitables dans notre galaxie se sont accumulées. L'estimation a considérablement gagné en précision.

Malheureusement, les quatre derniers paramètres de l'équation de Drake (f_l f_i f_c L) dérogent à la première règle, la plus importante, formulée par Descartes : « Ne recevoir aucune chose pour vraie que je ne la connusse évidemment être telle[286]. » C'est la règle de l'évidence. Il s'agit d'admettre pour vrai uniquement ce que ma raison reconnaît de manière certaine, clairement et distinctement, *le probable doit être rejeté.*

Malgré cet écueil, la pertinence du projet SETI semble fondée : les ondes radio constituent un excellent moyen de communication. De nombreuses longueurs d'onde sont filtrées par les poussières interstellaires, les nuages de gaz, les étoiles, les champs magnétiques et les atmosphères planétaires. C'est le cas également pour une partie du spectre infrarouge, micro-ondes et radio, de la presque totalité du spectre ultraviolet et de la totalité du spectre X et gamma. Des êtres intelligents cherchant à communiquer à l'échelle des distances infra-galactiques sont vraisemblablement conscients de cette contrainte. Depuis une centaine d'années, les émissions que nous utilisons pour les besoins de la télévision et de la radiodiffusion se propagent autour de nous dans l'espace. Elles se sont propagées à l'intérieur d'une sphère contenant environ 15 000 étoiles. Un extraterrestre, situé éventuellement dans cette sphère dont le rayon est nécessairement inférieur à 100 al, et doté d'un radiotélescope suffisamment puissant pour capter des signaux de faible énergie, pourrait écouter nos informations ou regarder le tour de France. Encore faudrait-il que cet être intelligent sache quelle est la bonne fréquence. Et qu'il s'intéresse au sport…

Dans le domaine des ondes radio, chercher un canal qui pourrait convenir pour une communication interstellaire, revient à trouver une aiguille dans une (grosse) botte de foin : des milliards de fréquences sont potentiellement utilisables. Pour surmonter cette difficulté, les astronomes analysent des signaux à bande étroite, sur des fréquences très précises, afin d'être assurés de

[285] Ibid.
[286] Ibid.

ne pas avoir affaire à des émissions dont la source serait naturelle. Le programme SETI bénéficie depuis de nombreuses années d'un financement privé lui permettant d'utiliser des réseaux de radiotélescopes très performants, ainsi que des supercalculateurs capables d'analyser simultanément une centaine de canaux. Parmi les plages d'écoute privilégiées, les radioastronomes portent leur attention sur une petite fenêtre du spectre électromagnétique située entre 1 420 et 1 666 mégahertz, cette fenêtre correspond au « point d'eau », c'est à dire à des longueurs d'onde comprises entre 18 centimètres (le radical hydroxyle affiche en effet une raie d'émission à 18 centimètres) et 21 centimètres (correspondant à la raie d'émission de l'hydrogène)[287]. Les observations SETI ont été étendues au cours de la dernière décennie au domaine des lasers optiques (lumière visible). Cette extension permet théoriquement de transmettre beaucoup plus d'informations par unité de temps. Si nous étions en mesure d'observer la Terre depuis un autre système stellaire, un faisceau de lumière émis par un laser dans la bonne direction, pourrait être jusqu'à 10 fois plus « brillant » que notre Soleil.

En 2016, l'astronome Antonio Paris a avancé l'hypothèse selon laquelle le ''Wow ! Signal'' pourrait être expliqué par le passage d'une comète. Nous savons en effet que la chevelure des comètes est entourée d'une atmosphère d'hydrogène[288]. Cependant la quantité d'hydrogène incriminée semble très insuffisante et peu crédible pour expliquer le signal capté par Big Ear en 1977. En attendant de trouver une véritable confirmation ou infirmation de l'hypothèse extraterrestre, les astronomes participant au projet SETI affinent leurs recherches. Notre environnement galactique fourmille d'étoiles. Par précaution, il convient de privilégier systématiquement l'écoute de tous les systèmes stellaires qui ont moins de 3 milliards d'années d'existence. La vie a mis énormément de temps pour évoluer sur Terre. Pendant près de 3 milliards d'années, elle est restée à un état très rudimentaire. Par conséquent, les planètes orbitant autour d'étoiles massives et dont la durée de vie se chiffre en millions d'années sont, a priori, de mauvaises candidates. Deuxième critère : les étoiles candidates doivent renfermer une quantité importante de fer, de carbone et d'oxygène dans leur atmosphère, autant d'éléments dits « lourds »

[287] Les scientifiques participant au projet SETI présument que ces fréquences sont connues de nos voisins extraterrestres. Ils présupposent que toute forme de vie repose sur l'eau et sur la chimie du carbone. A leur décharge, il faut reconnaître que le seul référentiel connu pour la vie est terrestre…

[288] Cf. C comme comètes

nécessaires pour former des planètes susceptibles d'abriter la vie. Troisième critère : la température doit être stable. Aussi les étoiles éruptives, pulsantes et cataclysmiques sont éliminées. Les étoiles variables ne sont tolérées que si leur luminosité ne varie pas d'une valeur excédante 3%. Cette contrainte[289] s'applique également aux étoiles doubles. Une planète circulant autour d'un système d'étoiles subit des variations importantes d'éclairement. Les systèmes triples posent des contraintes encore plus fortes car le jeu complexe des forces gravitationnelles ne favorise guère l'existence de planètes sur des orbites stables.

Craignant une invasion d'aliens qui viendraient spolier les richesses de la Terre, Stephen Hawking avait émis de fortes réserves concernant l'opportunité d'envoyer un signal radio permettant à une éventuelle civilisation extraterrestre de nous « géolocaliser » dans l'espace. De telles craintes nous semblent injustifiées, pour ne pas dire naïves. Pour deux raisons. Premièrement, parce que les aliens, s'ils existent, n'ont nullement besoin de nos signaux pour pouvoir nous détecter. Si des civilisations technologiquement développées existent quelque part dans notre Voie Lactée, il serait surprenant qu'elles ne nous aient pas déjà repérés. Deuxièmement, et cet argument est lié au premier, il nous semble très peu probable qu'une vie extraterrestre intelligente ait développé une connaissance de la matière et de l'énergie reposant sur des théories scientifiques (par exemple la théorie ondulatoire de la lumière) correspondant à notre conception de la physique. A vrai dire, il nous semble même très peu probable que des êtres intelligents, vivants sur d'autres planètes, puissent posséder les mêmes catégories conceptuelles et la même logique que celles qui régissent le fonctionnement du cerveau humain.

Comment pourrait-il en être autrement ? Nos connaissances physiques et astrophysiques sont extrêmement lacunaires. Dans deux ou trois siècles, nous aurons vraisemblablement de toutes autres conceptions portant sur la définition de la matière et de l'énergie. Ne faut-il pas considérer les thèses de la cosmologie actuelle avec une certaine ironie ? Les relevés actuels nous indiquent que seul 5% de l'Univers est connu[290]. Nous ne disposons aujourd'hui d'aucune hypothèse convaincante permettant de déterminer de façon empirique les statuts de l'énergie sombre et de la matière noire (appelée aussi "masse manquante"). Qui serait assez téméraire pour affirmer que nous

---

[289] Pour comparaison, le petit âge glaciaire du XVIIème siècle a coïncidé avec une baisse de luminosité de l'éclat solaire de 0,5%.

[290] Cf. B comme Big Bang

connaissons et percevons toutes les ondes, toutes les forces et tous les moyens de communication ? Il faut se méfier de l'anthropomorphisme, cette attitude fréquente qui consiste à attribuer à ce qui n'est pas humain – un animal ou un extraterrestre par exemple – des propriétés ou des caractères qui n'appartiennent qu' aux hommes. Si des extraterrestres existent, ils ont probablement découvert d'autres moyens de communication que les ondes radio ou les faisceaux lasers. Il nous semble naïf de penser que notre connaissance de la physique serait en passe d'atteindre une objectivité forte, qui s'imposerait de la même manière (et de façon universelle et absolue), à tout être intelligent dans l'univers. Le même excès de confiance nous porte à croire que tout signal susceptible de transporter une information laisserait nécessairement une trace dans le spectre électro-magnétique.

Les déclarations médiatiques de Stephen Hawking, mais aussi le projet SETI tout entier, participent d'une certaine forme d'illusion épistémologique rappelant les « élucubrations » métaphysiques qu'Emmanuel Kant avait déjà repérées, en son temps, dans l'histoire de la cosmologie et de la philosophie. Ce qui caractérise celles-ci est, selon Kant, la prétention de connaître par la raison seule des objets qui excèdent le champ de notre expérience. La *Critique de la Raison Pure* explique de façon magistrale les motifs pour lesquels il est impossible d'affirmer que la connaissance scientifique que nous avons des objets est conforme aux objets tels qu'ils sont en eux-mêmes. Au-delà des phénomènes, c'est à dire des objets tels qu'ils se manifestent pour nous, il nous est possible de penser le monde, par contre nous ne pouvons plus rien connaître. Certes, « si toute notre connaissance commence *avec* l'expérience, il n'en résulte pas qu'elle dérive toute *de* l'expérience[291] » : pour qu'une connaissance soit possible, il faut d'abord que des objets soient concrètement observables. Mais s'il est possible d'énoncer des lois de la nature, c'est que toute notre connaissance ne dérive pas tout entière de l'expérience. Il y a donc des principes de la connaissance qui sont indépendants de l'expérience, c'est à dire a priori. Kant distingue en ce sens la « matière » et la « forme » de la connaissance. La « matière » est fournie par les sens : c'est l'intuition sensible. La « forme », par contre, est a priori (c'est à dire indépendante de l'expérience). Elle est ce qui coordonne l'intuition sensible qui, en elle-même, représente une diversité chaotique. Cette diversité est ordonnée et unifiée par

[291] « Mais si toute notre connaissance commence *avec* l'expérience, il n'en résulte pas qu'elle dérive toute *de* l'expérience. En effet, il se pourrait que notre connaissance expérimentale elle-même fût un composé de ce que nous recevons par des impressions et de ce que notre propre faculté de connaître tire d'elle-même. » Emmanuel Kant, *Critique de la Raison Pure*, Introduction, Trad. J. Barni revue par P. Archanbault, Ed. Garnier Flammarion 1976.

les principes a priori de notre pouvoir de connaître. L'expérience n'est pas une donnée première, elle est le résultat de l'activité de notre entendement. Cette activité consiste à lier en une unité tout donné sensible et à le subordonner à des lois. Notre entendement se rapporte dans cc but au donné empirique, coordonné selon l'espace et le temps, qui sont les formes a priori de notre sensibilité. L'espace et le temps constituent des « formes a priori » internes au sujet, qui structurent toute perception. L'espace et le temps ne sont donc pas des réalités indépendantes ou, pour reprendre une expression de John Locke, des « qualités premières » des choses. Ainsi l'un des objectifs principaux de la *Critique de la Raison Pure* est de démontrer que l'expérience « est un mode de connaissance qui exige le concours de l'entendement dont il me faut présupposer la règle en moi-même avant que les objets me soient donnés[292]. »

Cette leçon magistrale donnée par le philosophe de Königsberg ne signifie nullement que la connaissance soit relative à des dispositions sensorielles subjectivement variables selon les individus. Cela veut dire que les objets, tels qu'ils existent en eux-mêmes, ne nous étant connus que par l'intermédiaire de la réceptivité particulière propre à tout sujet humain, « nous ne connaissons rien de ces objets que la manière dont nous les percevons ; et cette manière qui nous est propre, peut *fort bien n'être pas nécessaire pour tous les êtres*, bien qu'elle le soit pour tous les hommes. [293] » Autrement dit, il n'est pas possible de connaître la chose en soi (*das Ding an sich*), c'est à dire la chose telle qu'elle existe en elle-même indépendamment de tout sujet, une réalité que Kant appelle aussi le « *noumène* » (je ne peux pas la *connaître*, je peux toutefois la *penser*). La connaissance ne peut être que connaissance du phénomène, c'est à dire de l'objet telle qu'il existe pour tous les hommes. Personne sur Terre ne peut sortir du point de vue humain pour savoir ce qu'est l'objet en lui-même (cet objet est inconnaissable).

Au terme de ces analyses, il apparaît de manière évidente que *le projet SETI dissimule une position métaphysique proche du réalisme mathématique qui caractérisait autrefois la pensée de Pythagore ou Galilée.* Ce parti pris, aujourd'hui philosophiquement dépassé, correspond au désir d'une vérité absolue qui relève, en définitive, d'une attitude religieuse, au sens où l'absolu procurerait un univers rassurant et protecteur, semblable à celui dont, d'après Sigmund Freud, rêve le croyant qui cherche à reconstituer l'ambiance de sécurité qu'il pouvait ressentir, encore enfant, grâce à la présence paternelle. La vérité, parce qu'elle correspond à un long travail toujours en cours, ne peut

[292] Ibid., Préface à la Seconde Edition.
[293] Ibid., Esthétique Transcendantale, Remarques Générales § 8.

proposer un tel univers. La science elle-même est un processus en un sens paradoxal : elle cherche des vérités définitives alors que sa démarche est une remise en cause permanente du caractère prétendument absolu de la vérité.

X comme planète X

« Par la folie qui l'interrompt, une œuvre ouvre un vide, un temps de silence, une question sans réponse, elle provoque un déchirement sans réconciliation où le monde est bien contraint de s'interroger[294]. »

Michel Foucault

L'appellation « planète X » correspond à l'existence hypothétique d'une neuvième planète résidant dans notre système solaire. Au tout début du XXème siècle, à un moment où la théorie newtonienne de la gravitation était encore dominante, Percival Lowell imagina la présence d'une planète, située au-delà de la trajectoire de Neptune, afin d'expliquer les anomalies constatées dans les orbites d'Uranus et de Neptune. Dès 1905, il se lança dans une campagne d'observation visant la découverte d'un « astre errant » possédant les deux cinquièmes de la masse de Neptune, orbitant à 47,5 unités astronomiques, sur une période de 327 ans. Bénéficiant d'une partie de l'héritage de Lowell, Clyde Tombaugh découvrit Pluton en 1930. Mais Pluton a des caractéristiques très différentes de celles qui avaient été prédites par Lowell. Sa masse est trop faible pour être considérée comme une véritable planète. En 2006, *l'Union Astronomique Internationale* a décidé de la rétrograder dans la catégorie des ''Objets Transneptuniens'', dans laquelle elle figure en tant que « planète naine ». L'hypothèse conjecturale de Lowell n'était pas nouvelle. En 1846, la découverte de Neptune fut effectuée par Galle, à partir d'indications de coordonnées établies par Urbain Le Verrier. Utilisant les lois de la gravitation newtonienne, Le Verrier avait postulé l'existence d'une planète inconnue, afin de rendre compte des perturbations constatées dans la trajectoire d'Uranus. A l'aide d'un télescope de 230 millimètres de diamètre, stationné à l'Observatoire de Berlin, Galle réussit, en quelques heures seulement, à trouver un petit disque bleu, à un degré de la position indiquée par Le Verrier.

La découverte de Neptune déclencha l'enthousiasme de nombreux scientifiques. François Arago, directeur de l'Observatoire de Paris, déclara en public : « Monsieur Le Verrier a aperçu le nouvel astre sans avoir besoin de

[294] Michel Foucault *Histoire de la folie à l'âge classique,* Editions Tel Gallimard, 1972.

jeter un seul regard vers le ciel ; il l'a vu au bout de sa plume ; il a déterminé par la seule puissance du calcul, la place et la grandeur d'un corps situé bien au-delà des limites jusqu'ici connues de notre système planétaire[295]. » En l'occurrence, la « puissance du calcul » effectué par Le Verrier reposait tout entière sur la mécanique newtonienne, qui se trouvait une fois de plus confirmée dans son statut de théorie souveraine et indéfectible. Entre 1687 (date de la publication des *Principes mathématiques de la Philosophie Naturelle*) et 1915 (date de la publication de la *Théorie de la Relativité Générale*) soit sur une période qui s'étire sur plus de deux siècles, la théorie newtonienne de la Gravitation Universelle a été considérée comme constituant, non pas simplement une conception scientifique permettant d'unifier avec beaucoup de perspicacité les lois de l'univers observable, mais comme une théorie qui en révélait un aspect ontologique. En d'autres termes, une théorie qui porterait non pas simplement sur la nature telle qu'elle nous apparaît, mais sur la nature telle qu'elle existe en elle-même, indépendamment de tout observateur. La découverte triomphale de Neptune incita logiquement Urbain Le Verrier à recourir aux mêmes méthodes de calculs de corrections gravitationnelles, pour expliquer la très minuscule avance (de 43 secondes d'arc par siècle) observée pour le périhélie de Mercure. La planète ''Vulcain'', baptisée avant même d'avoir été réellement découverte, fut recherchée en vain sur une orbite située entre le Soleil et Mercure, tout au long des dernières décennies du XIXème siècle[296].

Il a fallu attendre l'élaboration de la théorie de la relativité générale, établie par Albert Einstein, pour comprendre que la force de gravitation newtonienne correspond en réalité à un effet de courbure du continuum spatio-temporel[297]. La lumière d'une étoile ou d'une planète observée dans la ligne de visée du Soleil, à proximité de celui-ci, se trouve décalée – sur une position légèrement éloignée – par la déformation de la géométrie de l'espace créé par le champ gravitationnel du Soleil. Cet effet, prévu par la conception einsteinienne, fut vérifié par Arthur Eddington à l'occasion d'une éclipse totale de Soleil, qui se produisit le 29 mai 1919 dans le golfe de Guinée, à environ 200 km des côtes du Gabon et de la Guinée Equatoriale. Le travail d'Eddington rendit Einstein célèbre dans le monde entier.

---

[295] *Extrait des Comptes rendus hebdomadaires des séances de l'Académie des Sciences,* C'est Arago qui chargea Le Verrier, alors jeune astronome, d'expliquer les anomalies enregistrées dans l'orbite d'Uranus.

[296] L'observation d'un objet proche du Soleil, quel qu'il soit, est toujours très difficile. A plusieurs reprises et de manière illusoire, certains observateurs crurent apercevoir ''Vulcain'' transiter devant le disque éblouissant du Soleil.

[297] Cf. I comme infini.

L'élaboration d'une nouvelle théorie de la gravitation permet de souligner le caractère réfutable de toute théorie scientifique. Une vérité scientifique n'est jamais définitive mais toujours liée soit à une axiomatique, soit à un contexte historique. Il est donc nécessaire de préciser la relation entre vérité et historicité. La science, disait Bachelard, est une « suite d'erreurs rectifiées », « une rectification du savoir [298]. » La science n'élabore pas de vérités absolues ou définitives, mais des vérités qui ne sont légitimes qu'à l'intérieur d'un cadre conceptuel, lui-même relatif à un système historique de données. Ainsi, les lois de Newton n'ont pas perdu toute validité, mais ce qui a disparu est le caractère définitif et absolu de la théorie de la gravitation universelle, qui ne demeure « vrai » que relativement à l'espace de notre perception quotidienne (tout comme la géométrie euclidienne).

La philosophie des sciences nous propose de distinguer deux types de vérités. Les vérités « formelles », qui, comme leur nom l'indique, doivent leur qualité à leur seule forme, indépendamment de leur contenu. Kant les appelle « vérités a priori », Leibniz les nomme « vérités de raison ». Ce sont par exemple les vérités logiques (A=A) et mathématiques (1+1=2). Comme le confirme Emmanuel Kant, les notions mathématiques doivent leur existence à leur seule définition rationnelle a priori. C'est pourquoi Descartes pouvait affirmer qu'il y a dans leurs propriétés l'équivalent d'une nécessité naturelle, il rêvait de pouvoir constituer une « *mathesis universalis* », c'est-à-dire une science déductive universelle. Dans le même ordre d'idées, les propositions élémentaires de la géométrie d'Euclide semblent incontestables. De telles vérités formelles semblent absolues et définitives. A ceci près qu'aujourd'hui, on souligne leur relation avec une axiomatique et que l'on évoque plutôt leur cohérence que leur « vérité ». Par opposition aux vérités formelles, les vérités empiriques (ou « *a posteriori* » ou « de fait ») sont intéressantes par les informations qu'elles nous livrent sur les phénomènes tels que l'esprit humain peut les concevoir et les appréhender. L'interprétation scientifique des phénomènes constitue le travail de la science. Il importe avant tout que chaque proposition théorique soit présentée de telle manière que chacun puisse tester la théorie, éventuellement la corriger, voire la réfuter. L'illustre théorie de la

---

[298] « En effet l'histoire humaine peut bien, dans ses passions, dans ses préjugés, dans tout ce qui relève des impulsions immédiates, être un éternel recommencement ; mais il y a des pensées qui ne recommencent pas ; ce sont des pensées qui ont été rectifiées, élargies, complétées. Elles ne retournent pas à leurs aires restreintes ou chancelante. Or l'esprit scientifique est essentiellement une rectification du savoir, un élargissement des cadres de la connaissance. » Gaston Bachelard, *Le Nouvel Esprit Scientifique*. Ibid.

gravitation universelle ou la théorie de la relativité générale rentrent dans cette catégorie : « La méthode de la science est, *selon Karl Popper*, une méthode de conjectures (d'hypothèses) audacieuses et de tentatives ingénieuses et sévères pour réfuter celles-ci [...] L'exigence, très légitime, d'objectivité scientifique rend inévitable que tout énoncé scientifique reste nécessairement et à jamais donné à titre d'essais[299]. » La science est donc l'histoire inachevée de la confrontation entre le génie créatif des grands théoriciens et l'interprétation des faits. Dans une lettre datée du 11 novembre 1935, Einstein confirme cette idée à Popper : « Je pense (comme vous d'ailleurs) qu'une théorie ne peut être le produit de résultat d'observations mais peut seulement être celui d'une invention. Einstein souligne qu'un scientifique fécond doit avoir les qualités d'un créateur : « la science, *dit-il,* demande une forte audace spéculative ». Le moteur de la science n'est pas sa capacité de calcul, ni même sa précision extrême, toujours recherchée en toute mesure. Son ressort principal est en fait l'imagination.

Malgré toutes les tentatives effectuées par de nombreux groupes d'astronomes, aucune planète transneptunienne n'a été identifiée. En revanche, les découvertes des planétoïdes Sedna, Eris, Hauméa et Makémaké – appelés aussi « planètes naines » – sont venus compléter notre connaissance du système solaire externe. Cependant, plusieurs observations menées à Pasadena et à Hawaï, suggèrent l'existence d'une planète X massive, causant des perturbations orbitales sur de petits astéroïdes, constitués de composés volatils gelés et faisant partie de la Ceinture de Kuiper. L'hypothèse d'un trou noir primordial a été avancé[300]. D'une manière ou d'une autre, l'exploration de ces régions reculées du système solaire, tout comme l'exploration des confins de l'univers observable, soulèvent beaucoup de questions. Les modélisations réalisées permettant de géolocaliser la densité d'objets présents dans la Ceinture de Kuiper prédisent une augmentation du nombre des corps, se présentant normalement à une distance supérieure à 50 unités astronomiques. Étrangement, l'observation empirique révèle en réalité une chute brutale de ce nombre. Cette caractéristique, aujourd'hui non résolue, est poétiquement surnommée ''falaise de Kuiper''. Franchir la ''falaise de Kuiper'', ou observer ce qui existe « derrière » le ''mur de Planck'', détecter la planète X ou dévoiler l'existence d'une exoplanète portant les signatures de la vie, tous ces défis ne pourront être résolus par une simple progression quantitative effectuée dans la précision de nos calculs ou la performance de nos instruments d'observation. Albert Einstein l'avait parfaitement compris :

[299] Karl Popper, *La Logique de la Découverte Scientifique.* Ibid.
[300] Cette hypothèse a été soulevée par Jakub Scholtz et James Unwin.

les grands défis posés à la science ne s'adressent pas à notre seul entendement, ils convoquent notre capacité à faire preuve d'une « grande audace spéculative ». Ils sollicitent aussi, et surtout, notre imagination.

Y comme astéroïde du Yucatan

« ... Ce qu'on raconte aussi chez vous de Phaéton, fils du Soleil, qui, ayant un jour attelé le char de son père et ne pouvant le maintenir dans la voie paternelle, embrasa tout ce qui était sur la Terre et périt lui-même frappé de la foudre, a, il est vrai, l'apparence d'une fable ; mais la vérité qui s'y recèle, c'est que les corps qui circulent dans le ciel autour de la Terre dévient de leur course et qu'une grande conflagration qui se produit à de grands intervalles détruit ce qui est à la surface de la Terre »

Platon[301]

Contrairement à une idée souvent répandue, les observations au télescope montrent en de nombreux endroits des structures matérielles plutôt insipides et insignifiantes. Il va de soi que les gigantesques nuages de poussières, constitués de particules de suie et de silicates, qui parsèment le ciel étoilé, n'ont rien qui puisse véritablement déclencher ce sentiment de ravissement esthético-intellectuel, si souvent évoqué dans les traités d'astronomies. Un représentant typique de ce triste catalogue se situe dans une zone facilement repérable appelée ''sac à charbon''. Cette structure, au surnom évocateur, obstrue une vaste région dans laquelle la lumière des étoiles de la Voie Lactée semble totalement absorbée. Le ''sac à charbon'' peut être observé à l'aide de simples paires de jumelles ou d'une petite lunette munie d'un oculaire à grand champ. On est très loin du choc visuel suscité par l'observation de Saturne[302] ou de l'amas des Pléiades. *La contemplation des astéroïdes provoque la même déception.* Leurs aspects ridicules, leurs masses et leurs tailles négligeables les rendent quasiment insignifiants. Comment un objet aussi grotesque que peut l'être un astéroïde de 12 km de diamètre a-t-il pu changer tout le devenir de la vie sur Terre ? Et nous permettre à nous, *homo sapiens,* d'apparaître finalement dans l'histoire de l'évolution ? A moins qu'un autre astéroïde s'apprête secrètement à nous retirer, bientôt, du devant de la scène.

Si, dans les années à venir, un astéroïde de grande dimension devait entrer en orbite de collision avec la Terre, que se passerait-il ? Pourrions-nous le détruire ou le détourner ? Serions-nous capables d'échapper à notre funeste

---

[301] Platon, *Timée*, 21d-22d,Trad. E. Chambry, Editions Garnier Flammarion, 1969.

[302] Cf. S comme Saturne.

destin ? Cherchant à répondre cette question qui, au premier abord, semble sortir tout droit d'un film de science-fiction écrit à la manière des « blockbusters » hollywoodiens, le prestigieux *Institut Américain d'Aéronautique et d'Astronautique* distingue trois possibilités[303]. Le premier scénario imagine la découverte d'un objet d'environ 500 m de diamètre, dont on sait qu'il heurterait la Terre dans vingt ans. La NASA, précise le rapport, pourrait le détourner de sa trajectoire moyennant une poussée raisonnable, grâce à des engins lancés depuis la Terre, par des fusées à propulsion chimiques conventionnelles et équipés de moteur ionique jouant le rôle d'un tracteur spatial. Vingt ans représentent un laps de temps, a priori largement suffisant, pour construire des appareils dont la technologie a déjà été largement éprouvée. Manifestement, les nobles et vénérables institutions américaines et le Monde derrière elles, peuvent compter sur le génie humain. A titre préventif cependant, et en cas d'insuccès de la manœuvre, le rapport, rempli de bienveillance, préconise que les populations des régions côtières soient évacuées : la surface de la Terre est recouverte à 70,8% par les océans et les mers ; compte tenu de sa taille, un astéroïde d'un ½ kilomètre, tombant dans l'océan, serait susceptible de provoquer un énorme raz-de-marée. Le compte rendu stipule en conclusion que les chances de succès de l'opération sont estimées « bonnes ». Le lecteur est à ce moment pleinement rassuré. En revanche, la suite du rapport est beaucoup moins réjouissante. Dans le second scénario imaginé par les chercheurs, il est question de la découverte d'un objet de 1 à 2 km de diamètre, avec un impact dévastateur, prévu dans 10 ans. Les astronomes estiment qu'un tel impact se produit en moyenne tous les 100 000 ans. Compte tenu de sa masse, qui combinée à sa vitesse lui confère un potentiel énergétique immense, les solutions envisagées sont l'usage de charges nucléaires et la nécessité de développer rapidement un nouveau système de lanceurs pour les amener le plus vite possible à destination. La probabilité de succès est « modérée » : 1 chance sur 2. Et en cas d'échec : «un milliard au moins de victimes humaines, avec un retour probable à l'âge de pierre », précise laconiquement le rapport.

Le cerveau de l'être humain, qui est un instrument forgé comme tout organe par les lois de l'évolution, a tendance à bien mémoriser toutes les informations se rapportant à telles ou telles menaces, réelles ou imaginaires, qui pèsent sur notre existence. C'est tout à fait logique puisque son rôle consiste au départ à

[303] American Institue of Aeronautics and Astronomics, *Defending Planet Earth Near Earth Objects Surveys and Hazard Mitigation Strategies*, National Research Council of the National Academies, 2001.

assurer pleinement notre survie. Jouant avec nos peurs ancestrales – par une métaphore sans surprise la configuration des astres symbolise depuis longtemps le jugement des dieux – et la fascination que nous avons naturellement pour toute forme de danger émanant de la sphère céleste, le dernier scénario envisagé par *l'American Institut,* ressemble au récit de l'*Apocalypse*. Cette fois, c'est un géo croiseur de 5 km de diamètre qui fonce tête baissée vers la Terre et qui la heurtera dans deux ans à peine. Il s'agit d'un scénario peu probable mais tout à fait possible : l'astéroïde qui a créé le cratère du Yucatan était au moins deux fois plus grand… Si ce scénario était amené à se reproduire, l'astre funeste ferait certainement disparaître la quasi-totalité de la population et des infrastructures de l'humanité, ainsi qu'un nombre considérable d'espèces animales et végétales. Dans l'état actuel des choses, ce serait, précise le rapport, « une tentative désespérée d'envoyer des douzaines de lanceurs équipés de charges nucléaires ». La probabilité de succès est ''faible'', comme vous vous en doutez…

Le rapport de l'*American Institue of Aeronautics and Astronomics* est résolument catastrophiste et simplifie des données essentielles permettant d'évaluer les conséquences de ce genre d'impact. En particulier, il ne tient pas compte de certains paramètres fondamentaux comme la nature du sous-sol correspondant au lieu présumé de l'impact. Mais ce rapport a le mérite d'envisager le pire, afin de pouvoir le cas échéant, essayer sans tarder d'anticiper des solutions aujourd'hui encore inédites ; d'autant plus que cet intérêt, accordé par la communauté scientifique aux astéroïdes, est relativement récent. Ce n'est en effet qu'à la fin du XXème siècle que les recherches concernant ces petits corps très sombres ont pu bénéficier de budgets consistants, alors même que ces météores, en apparence aussi nombreux que dérisoires, étaient restés jusqu'à cette période les parents pauvres de l'astronomie. L'astéroïde *Cérès*, découvert dès 1801 par Piazzi, est l'un des plus gros représentants de cette famille longtemps délaissée. Il affiche un diamètre de 914 km seulement, mais présente une apparence circulaire rassurante. En revanche la quasi-totalité des astéroïdes sont si petits que la gravité ne suffit pas pour les modeler. D'où leurs formes étranges, qui les font ressembler à des pommes de terre … un aspect qui rappelle, en quelque sorte, l'apparence dérisoire, inachevée et, pour tout dire presque chaotique, du célèbre ''Golem'', dont parle la mystique juive.

L'Union Astronomique International a dû attendre patiemment 1991, puis 1993, pour recueillir des images radar acceptables de l'astéroïde Toutatis et, pour que la sonde spatiale Galiléo, en route vers Jupiter, photographie en passant, l'astéroïde Gaspra, et finalement l'astéroïde Ida. Depuis 1993, les opérations concernant les astéroïdes n'ont cessé de prendre de l'ampleur, c'est là un des aspects qui donne tant de charme à l'étude de l'histoire de l'astronomie : *il arrive régulièrement des moments où, soudainement, les choses les plus anodines se mettent à attirer l'attention, en focalisant parfois toutes nos angoisses et toutes nos préoccupations.* En l'occurrence, depuis que la communauté des astronomes s'est rendu compte qu'un nombre relativement important d'astéroïdes – environ 20 000 – sont susceptibles de percuter la Terre, et d'entraîner des effets dévastateurs cataclysmiques, plusieurs missions spatiales spécifiques, aussi coûteuses que sophistiquées, leur sont désormais dévolues. La *Communauté Astronomique Internationale* a élaboré – dans la ville de Turin, en juin 1999 – une échelle de risques allant de 0 à 10, combinant tous les paramètres concernant les probabilités de collisions avec des géo croiseurs et l'intensité de leurs effets potentiellement destructeurs. Les géo croiseurs suscitent aujourd'hui l'intérêt et l'inquiétude de nombreux chercheurs. Un nouveau grand récit, presque aussi trépidant que celui qui porte sur le « Big Bang » ou les trous noirs, s'est construit tout autour d'eux.

Une armada de missions sont parties ou s'apprêtent à partir. Dès 1996 la sonde spatiale Near Shoemaker a été mise en orbite autour de l'astéroïde Eros. Sa trajectoire est susceptible de croiser un jour l'orbite de la Terre. Eros présente une morphologie irrégulière, il mesure 34,4×11,2×11,2 km. C'est beaucoup, si on regarde la taille moyenne des astéroïdes, mais c'est ridiculement petit si on compare Eros aux dimensions de notre planète. Cependant, comme cela est bien expliqué par le rapport de l'American Institut, c'est surtout la vitesse des astéroïdes qui leur confère une énergie phénoménale. Après cinq années consacrées à un travail classique de cartographie, Near Shoemaker, télécommandé depuis la Terre avec une grande minutie, a « atterri » avec succès sur sa cible. Jamais un engin terrestre ne s'était posé sur un astéroïde. Les astronomes ont pu analyser les propriétés chimiques de la poussière de roche, ou régolite, qui jonche le sol de cet étrange corps. Une image couleur à haute résolution a été prise à 50 km d'altitude. On y distingue les débris produits par les impacts de particules cosmiques et l'érosion du vent solaire. La sonde spatiale Dawn, lancée également par la NASA, a visité Vesta en 2011 et Céres en 2015. En 2010 la sonde spatiale japonaise Hayabusa est, quant à elle, revenue d'un très long périple de sept ans où elle a visité et prélever des échantillons de l'astéroïde Itokawa. Hayabusa 2 s'apprête à réaliser le même exploit avec l'astéroïde Ryugu. En 2022, la mission américaine DART tentera de dévier une minuscule lune astéroïdale de 160 mètres, Didymos B, en orbite autour d'un petit astéroïde, Didymos A, mesurant à peine 780 mètres. La stratégie mise en place par la NASA consiste à impacter la lune astéroïdale…

Fidèle à leur vocation de bons samaritains, une vocation auto-proclamée depuis la fin de la seconde Guerre Mondiale et que la guerre du Vietnam a pourtant considérablement ébranlée, les autorités américaines ont mis en place les « prémisses » de ce qui pourrait constituer, dans le futur, une opération de « sauvetage » de l'humanité tout entière. Examinés sous le prisme de la culture européenne, pour autant du moins où une telle culture puisse subsister sans être elle-même largement influencée par les schèmes médiatiques qui structurent l'imaginaire collectif des populations nord-américaines, toutes ces missions spatiales et tous ces rapports scientifiques ont quelque chose de superfétatoire. Est-il possible d'examiner les astéroïdes avec intérêt, mais sans pour autant transposer indéfiniment une scène biblique censée se dérouler à Armageddon ?

Les astéroïdes viennent principalement d'une zone située entre Mars et Jupiter appelée la ''Ceinture Principale'', c'est une région du ciel où les planétésimaux, qui sont à l'origine de la formation de toutes les planètes de notre système solaire, n'ont pas réussi à s'accréter en raison d'effets gravitationnels en résonance. A l'origine, ils sont tous des vestiges de la constitution du système solaire. Demeurés inchangés depuis 4,6 milliards d'années, ils sont des reliquats qui nous informent sur les conditions de naissance de notre environnement spatial et, par voie de conséquence, sur les conditions initiales qui ont présidé aux conditions physico-chimiques qui régnaient durant toute la période où s'est formée la Terre. Nous savons de surcroît qu'un nombre très important de météorites proviennent soit des comètes, soit des astéroïdes, dont ils sont les résidus. Beaucoup plus rarement, les météorites peuvent provenir de la planète Mars ou de la Lune.

L'origine lunaire de certaines météorites est établie en comparant les données concernant la minéralogie, la composition chimique et la composition isotopique à celles des échantillons rapportés depuis la Lune par les missions Apollo. Chaque année, 100 000 à 200 000 tonnes de débris célestes tombent sur Terre, sous forme généralement de minuscules grains de matières ou bien sous forme de petites pierres dont la plus grosse partie se trouve en revanche anéantie par les frottements provoqués par le phénomène de rentrée atmosphérique. Ils se consument, parfois explosent dans notre ciel. Leur désintégration donne naissance aux ''étoiles filantes''. En percutant le sol, compte tenu de leur vitesse prodigieuse, ils ont tendance à se volatiliser. Venant directement du « grand ailleurs », les météorites sont des messagers d'autant plus fascinants qu'ils portent témoignage de l'existence d'autres mondes et surtout, d'autres temps[304].

Quasiment tous les astéroïdes sont criblés de cratères, la plupart ont subi d'importantes collisions, certains vestiges se sont ensuite assemblés par l'action de la gravité. Gaspra est constitué de deux masses rocheuses distinctes confirmant le phénomène de fragmentation qui a touché la ''Ceinture d'Astéroïdes''. Ces collisions ont eu également pour effet de placer certains fragments sur des orbites très elliptiques qui peuvent recouper la trajectoire de Mars, de Vénus ou de la Terre, comme ce fut indéniablement le cas pour l'astéroïde qui est tombé dans la région de la péninsule du Yucatan, proche du golfe du Mexique, dont les effets ont été dévastateurs.

Cet événement, qui s'est produit il y a environ 66 millions d'années, est sans doute responsable de la disparition d'innombrables espèces vivantes, notamment de tous les dinosaures. Pendant longtemps, les scientifiques ne pensaient pas trouver les restes du bolide qui est venu percuter la Terre, car normalement, étant donné les dimensions du cratère d'impact, lors d'une collision de cette puissance, le projectile aurait dû être totalement volatilisé. Et pourtant, des fragments de l'astéroïde ravageur ont été découverts dans la péninsule du Yucatan en 2003. Dans les carottes de forage correspondant aux profondeurs de 800 à 900 mètres, on peut repérer des petits fragments, de quelques millimètres à 5 cm de diamètre, contenant 20 à 30% de fer, ce qui suggère une origine extraterrestre. Origine que les analyses minéralogiques plus poussées ont confirmée : les échantillons recueillis contiennent d'importantes concentrations d'iridium, un élément caractéristique des

304 En 1959, 1970 et 1977, la chute d'une météorite a pu être à chaque fois étudiée de façon suffisamment précise pour reconstituer la trajectoire initiale. Ces trois météorites provenaient toutes de la ''Ceinture Principale d'Astéroïdes''. Cependant, tous les astéroïdes ne proviennent pas de cette Ceinture. Certains se déplacent à l'intérieur de l'orbite de la Terre, d'autres entre la Terre et Mars, d'autres, surnommés les ''Troyens '', ont des orbites se situant au niveau de celle de Jupiter, tandis que les Centaures se situent entre Jupiter et Neptune. Quoiqu'il en soit, les astéroïdes sont, avec la Lune, les seuls objets extraterrestres dont on ait, pour l'instant, des échantillons d'origine clairement identifiée. Leurs couleurs caractéristiques s'étalent du gris clair au noir, ou au rouge très sombre, en passant par l'orangé et le gris métallisé. Si l'on compare leur spectre à celui de l'ensemble des météorites, on aboutit à une classification où les ¾ des astéroïdes, surtout ceux situés entre 2,5 et 4 unités astronomiques sont très sombres. Ceux-ci ont un spectre identique à celui des météorites appelées « chondrites carbonées », ce qui correspond au type C (Carboneus). Deimos et Phobos, les deux petites lunes de Mars, ont un spectre semblable à celui des astéroïdes de type C, ce qui confirme qu'ils sont deux astéroïdes capturés par l'attraction gravitationnelle de la planète rouge. La majestueuse Cérès appartient également à cette famille. Par contre les astéroïdes Ida et Gaspra sont de type S (Stony) : ils ont un spectre similaire aux « chondrites ordinaires ». Quelques pour cent sont de classe M (Metallic) : leurs spectres ressemblent à celui des météorites sidérites composées d'un alliage de fer et de nickel.

astéroïdes. Le météore dévastateur appartient vraisemblablement à une catégorie commune appelée « chondrite carbonée ». Nous disposons de deux hypothèses pour expliquer la présence de ces fragments. Il se peut que le bolide se soit fragmenté avant la collision et que de petits morceaux se soient mélangés aux poussières de l'explosion. L'autre hypothèse est que la chute a été oblique et non pas verticale. Enterré sous 1000 mètres de sédiments, la plus grande partie du cratère est difficilement accessible. Il a fallu environ 13 000 détonations d'air comprimé projetées dans l'océan depuis des dizaines de petits navires, afin d'explorer, par des ondes acoustiques, les sous-sols du fond marin, et permettre finalement aux scientifiques de visualiser l'astroblème. On appelle « astroblème » la cicatrice du cratère d'impact, qui se distingue par un cratère plus ou moins érodé et surtout des traces de choc à haute pression (roches fondues). L'astroblème de la péninsule du Yucatan mesure 180 km de diamètre. En se fracassant dans cette grande plate-forme du Mexique, le bolide qui avait vraisemblablement un diamètre avoisinant 12 km, a vaporisé des sulfates et des carbonates qui ont relâché dans l'atmosphère terrestre plusieurs dizaines de milliards de tonnes d'oxydes néfastes. Les oxydes de soufre, en réfléchissant la lumière solaire, ont contribué au refroidissement brutal de l'atmosphère. Les oxydes de carbone ont ensuite alimenté un effet de serre. Selon Kunio Kaiho, l'astéroïde est tombé, de surcroît, au plus mauvais endroit, dans une zone où le sous-sol contient des quantités très importantes de roches sédimentaires suffisamment riches en pétrole pour provoquer la libération de près de 1,7 milliard de tonnes de particules fines de carbone[305]. L'atmosphère terrestre a été sévèrement obscurcie, particulièrement dans l'hémisphère nord où il a fait nuit pendant deux ans. Dans la foulée des incendies planétaires allumés par l'onde de choc et les retombées de l'impact, il y eut donc un coup de chaud puis un coup de froid – équivalent à un « hiver nucléaire » – puis de nouveau un coup de chaud lié à une augmentation de l'effet de serre.

Les autres grands épisodes d'extinctions de masse, répertoriés par les paléontologues et autres spécialistes de l'évolution, ne sont pas nécessairement en relation avec des impacts d'astéroïdes géo croiseurs orbitant dans la Grande Ceinture, ou de comètes provenant du Nuage de Oort, mais il n'en reste pas moins vrai qu'un tel épisode peut se reproduire dans le futur. La probabilité d'un tel événement, compte tenu de la taille importante de l'astéroïde du Yucatan, est estimée à 1, en moyenne, tous les 60 millions d'années. Certes, on ne peut pas passer par une simple inférence logique, d'un calcul mathématique probabiliste à un jugement d'expérience, mais si on se

[305] Kunio Kaiho travaille dans le département de géologie/paléontologie de l'Université japonaise de Tohoku.

souvient que le dernier impact majeur s'est produit il y a 66 millions d'années, l'angoisse parfois exagérée que suscite les astéroïdes – comme nous l'avons vu de manière évidente dans le rapport de l'*American Institue of Aeronautics and Astronomics* – semble reposer malgré tout sur des fondements bien réels.

Les astéroïdes nous confrontent en quelque sorte, mais finalement comme bien des choses dans notre vie quotidienne, à l'expérience radicale de la contingence. La probabilité de mourir d'un accident de la circulation ou d'un cancer est, en moyenne, et pour chaque individu vivant actuellement dans un pays développé, infiniment plus élevée. Si on regarde l'ensemble de l'humanité considéré comme un tout, la probabilité d'une autodestruction nous semble également beaucoup plus élevée. Le propre du contingent est qu'il peut être autrement et/ou arriver à un autre moment. Par opposition le propre du nécessaire est qu'il ne peut pas ne pas arriver tel qu'il est et à tel moment. La contingence ne signifie pas que l'événement arrive sans causes, bien au contraire. La contingence ne s'oppose pas au principe de causalité, ni même au déterminisme – si du moins on se contente d'entendre cette conception en un sens laplacien[306]– elle s'oppose à la nécessité, ce qui est très différent. Dans le cas des astéroïdes dévastateurs, le caractère contingent des trajectoires de rencontre ne signifie nullement que les impacts majeurs soient totalement livrés aux aléas du hasard, ce caractère implique par contre que la date de l'événement demeure incertaine. Sans cette caractéristique, la notion d'événement n'aurait d'ailleurs aucun sens. *Le cosmos est régi par des événements, c'est précisément ce qui fait qu'il a une histoire, il n'est pas soumis à de simples lois mécaniques ni à un ensemble de possibilités prévisibles.*

Il en va ici dans le cosmos comme dans le monde humain : que des catastrophes se produisent cela n'a finalement rien « d'anormal ». Ce qui est anormal est de continuer aujourd'hui à considérer que toutes choses pourraient se produire en obéissant à des lois déterministes strictes, sans tenir compte du fait que *d'infimes « bruissements dans les conditions initiales » peuvent, à*

[306] « Nous pouvons, *explique Laplace,* considérer l'état actuel de l'univers comme l'effet de son passé et la cause de son futur. Une intelligence qui à un instant déterminé devrait connaître toutes les forces qui mettent en mouvement la nature, et toutes les positions de tous les objets dont la nature est composée, si cette intelligence fut en outre suffisamment ample pour soumettre ces données à analyse, celle-ci renfermerait dans une unique formule les mouvements des corps plus grands de l'univers et des atomes les plus petits ; pour une telle intelligence nul serait incertain et le propre futur comme le passé serait évident à ses yeux ». *Essai philosophique sur les probabilités.* Ed. Hachette Livre BNF,2020.

chaque instant, entraîner une dérive chaotique de nos systèmes de prédictions.

Henri Poincaré fut un des premiers grands mathématiciens à s'intéresser aux ''attracteurs étranges'' et aux principes de ce qui allait être appelé plus tard : « théorie du chaos ». La théorie du chaos ne contredit pas le principe du déterminisme – évidemment les choses n'arrivent pas par « hasard » – elle affirme par contre la difficulté à prévoir l'évolution de tout système complexe, la météo par exemple. Dans une étude classique, appelée « le problème des trois corps », Henri Poincaré explique que, connaissant les lois newtoniennes de la gravitation, ainsi que la position et la masse de la Terre et du Soleil, il est possible d'intégrer l'équation nous permettant de prédire à quel moment la Terre va retrouver sa ''position initiale'' dans son mouvement de révolution autour du Soleil ; mais si on introduit un troisième paramètre, en l'occurrence la révolution de la Lune autour de la Terre, il devient très difficile, sur le plan mathématique, d'intégrer l'équation ; ce qui signifie qu'il est périlleux de prédire avec *exactitude* à quel moment le système Terre-Lune aura retrouvé sa place initiale dans sa course autour du Soleil. La masse de la Lune est relativement faible si on la compare aux forces en présence, pourtant elle suffit à perturber l'ensemble du système. « A petites causes, grands effets[307]. » Selon Poincaré, la difficulté à définir avec précision tous les paramètres initiaux génère a fortiori une difficulté encore plus accrue de prédire avec certitude l'évolution de tel ou tel système dynamique. Plusieurs solutions du problème à trois corps ont été proposées, notamment par le biais de l'usage des statistiques, cependant personne ne prétend aujourd'hui pouvoir proposer une résolution intégrale du problème.

Il se trouve justement que si on exige une précision extrême, il est tout aussi aventureux de calculer la trajectoire des astéroïdes. Il faut tenir compte de plusieurs causes perturbatrices, comme par exemple l'influence gravitationnelle des différentes planètes, mais aussi ''l'effet Yarkovsky''. L'effet Yarkovsky se caractérise par une modification de la façon dont l'astéroïde tourne sur lui-même, son demi grand axe peut être très légèrement affecté – de façon plus ou moins marquée selon l'orbite et les constituants de l'astéroïde – par la force thermique de radiation solaire qui va avoir pour conséquence de perturber son moment cinétique. Cela peut modifier la rotation de l'objet, donc sa trajectoire, soit en la plaçant sur une orbite de collision, soit au contraire en nous évitant une éventuelle « fin du monde » annoncée. L'enjeu est important car les astéroïdes de petites tailles – 100 mètres de diamètre environ – sont susceptibles de percuter la Terre tous les

---

[307] H. Poincaré, *Méthodes Nouvelles de la Mécanique Céleste*, 1892-1895, on se réfèrera également à *Calcul des Probabilités*,1912 et *La Science et l'Hypothèse*,1917.

500 ans en moyenne. En d'autres termes, il existe une probabilité de 20% qu'un tel événement arrive au cours du prochain siècle.

On estime aujourd'hui qu'il subsiste, dans la ''Grande Ceinture d'Astéroïdes'', environ 1 million d'objets dont la taille est supérieure à 1 km. La somme de tous les astéroïdes ne constitue pas pour autant une masse importante, à peine 1/1000e de la masse de la Terre. Leur nombre toutefois impressionne. Sur les plaques photographiques à longue pose utilisées afin de les mettre en évidence, il apparaît jusqu'à 300 astéroïdes sur un champ d'observation d'à peine 5°. Heureusement, seule une petite portion de ces petits corps sombres est susceptible de croiser la terre. Cependant, on en découvre désormais presque tous les jours. Ce sont les NEO (*Near Earth Objects*). En France nous les appelons plutôt « astéroïdes géocroiseurs ». Les NEO ont une orbite s'approchant de la Terre à moins de 0,3 unités astronomiques. Ce sont des astéroïdes mais on peut aussi y inclure, plus rarement, des comètes. Là encore, leur masse est généralement très modeste si on la compare à la masse de la Terre, mais comme nous l'avons déjà précisé, leur vitesse de déplacement leur conférerait, en cas d'impact, une énergie colossale. Ce qui inquiète surtout les scientifiques est l'influence gravitationnelle des planètes, susceptible, à tout moment, de venir perturber le mouvement des astéroïdes. Certains d'entre eux retiennent tout particulièrement l'attention : les PHA (*Potentially Hazardous Astéroids*, «astéroïdes potentiellement dangereux ») dont l'orbite s'approche de la Terre à 0,05 UA ou moins – soit 7,5 millions de km -. Au début des années 1990, le *Congrès Américain,* alerté par les rapports des rares astronomes qui travaillaient alors sur ce sujet, avait demandé au Pentagone des moyens techniques et financiers afin d'éclaircir les données d'une affaire qui concerne la « sécurité du territoire.[308] » Des télescopes militaires tel ''Linéar'', originellement destinés à des missions de repérage de satellites espions, et dotés de caméras CCD très performantes, n'ont cessé dès lors de découvrir de nouvelles comètes et d'innombrables astéroïdes, notamment des PHA.

Les géocroiseurs susceptibles d'impacter la Terre peuvent être des astéroïdes mais aussi, avec une plus faible probabilité, des comètes. Dans la réalité, astéroïdes et noyaux cométaires se ressemblent. Dans l'imaginaire, ils sont antinomiques. Tandis que les astéroïdes opèrent sur le plan de l'invisible

[308] En Sibérie centrale, un météore est tombé au début du XXème siècle (1908) : il a explosé dans l'atmosphère, à une altitude comprise entre 5 et 10 km, sans laisser de cratère, cependant, du fait de la puissance du souffle, les arbres de la forêt ont été couchés sur un rayon de 20 km. Cette explosion qui s'est produite dans le ciel de la « Toungounska », a généré une déflagration équivalente à plusieurs centaines de fois la puissance générée par la bombe Hiroshima.

et du rationnel (ils ne sont que très difficilement identifiables à l'œil nu, leur localisation et leur étude requièrent des connaissances spécialisées et des instruments d'amplification optique telles que les lunettes et les télescopes), les comètes opèrent sur le plan du visible et du surnaturel[309]. Si les astéroïdes, tout comme les comètes, peuvent réellement percuter notre monde et détruire notre civilisation, ils représentent dans notre imaginaire des objets bien distincts et sont perçus en conséquence, tout autrement. L'apparition spectaculaire des comètes a toujours pris la valeur d'un avertissement faisant signe vers les lois nécessaires de Dieu ou des dieux. Cette divergence est flagrante : astéroïdes et comètes n'obéissent pas du tout aux mêmes symboles. Tandis que les astéroïdes caractérisent la figure paradigmatique de la menace sourde et cachée, nous livrant de façon implacable aux lois de la contingence, les comètes représentent, pour leur part, le mythe archétypal et ancestral de la fin du monde. Dans le cas des astéroïdes, le caractère événementiel est, paradoxalement, essentialisé : l'événement est porté à hauteur de concept sous la figure indécidable et aléatoire de la contingence. Un astéroïde dévastateur s'apprête-t-il à entrer en trajectoire de collision avec la Terre ? Dans les premières semaines qui suivent l'identification de certains astéroïdes géocroiseurs, alors même que la détermination précise de leurs trajectoires n'est pas encore intégrée, il est impossible de répondre à cette question sans reconnaître cette part irréductible d'incertitude, dont le caractère déstabilisant se trouve augmenté par toutes sortes de processus chaotiques qu'il faut considérer comme les qualités consubstantielles de tout astéroïde susceptible de croiser la Terre. Cette question s'est posée très concrètement en 2004 lorsque des astronomes appartenant à l'*University of Hawaii Asteroid Survey* ont découvert Apophis, un astéroïde d'un diamètre de 370 mètres. Un risque non négligeable de collision était initialement envisagé pour 2029, ce qui aurait pour conséquences des effets dévastateurs, équivalents à plusieurs dizaines de milliers de fois l'énergie dégagée par la bombe qui avait anéanti Hiroshima ! En 2029, Apophis se rapprochera à seulement 31 000 km de la Terre, soit 10 fois moins environ que la distance à laquelle se trouve la Lune. Fort heureusement, les mesures sans cesse ré-affinées écartent aujourd'hui le risque de collision.

Un débat très vif oppose les tenants de la contingence du processus évolutif à ceux qui y décèlent une part de nécessité. L'orientation darwinienne de la biologie contemporaine l'a conduite à insister sur les aspects imprévisibles de

---

[309] Cf. C comme Comètes. A l'instar des astéroïdes, des comètes visibles dans de petits télescopes amateurs traversent régulièrement notre ciel boréal. Mais elles viennent de régions beaucoup plus éloignées.

l'évolution et le caractère fondamentalement aléatoire de son résultat. Selon la formule emblématique de Jacques Monod, « l'univers n'était pas gros de la vie ni la biosphère de l'homme[310]. » et il défend à partir de cette idée une position athée. Mais il faut en même temps reconnaître que plus on insiste sur la contingence pour présenter comme improbable l'apparition des *homo sapiens* dans le processus évolutif, plus on suggère paradoxalement, la nécessité, pour l'expliquer, d'une intervention extérieure, de nature transcendantale. Il faut donc se garder d'assimiler trop vite l'affirmation de la contingence au matérialisme et celle de la nécessité à une conception religieuse. Parmi les partisans de la thèse de la contingence du mouvement évolutif, Stephen-Jay Gould, le célèbre auteur de la ''théorie des équilibres ponctués'', dénonçait notre « biais égocentrique » s'exprimant notamment dans l'iconographie évolutive, c'est à dire les images pédagogiques des musées et des manuels scolaires, où on ne représente plus les invertébrés sur la vignette où nagent les poissons, ni les poissons sur la vignette où marchent les dinosaures, comme si les derniers faisaient à chaque fois disparaître les premiers. Tout comme la métaphore du « Big Bang », l'image de l'évolution peut être un véritable « obstacle épistémologique ». Mais Stephen-Jay Gould ne se contentait pas de cette seule remarque. Fondant son propos sur les données de la paléontologie – concernant notamment les extinctions de masse– la génétique et l'écologie, Gould a mis en relief deux motifs concernant le cours de l'évolution : son rythme discontinu et son caractère foncièrement aléatoire, soit deux facteurs qui pourraient se révéler décisifs dans tous les processus caractérisés par une forte sensibilité aux conditions initiales et aux phénomènes dits « chaotiques », comme cela est le cas, notamment, dans la rencontre avec un astéroïde : « On est obligé à présent de regarder l'imposant spectacle de l'évolution de la vie comme un ensemble d'événements extraordinairement improbables, parfaitement logiques en rétrospective […] mais absolument impossibles à prédire et tout à fait non reproductibles[311]. » Donc si on réenroulait le film de l'évolution pour le laisser se dérouler à nouveau à partir d'un instant suffisamment reculé dans le temps, il n'y aurait aucune chance pour que le scénario ressemble à celui que la paléontologie a permis de reconstituer. Il faut considérer l'homo sapiens comme « un fétu de paille tardif dans le buisson touffu des formes de la vie, comme une minuscule ramification qui n'apparaîtrait certainement pas une

310 J. Monod, *Le Hasard et la Nécessité*, Ed. Seuil 1971.

311 S-J Gould, *La vie est belle, préface.* Ed. Seuil, 1991. Le livre de Gould se fonde sur l'interprétation d'un célèbre gisement fossile canadien : le schiste de Burgess, vieux d'un peu plus de 500 millions d'années et peuplé d'une faune étrange, très éloigné de ce que nous connaissons.

seconde fois si nous replantions la graine du buisson et si nous laissions repousser[312]. » Le cours de l'évolution n'est absolument pas prévisible, même si on connaît tous les facteurs déterminant ses conditions initiales, ces paramètres eussent-ils été connus avec une parfaite précision. Gould insiste notamment sur le rôle et sur le caractère aléatoire des extinctions de masse : bouleversements si soudains, totalement contingents, parfois d'origine volcanique, parfois d'origine cosmique, comme ce fut le cas il y a 66 millions d'années, pour l'astéroïde du Yucatan.

Évidemment, on pourrait en rester à ce constat et conclure au caractère extraordinairement improbable, peut-être pas de la vie, mais de l'homme sans aucun doute. Christian de Duve trouve un peu trop « conventionnel et politiquement correct » l'attitude consistant à dévaloriser le statut de *l'homo sapiens* en lui répétant sans cesse qu'il n'est qu'un événement accidentel dans l'histoire de la vie sur Terre :

« - *Question* : Mais si la création est une thèse écartée, comment la science rend-elle compte de l'apparition de la vie ? – *Christian de Duve* : On doit à Jacques Monod cette phrase célèbre : ''l'univers n'était pas gros de la vie ni la biosphère de l'homme''. Or, je dis pour ma part que cela est un non-sens puisque l'univers a donné naissance à la vie, et la biosphère a donné naissance à l'homme. Donc cela ferait deux fois une naissance sans grossesse ! Deux miracles [313] ! »

Pour Christian de Duve, le désir de « dénigrer l'espèce humaine » s'inscrit dans la continuité du courant déconstructionniste et postmoderniste qui débouche sur le relativisme et l'antihumanisme. Sans faire pour autant la moindre concession ni au créationnisme, ni au principe anthropique fort, Christian De Duve constate que sur Terre, « l'espèce humaine occupe le sommet de l'arbre de la vie [314] ». De Duve ne cherche aucunement à nier le rôle important joué par la contingence dans l'histoire de la vie, cependant il estime que le « hasard » n'interfère que dans le cadre de contraintes rigoureusement délimitées. La contingence gouverne ''l'évolution horizontale''. Selon De Duve, des variations infinitésimales s'exercent sur les grandes structures orientant les axes principaux de l'organisation du vivant. Ces structures principielles définissent « l'évolution verticale ». Tandis que ''l'évolution horizontale'' se traduit par exemple dans l'extraordinaire diversité des insectes, ''l'évolution verticale'' procède à des reconfigurations

---

[312] S-J Gould, *ibid.*

[313] Dialogue avec Christian de Duve, Eddy Caekelberghs, Dominique Lambert, Jean Vandenhaute (Extrait).

[314] Christian De Duve, *A l'écoute du vivant,* Ed. O. Jacob 2002.

des axes de développement des grands types d'organisations (par exemple la différence entre vertébrés et invertébrés). ''L'évolution verticale'' est soumise à des contraintes biologiques et géophysiques très fortes. On comprend alors que, sans postuler tel ou tel « dessein » qui dirigerait la vie vers la complexification, De Duve puisse considérer que « le hasard n'exclut pas l'inévitabilité[315]. ».

Comme Stephen Jay Gould ou Richard Dawkins l'ont eux-mêmes constaté pour rendre compte de nombreux cas de convergences évolutives, il n'y a pas une infinité de chemins pour un être vivant – compte tenu des contraintes géophysiques qui régissent notre planète : gravité, température, composition de l'atmosphère – permettant de répondre aux exigences posées par la nature dans un environnement donné. De manière générale, la possession d'un organe photorécepteur associé à un système nerveux offre des avantages adaptatifs décisifs. De tels avantages s'expriment irrémédiablement au niveau de la pression sélective pour favoriser une évolution permettant de « fabriquer » des yeux et un cerveau. Des phénomènes chaotiques et imprévisibles pourraient alors ne décider que du moment où se produira tel ou tel événement.[316] Certaines circonstances extérieures aux phénomènes vitaux – *par exemple l'impact d'un astéroïde* – ne faisant que précipiter une évolution probable vers la conscience réflexive qui se serait produite de toute façon, avec ou sans l'*homo sapiens*.

La biosphère n'était certainement pas « grosse de l'homme », mais potentiellement grosse d'une entité biologique qui avait tendance à adopter, très schématiquement, une forme plus ou moins anthropique (deux jambes, un tronc, deux bras, une tête, une station droite…). Que l'homme ait été l'espèce, issue de la branche des primates, bénéficiant dans son environnement de

---

[315] Christian De Duve, Ibid.

[316] Nous proposons d'appeler « *séquence temporelle principale* » l'évolution même de notre univers telle qu'elle peut être calculée, de manière classique ou statistique. Elle suppose l'existence d'une temporalité circulaire et anhistorique : cycles du jour et de la nuit liés à la rotation terrestre, alternances des saisons, cycles de la reproduction, cycles de rotation et de révolution des satellites naturels, cycles de révolution des planètes, etc. Toutes ces boucles temporelles sont en contradiction avec l'idée d'une flèche du temps. Considéré sur un plan strictement scientifique, elles impliquent l'invariance dimensionnelle des équations fondamentales de la physique. Toute sortie en dehors de la ''séquence temporelle principale'' coïncide avec la survenue d'un événement. Considéré sur le plan du vécu psychologique, la ''séquence temporelle principale'' constitue une ''dérivation symbolique'' particulièrement prégnante, procurant l'illusion d'une abolition du temps, un sentiment de fascination et d'apaisement. Sur le plan philosophique, elle se traduit par l'idée d'un champ d'immanence. Exister c'est nécessairement sortir de ce champ.

mutations avantageuses lui permettant de tirer profit de cette histoire pleine d'aléas, c'est une chose ; qu'il poursuive son règne, tant les menaces d'une autodestruction de l'humanité par elle-même sont grandes, ce n'est plus seulement aux astéroïdes d'en décider.

Z comme hypothèse du Zoo

« Prends garde si tu scrutes les abîmes,
les abîmes scrutent également en toi »

Friedrich Nietzsche

L'*hypothèse du Zoo* a été explicitement définie par l'astrophysicien John A. Ball dans un article de la revue *Icarus* daté de 1973. Il s'agit de postuler l'idée selon laquelle des extraterrestres, exerçant une influence hégémonique, tout en partageant une éthique solidaire, auraient instauré une obligation de non-ingérence avec la Terre. Cette interdiction, dont le but principal serait de préserver l'altérité de notre civilisation, pourrait se résumer, de façon lapidaire, dans ces trois indications :

Planète Terre
Réserve biologique et ethnographique
Accès interdit

Une telle conjecture ne peut être vérifiée. Elle n'a pas plus de valeur scientifique que celle qui conduit à affirmer l'existence d'univers parallèles.[317] Dans les deux cas, nous sommes confrontés à quelque chose d'inobservable et de potentiellement irréfutable. *L'hypothèse du Zoo* conduit cependant à une conséquence philosophique extrêmement perturbante : elle implique la fin du credo qui consiste à penser que l'univers tourne autour de l'humanité et que celle-ci constitue la seule véritable source du sens.

Par définition, une hypothèse est une supposition permettant d'édifier une suite de raisonnements. L'*hypothèse du Zoo* permettrait notamment de construire une inférence logique conduisant à la résolution du paradoxe d'Enrico Fermi[318]. Elle expliquerait de surcroît le caractère équivoque et insaisissable des PAN. En l'occurrence, cette hypothèse fut déclinée depuis au moins un siècle dans de multiples variantes, elle a donné lieu à d'innombrables

---

[317] L'hypothèse spéculative du « multivers » est évoquée largement dans F comme Fine Tuning.
[318] « Mais, où sont-ils ? ! »

scénarios, élaborés aussi bien par des astrophysiciens et des scientifiques (Constantin Tsiolkovski, Carl Sagan, Louis Scheffer, Peter N. Ulmschneider, Nikolaï Kardashev, Michael Papagiannis, Alex Wissner-Gross, Steven Soter, Ronald N. Bracewell, Stepen Webb, Martyn J. Fogg) que par des auteurs de science-fiction (Olaf Stapledon, Isaac Asimov, Arthur C. Clarke, Robert A. Heinlein, Stephen Baxter). La même conjecture a été interprétée par tous ces auteurs de manière très différente, tantôt comme faisant signe vers un décentrement absolu de la figure de l'homme (répertorié comme étant une espèce résolument atypique et inassimilable), tantôt comme présageant une phase provisoire d'évaluation. Cette deuxième éventualité confirmerait l'idée, évoquée dès le premier chapitre de notre abécédaire, selon laquelle le statut de l'humanité serait actuellement *indécidable*. Dans le meilleur des cas, l'interprétation de *l'hypothèse du Zoo* consiste à penser que l'humanité sera bientôt admise au codex galactique. Dans le pire des cas, au contraire, une mise en quarantaine ferme et définitive est parfois évoquée. Si l'humanité se révèle incapable de prendre soin de la Terre, comment pourrait-elle prétendre habiter le Monde ?

Depuis la fin de la seconde Guerre Mondiale, marquée par la fin de l'humanisme théorique et l'entrée dans la période du *sens indécidable*, nous sommes, plus que jamais, à la croisée des chemins[319]. L'*homo sapiens* est-il, comme le pense Yuval Noah Harari,[320] sur le point de disparaître ? Va-t-il renaître sous une autre forme ? Trouvera-t-il un jour un refuge dans un autre monde ? En altérant gravement son environnement, ne s'est-il pas déjà condamné à l'autodestruction ? *L'hypothèse du Zoo* nous amène à considérer l'idée, forcément lourde de conséquences, selon laquelle nos agissements seraient observés. Espérons que l'humanité n'ait nul besoin d'un tel regard incommodant – aussi intimidant au semblant que peut l'être le jugement des dieux – pour trouver la voie de la sagesse et de l'harmonie. Espérons, cependant, que les astres continuent à nous guider. Car en effet, ce qui retient notre regard suspendu dans la nuit constellée, c'est la manière dont les étoiles nous considèrent, c'est leur manière d'apparaître et de nous convoquer. L'ensemble de la voûte céleste nous convie discrètement et obstinément à venir recueillir sa lumière. *Observer le ciel c'est être soi-même observé par lui ; et aussi loin que nous puissions porter notre regard, il faut se rendre compte d'une évidence : nous n'avons pas de planète de secours.*

---

[319] Cf. A comme Abduction.

[320] Y. N. Harari, *Homo Deus, une brève histoire de l'avenir.* Ed. Abin Michel 2017.

Lexique conceptuel

''Sens donné''

Le « sens donné » renvoie à la présence d'un principe métaphysique par lequel la majeure partie des questions qui se posent aux hommes s'expliquerait, et à partir duquel il serait possible de déterminer les modalités de l'existence individuelle et collective. En Europe, un tel sens a été donné notamment par le cosmos des anciens Grecs, puis par le Dieu unique judéo-chrétien. Dans le contexte du sens donné, le sens n'est pas à chercher ou à faire, soit il se donne à contempler dans le monde (c'est la version grecque), soit il se donne à lire dans la Bible (c'est la version judéo-chrétienne).

''Sens produit''

Nous proposons d'appeler « sens produit » la deuxième figure historique du sens. Elle trouve son départ au moment où s'estompe l'ascendance de la figure du sens donné et traverse l'ensemble de l'époque moderne. Avec l'humanisme théorique de la Renaissance apparaît en effet l'idée d'une libre détermination de l'homme par lui-même, détermination par laquelle les hommes sont appelés à prendre en charge la production du sens. Les hommes modernes deviennent par-là mêmes les auteurs de leur propre existence et pensent ainsi être capables de se donner leurs propres modèles pour se former et pour s'éduquer.

''Sens problématique ou sens indécidable''

Le « sens indécidable » est la conséquence et la suite de ce qui vient après l'échec du « sens produit ». Dans sa libre production du sens, l'*homo sapiens* se révèle en effet être capable de la plus grande humanité comme de la plus grande monstruosité.

''Déconnexion''

A l'instar de toute forme d'enfermement dans un dogme religieux ou dans une doctrine politique, ou encore dans un système philosophique, l'obstination à vouloir à tout prix préserver un paradigme scientifique, constitue ce que nous proposons d'appeler « déconnexion ». Dogmes, doctrines, systèmes et paradigmes nous mettent dans l'incapacité à comprendre que tout archipel d'univers, tel qu'il existe dans sa réalité, se révèle toujours différent, parfois plus simple, parfois plus complexe que les concepts ou les idées qui sont censés en rendre compte. La ''déconnexion '' a pour conséquence la fermeture des possibles.

''Profusion''

Nous proposons d'appeler « profusion » la dynamique qui anime le cosmos. La profusion consume et redistribue l'énergie avec abondance. En l'état actuel de nos connaissances, la logique et, a fortiori, la signification *sublime* de cette dynamique, excèdent les catégories qui structurent notre compréhension de la réalité. Elles constituent un défi permanent pour notre connaissance scientifique et notre réflexion philosophique.

''Apesanteur''

Contemplée depuis l'espace la Terre ne présente plus aucune frontière idéologique. Nous proposons d'appeler « apesanteur » l'état de liberté totale et radicale qui correspond au mouvement de sortie en dehors du quadriparti que constitue la Terre, le ciel, les mortels et les dieux. Être en apesanteur c'est accéder à l'espace, c'est échapper à l'appartenance au lieu.

''Exposition''

Nous proposons d'appeler « exposition » toute pensée qui prend l'infini comme horizon de pensée. Même une pensée qui se voudrait absolue – et qui se risquerait de façon désastreuse à vouloir exposer l'absoluité de son exposition – s'expose encore à sa propre finitude

''Point de fuite'' (*vanishing point*)

Nous proposons d'appeler « point de fuite », toute expérience ouvrant la pensée sur une tentative de totalisation impossible du savoir. Le ''point de fuite'' conduit à une diffraction conceptuelle dans laquelle s'épuise le travail du sens : abîme que l'on ne saurait recouvrir et où le sens s'effondre sous sa propre charge, se constitue parfois comme une sorte de 'sujet' dans cet effondrement même. Le ''point de fuite'' interpelle la fébrilité de toute pensée lorsque celle-ci se voit confrontée au dénuement des signes, à l'équivoque même du sens : toujours trop encombrant, jamais assez signifiant.

''Dérivation symbolique''

Nous proposons d'appeler « dérivation symbolique » toute cadre imaginaire dans lequel s'élabore une temporalité contrefactuelle, dont le tracé rythmique est elliptique ou circulaire, et dont le but consiste à établir le sentiment d'une continuité de l'être. Rythme du battement cardiaque perçu par le fœtus dans le ventre maternel, rythmes de la danse, de la musique et de la poésie, temps immémoriaux du mythe, alternance des saisons, mouvements elliptiques de la lune, des planètes et de leurs satellites naturels, rotation des étoiles autour de leur centre galactique... tous ces intervalles périodiques ont pour effet de nous introduire dans un champ d'immanence, du moins dans l'illusion joyeuse qui lui est fantasmatiquement associée.

''L'apparaître''

Nous proposons d'appeler « l'apparaître » ce mouvement toujours naissant suscitant une considération. L'observation se fait ici transport dans ce qui, du ciel étoilé, vient à nous. Et quoiqu'il arrive, quoiqu'il nous soit donné d'accueillir, il y a toujours plus dans l'apparaître que dans l'apparition. Il ne faut pas confondre ''l'apparaître'' ni avec l'apparence, ni avec l'apparition. Celle-ci, aussi merveilleuse soit-elle, n'est qu'un résultat. L'apparence, pour sa part, peut se révéler trompeuse, ce qui contribue à masquer ''l'apparaître ''dans sa manifestation essentielle.

''Considération ''

Nous proposons d'appeler « considération » le mouvement dans lequel celui qui contemple le ciel étoilé est en même temps contemplé par lui. On pourrait croire que le spectateur se contente de projeter dans le grand ailleurs ses propres croyances et ses propres espérances. En réalité, ce qui retient notre regard accroché dans le ciel se situe bien au-delà d'une expérience subjective de projection. Ce qui retient notre regard suspendu, dans la nuit constellée d'étoiles, c'est la manière dont les étoiles nous considèrent. C'est leur manière ''d'apparaître''.

''Fin du monde''

Nous proposons d'appeler « fin du monde » l'idée d'un monde possédant un principe supérieur au monde lui-même rendant possible sa totalisation. En d'autres termes, un monde sans altérité donc sans événements, ''déconnecté'', désastreux, entièrement prédictible.

''Séquence temporelle standard''

Nous proposons d'appeler « *séquence temporelle principale* » l'évolution même de notre univers telle qu'elle peut être calculée, de manière classique ou statistique. Elle suppose l'existence d'une temporalité circulaire et anhistorique : cycles du jour et de la nuit liés à la rotation terrestre, alternances des saisons, cycles de la reproduction, cycles de rotation et de révolution des satellites naturels, cycles de révolution des planètes, etc. Toutes ces boucles temporelles sont en contradiction avec l'idée d'une flèche du temps. Considérées sur un plan strictement scientifique, elles impliquent l'invariance dimensionnelle des équations fondamentales de la physique. Toute sortie en dehors de la ''séquence temporelle principale'' coïncide avec la survenue d'un événement. Considérée sur le plan du vécu psychologique, la ''séquence temporelle principale'' constitue une ''dérivation symbolique'' particulièrement prégnante, procurant l'illusion d'une abolition du temps, un sentiment de fascination et d'apaisement. Sur le plan philosophique, elle se traduit par l'idée d'un champ d'immanence. Exister c'est nécessairement sortir de ce champ.

Structures éditoriales du groupe L'Harmattan

L'Harmattan Italie
Via degli Artisti, 15
10124 Torino
harmattan.italia@gmail.com

L'Harmattan Hongrie
Kossuth l. u. 14-16.
1053 Budapest
harmattan@harmattan.hu

L'Harmattan Sénégal
10 VDN en face Mermoz
BP 45034 Dakar-Fann
senharmattan@gmail.com

L'Harmattan Cameroun
TSINGA/FECAFOOT
BP 11486 Yaoundé
inkoukam@gmail.com

L'Harmattan Burkina Faso
Achille Somé – tengnule@hotmail.fr

L'Harmattan Guinée
Almamya, rue KA 028 OKB Agency
BP 3470 Conakry
harmattanguinee@yahoo.fr

L'Harmattan RDC
185, avenue Nyangwe
Commune de Lingwala – Kinshasa
matangilamusadila@yahoo.fr

L'Harmattan Congo
67, boulevard Denis-Sassou-N'Guesso
BP 2874 Brazzaville
harmattan.congo@yahoo.fr

L'Harmattan Mali
ACI 2000 - Immeuble Mgr Jean Marie Cisse
Bureau 10
BP 145 Bamako-Mali
mali@harmattan.fr

L'Harmattan Togo
Djidjole – Lomé
Maison Amela
face EPP BATOME
ddamela@aol.com

L'Harmattan Côte d'Ivoire
Résidence Karl – Cité des Arts
Abidjan-Cocody
03 BP 1588 Abidjan
espace_harmattan.ci@hotmail.fr

Nos librairies en France

Librairie internationale
16, rue des Écoles
75005 Paris
librairie.internationale@harmattan.fr
01 40 46 79 11
www.librairieharmattan.com

Librairie des savoirs
21, rue des Écoles
75005 Paris
librairie.sh@harmattan.fr
01 46 34 13 71
www.librairieharmattansh.com

Librairie Le Lucernaire
53, rue Notre-Dame-des-Champs
75006 Paris
librairie@lucernaire.fr
01 42 22 67 13

www.ingramcontent.com/pod-product-compliance
Lightning Source LLC
LaVergne TN
LVHW011021061026
849535LV00006B/2001

* 9 7 8 2 3 4 3 2 3 2 2 9 4 *